U0565187

GENERAL DYNAMICS
F-16 FIGHTING FALCON

1978 onwards (all marks)

Owners' Workshop Manual

通用动力
F-16 "战隼" 战斗机

［英］史蒂夫·戴维斯（Steve Davies） 著

郭 宇 译

上海三联书店

CONTENTS 目录

5 深入解析 F-16CM "蝰蛇" Block40~52　159

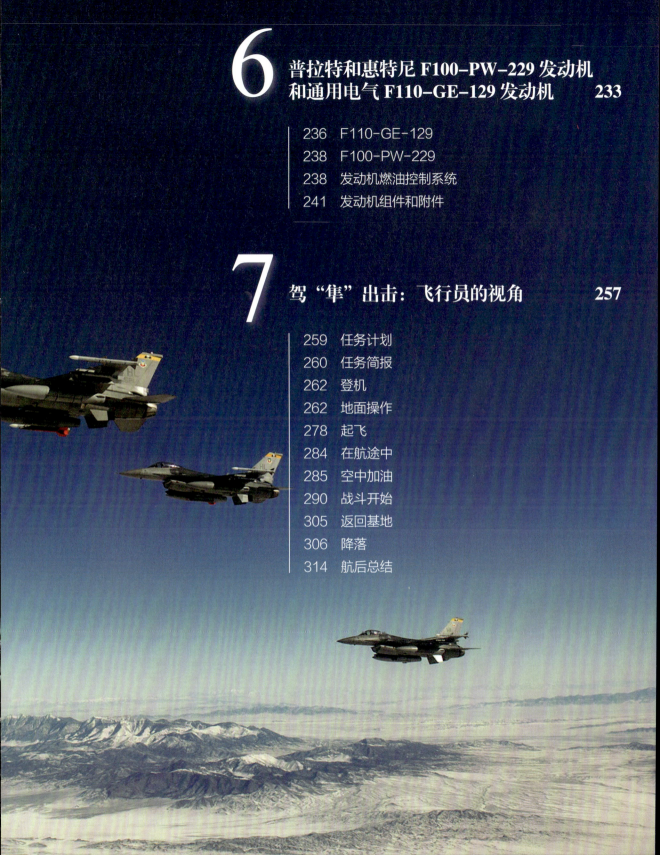

8 精心维护：机务人员看"蝰蛇" 317

附录

飞行中的 YF-16。以当今的标准看，该机非常轻也非常小，这架"电传喷气机"确立了轻型喷气战斗机在近距格斗空战中的优势地位。(美国空军供图)

1 "蝰蛇"的故事

　　F-16"战隼"（驾驶它的飞行员因其略下垂的机首以及极高的敏捷性称其为"蝰蛇"）在研发和推向国际战机市场时，定位为当时最优秀的局地防空战斗机。该系列机型由美国通用动力公司（其 F-16 生产线在 1993 年被洛克希德·马丁公司收购）研发制造，截至 2013 年，共制造了 4500 多架[1]。得益于较大的产量和大量的出口，该系列机型成为当今世界各国空军装备使用的主流型号之一。从 1976 年 12 月至 2009 年 1 月，制造商累计向美国空军交付 2231 架 F-16 战斗机，该型机成为美国现役数量最多的战斗机。

[1] 截至 2024 年初，F-16 战斗机的总产量接近 5000 架大关，目前新批次的 Block70 在低速生产中，用于满足新用户的订单。——译者注

F-16 起初是按照轻型短程区域防空战斗机的标准设计的。然而在过去的 35 年里，这种飞机逐步发展成一种实打实的多用途作战平台，擅长执行对地攻击任务，而且在过往的空战中也取得了骄人的战绩。

经验教训

下图与对页图：轻型战斗机竞争旨在寻求开发一种新型战斗机，用来替代各种旧型号作战飞机，例如 F-4 "鬼怪 II"、A-7E "海盗 II" 和 F-104 "星战士" 等。（美国空军供图）

F-16 的设计方案源自美国空军、美国海军及海军陆战队在 20 世纪 60 年代中至 70 年代初参加越南战争空中作战中总结的经验教训。那场战争恰当地证明了技术能力的重要性，美国人或多或少高估了自己的技术在实战环境中的应用效果。

这场战争也将一个赤裸裸的事实摆在大家面前：世界上不存在可

以挑战基本规律的事物。体形硕大、结构复杂的美制重型战斗机在对抗轻而小且简单的苏制高机动性米格战斗机时表现得力不从心。

在纸面上，美国人的优势体现在导弹具备较远的射程上，能在非常远的距离上攻击并击落敌机，但在实战中，这种优势被落后的敌我识别技术稀释掉了，只有在接近目视距离时飞行员才能辨别被其锁定的目标是敌是友。此时，在所谓的"混战"中，针对笨重的轰炸机设计的远程导弹也仅仅带来一些微不足道的优势。

忽视传统空战训练导致美国飞行员在与米格机交战时一旦被纠缠住并卷入传统的空中格斗作战，就表现得如同废柴一样。在这个危急关头，驾驶美军主力战斗机"鬼怪"的机组成员们发现了一个重大的战斗力短板，他们的早期型"鬼怪"战斗机没有安装固定机炮或者加特林机炮的吊舱，而短程空对空导弹的击毁率也低得可怜，根本不足以建立作战心理优势。这次战争得到的教训非常简单：今后没有理由再制造无固定航炮的战斗机！

在美国，有一个人从朝鲜战争（1950—1953 年）起开始积累自己的战斗机驾驶经验，并根据在越南北方上空作战暴露出的危险征候，运用数学模型得出了对付轻而小的米格战斗机的最佳量化解决方案，这个人就是约翰·博伊德（John Boyd）少校。他的非主流思想使他成为一个富有争议的人物，他在数学家托马斯·克里斯蒂（Thomas Christie）的帮助下提出了"能量机动"（EM）[1] 理论。

能量机动特性图为体现一架飞机总的动能和潜在的机动能力提供了一种方法。简而言之，这个图体现了转弯角速率与飞行速度之间的关系，使飞行员得以了解座机的最佳机动性能区间。当把己方飞机和敌方飞机的能量机动特性图叠加在一起分析时，可通过图判断出各自的性能优势和劣势区间。

最重要的是，1969 年提出的能量机动理论给了博伊德以及部分供职于五角大楼的、持相同观点的战斗机飞行员一个量化分析的基准，用于确定一种全新的、拥有引以为傲的高推重比轻型战斗机（LWF）的制定需求和设计标准。这种轻型战斗机用来弥补美国当时在役战斗机的性能短板，主要是针对 F-4 "鬼怪"系列战斗机。因此，博伊德和其在五角大楼的支持者们（这些人经常被人们称为"战斗机黑手党"）能够得到国防部的批准着手进行一种新型战斗机的概念研究。两家中选承担理论研究的防务承包商是通用动力公司和诺斯罗普（Northrop）公司。

---

[1] 本书为专业读物，书中有大量英文字母缩写词汇，为读者阅读便利，仅限首次出现时译出中文，一般都以英文缩写替代。本书附录中有书中全部英文缩写释义，特此说明。——译者注

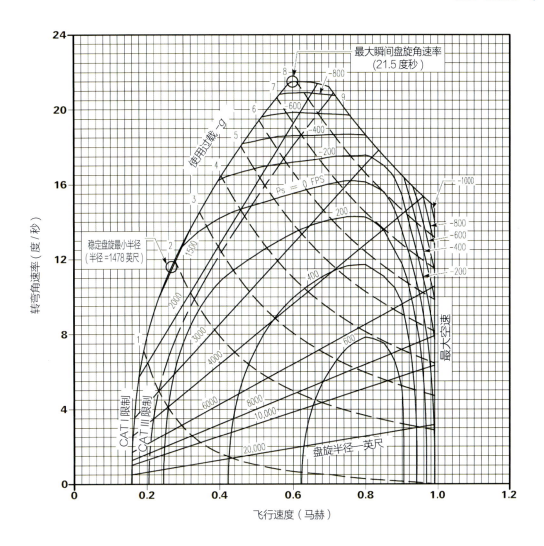

直到 1972 年 1 月，一个方案需求报告才起草出来，并邀请一系列防务承包商提交各自的战斗机设计方案，大体要求为：空重为 20000 磅，有着极佳的转弯角速率和优良的加速性能，单机基本造价不超过 300 万美元。设计方案针对马赫数 0.6~1.6 的速度区间和 30000 ~ 40000 英尺的高度范围进行优化，这个区间形成的飞行包线处于大多数未来空战最有可能发生的范围内。成功的方案将进入 LWF 选型竞争。

如果 LWF 的概念定位不明甚至自相矛盾，将彻底葬送这个设想。这个项目与空军的 F-X 项目并存，而 F-X 的目标是更加重型的、可全天候昼夜作战、拥有大型机载雷达和远程导弹的双发空中优势战斗机。（很多资料描述有误，把 F-X 说成一种试验型战斗机，而实际上它代表一种型号未知的新型战斗机，"X"代表未知型号）F-X 项目的最终成果是麦克唐纳·道格拉斯 F-15 "鹰"式战斗机（被称为有史以来最成

上图：博伊德和克里斯蒂设计了能量机动特性图，它简单易懂，一眼就能看出一架飞机性能表现的优势和不足。本图是 F-16 的能量机动特性图，展示了转弯角速率与飞行速度之间的关系曲线。（美国空军供图）

功的空中优势战斗机），但是那时 F-X 的支持者们理所当然地视 LWF 为他们申请研制预算的绊脚石。

在这个阶段有一点非常重要，美国空军没有一个部门可以实质性决定 LWF 选型竞争的获胜者。这个选型竞争要求各竞争者制造出技术验证机，而不是实用化的战斗机。

轻型战斗机选型竞争

虽然有 5 家公司回应了方案需求，但毫无悬念，只有两家公司的方案进入了正式选型。这两个方案就是通用动力公司的 401 方案和诺斯罗普公司的 P-600 方案。通用动力公司得到 3800 万美元的预算用于制造 401 方案原型机（为空军设计的 YF-16）。与此同时，诺斯罗普公司收到 4000 万美元用于制造他们的 P-600 原型机（YF-17）。

401 方案由大量研究方案发展而来，这些方案基于各种外形和结构的机翼与机身组合，经过长时间的风洞试验和海量计算得来。另外，通用动力公司还研究了各种操纵方式的优点和缺点、发动机的数量、控制面的样式以及垂直尾翼的数量和位置。

公司的空气动力学专家提出了两种可供参考的总体布局：一种是

下图：YF-16 和 YF-17 在选型竞争中编队飞行。YF-17 后来演变为 F/A-18 "大黄蜂" 战斗机。（美国空军供图）

传统的机翼—机身—尾翼布局；另外一种是翼身融合，将垂直尾翼和全动平尾布置在后机身两侧的边梁上。经过论证，大家选择了以更有吸引力的翼身融合方案为基础，研制401方案原型机。

当日历刚刚翻到1974年，两家公司都在如火如荼地准备各自的原型机首飞工作。这时"战斗机黑手党"成功克服了来自F-15项目的拥护者们的内部阻力，说服了美国空军采购两种功能互补的战斗机，简而言之，就是"高低搭配"，高级的重型战斗机是F-15，造价较低的LWF作为低端补充。这种搭配建立了一种适度强健的面向未来空战的力量体系。

1973年12月，YF-16在加利福尼亚州爱德华兹（Edwards）空军基地的空军飞行测试中心正式亮相。尽管通用动力公司的原型机在1974年1月20日的高速滑行试验中发生了意外首飞（留空时间大约为6分钟），但官方发布的正式首飞仍于2月2日在爱德华兹空军基地进行，并持续了90分钟。这次"首飞"后，该机在2月6日进行了首次超音速飞行。到5月初，第二架YF-16原型机制造完毕，进行了首飞。诺斯罗普公司也不甘落后，于同年6月和8月先后将两架YF-17原型机送上了天空，各自的首次飞行都成功完成。

上图：工程技术人员正在罗姆（Rome）航空发展中心纽波特（Newport）分部的车间里检查YF-16的机身。机头处涂刷的一排国旗代表着在研发过程中国际投资方所属的国家。（美国空军供图）

上图与对页图：从两个不同角度展示了美国空军未来"高低搭配"的两型战斗机。一开始，LWF 项目还一度被视为对 F-15 这个型号的威胁，但实际上这两个型号分别找准了自己的位置，后来都有了长足的发展。如照片中所示，双发双垂尾的 F-15"鹰"式战斗机要比 F-16 大出好多。两个型号的战斗机各有优缺点：体形硕大的"鹰"装备有更大的雷达，可以探测到更远距离的目标，但它的目标也更大，大约在 10 英里的目视距离上就会被发现。F-16 在相同距离上（60 英里）对战斗机大小的目标探测能力明显弱于 F-15，但其轻且小的外形使其在常规距离上难以被目视发现。（美国空军供图）

国际投资

原型机的首飞引发了其他一些国家对 LWF 项目的兴趣。多个北约（NATO）成员国（如荷兰、丹麦、比利时和挪威）正在使用的美制战斗轰炸机已显老态（基本上是洛克希德 F-104"星战士"战斗机），于是他们组成了多国战斗机项目组（MFPG）。这个项目组将考虑采购 LWF 方案竞争的获胜型号作为这些国家的下一代战斗机来使用。

国际投资方与美国议会的观点一致，军事装备采购计划需要更加有效率，整合程度也要提高（有种极端的观点甚至要求美国海军和空军捆绑在一起，使用同一型号的装备），这导致 LWF 选型竞争被整合到新的空战战斗机（ACF）选型竞争中。这个改变突出了一个重点：将 LWF 从技术验证机转化为一种实用的战斗机，而且最终这个型号会取得大量的采购订单。这个蛋糕开始做大了。

该项目也得到了空军的青睐，美国国防部长也确认了 ACF 选型竞争的获胜者将得到大批订单，作为 F-15 机队的低端搭配和辅助力量。这样，"战斗机黑手党"提出的"高低搭配"理念事实上也被空军认可和接受了。然而，这份声明也给了通用动力和诺斯罗

普两家公司很大的商业压力：选型竞争向国际承包商开放，每个承包商都会提交自己经过深思熟虑的设计方案以及对应的原型机。

尽管有很多外国飞机制造商也拿出了自己的原型机，但一系列飞行测试的最终结果表明 YF-16 的机动性最佳，而法国达索·布雷盖（Dassault-Breguet）公司的"幻影"F-1M-53 和瑞典萨博（Saab）公司的 JAS-37E 同样表现不俗。

值得注意的是，这次参与竞标的 JAS-37E 是 JAS-37"维京"战斗机的出口型，该机采用了鸭式布局，硕大的鸭翼和大后掠角的主翼之间奇妙的耦合效应可以产生额外的升力——涡升力。

大后掠角机翼在攻角（AoA，机翼平面和迎面相对气流的夹角，小称迎角）增大的过程中会产生强大的涡流，在飞机上仰幅度增大且速度降低时保持飞机纵向和航向轴向的稳定性。通用动力公司在这个课题上投入了大量的时间和人力物力进行研究，取得了宝贵的经验。

"维京"战斗机鸭翼后缘带出的涡流增大了位于其后的主翼的升力。不仅如此，这对鸭翼（位于机身两边，进气口后方靠上）在其前缘也能产生涡流，在迎角增大时，前缘涡流产生的升力甚至能超过主翼的升力。通用动力公司研究过这种具备耦合效应的鸭翼布局，但却采用了一种不同的解决方案来利用涡升力"资源"。在 YF-16 的前机

上图：组装接近完成的 YF-16 的座舱。后期量产型的座舱在此基础上有着各种改进和变化，其中最主要的变化是替换了飞行员双腿之间的仪表板上的飞行装备，以及将仪表板左侧的指针仪表替换为雷达显示屏和相关面板。（美国空军供图）

身上采用了尖利的边缘（从机翼前缘向前延伸，后掠角非常大，从横截面看，就像与机身融合了一样，现在这种机翼向前延伸的部分称为边条翼。——译者注），就像剑锋一样。这样，随着迎角的不断增加，前机身分离出的涡流将更加强劲，流经机翼上表面时，能产生强大的涡升力。"分离气流"流经主翼时提供了额外的升力，同时也使外翼段的流场更加稳定。气流到达垂直尾翼后，还能提供额外的纵向稳定性，可谓一举多得。

通用动力公司的早期研究表明，主翼上加装前缘襟翼和后缘襟翼可以高效且迅速地改变机翼截面形状，与翼身融合的边条翼共同作用，可以在大迎角状态下提高方向稳定性。飞机在 30000 英尺高度以马赫数 0.9 的速度稳定盘旋时，前缘襟翼按预定程序自动放下，可增加约 18% 的升力，减少约 22% 的阻力，在最大升力时仍可降低近 70% 的阻力。这些附加的增强垂直尾翼稳定作用的措施理所当然地应用到了 YF-16 的设计当中。

放宽静稳定度和电传操纵

在对比试飞的过程中，YF-16 共飞行 330 架次，累计留空时间为 417 小时。在大部分测试飞行中，验证了飞机的大迎角控制能力；当气流从机翼和翼身结合处分离时，飞机的稳定性和可控性会突然下降。这样的问题对飞行员在整个飞行包线内无忧操控飞机不会造成太大的影响，所以这类负面的操纵特性可以被屏蔽掉。

大迎角飞行特性的考量影响到 YF-16 的一个重要组成部分：发动机进气道的配置。发动机进气口在机腹，位于座舱的后方。这样，飞机在大迎角飞行时，迎面的空气可以毫无阻碍地进入进气道，为发动机提供充足的空气。

通用动力公司有意在 YF-16 上展示其放宽静稳定度的设计思想：升力中心位于机体重心之前，传统的静稳定布局是升力中心在重心后面。放宽静稳定度可将初始俯仰率提高到 5 度 / 秒，是 F-4C "鬼怪"战斗机的两倍半！然而，这也意味着飞机需要计算机提供 "人工智能"的稳定性，通过其快速调整飞行控制面来维持飞机在常态下的稳定飞行。这是避免这类飞机失控的基础设备，其所需的调整频率、动作速度以及修正的精确程度远远超出人类自身能力范围。

这台飞行控制计算机常常被称为电传操纵系统，而且其实际的发展也早于 YF-16 应用放宽静稳定度的设计方案。事实上，先进的飞行控制计算机的存在最终允许设计师对 401 方案的气动设计进行大胆的改动和优化。

传统的飞行控制系统使用滑轮组、连杆和钢缆等连接飞行员的操纵杆 / 踏板与各操纵面，而计算机化的飞行控制系统执行飞行员发出的滚转、俯仰和偏航操作命令时，系统可以决定各操纵面所需偏转量的大小，以达到飞行员期望的动作效果。同理，计算机可以同时执行需要的修正指令，维持静不稳定的飞机实际的正常飞行。简而言之，这套系统可以让飞行员在几乎无延迟的情况下精准控制飞机的飞行动作。

通用动力公司的哈利·J. 希拉克（Harry J. Hillaker）对这个控制系统有更加准确的描述：4 余度（失效时可控、失效时保证安全）、全权控制增稳系统。他是前 F-16 项目副经理，在 2004 年为美国国家工程学院撰写了一篇文章。他写道："系统由一系列传感器（加速计、比例陀螺仪、大气数据转换器等）、计算机、选择器、转换器和逆变器等组成，这些组件共同生成俯仰、滚转和偏航速率的数据，并转换成电子信号传输至 5 个三缸电子液压伺服机构上，分别控制襟副翼（滚转和襟翼操纵）、可差动平尾（俯仰和滚转操纵）和方向舵。"

本页图：上图展示了 YF-16 最简洁的外挂——翼尖挂载两枚 AIM-9"响尾蛇"空对空导弹。这架飞机的机身上喷涂过几种不同样式的迷彩，以实际评估每种迷彩的目视伪装效果。下图是该机后来换上了全机为灰色、雷达罩呈黑色的涂装。（美国空军供图）

上图：YF-16 在进行高空性能包线测试时，飞行员须穿着高空代偿服。从照片中可以看到大幅后仰的弹射座椅。（美国空军供图）

　　"电传操纵系统取消了传统控制机构的钢缆、连杆、曲柄和比率转换器，使得质量减轻了不少。"希拉克补充道，"系统的冗余度水平和线束带来的无限制路由提高了飞机的可靠性，显著提高了飞机的生存能力，而且其结构也更加紧凑，占用的空间也比传统的操纵系统更小。而在传统的操纵系统上，设计师得仔细考虑操纵线缆的走向，甚至要将线缆布设在机身外部，就像老式的福特'三发'客机一样，最后要么须控制操纵系统的尺寸，要么就把飞机设计得大一些。"

　　即使电传操纵系统会对飞机的迎角进行限制，但是，后续的研究测试飞行表明，飞机仍然可能会进入深度失速的状态。这种情况发生在 YF-16 拉起，迎角增大到瞬间气动控制力不足以让机头回归正常迎角的时候。解决这个问题只能通过两个方式：一是将全动平尾的面积增大 25%；二是设置一个人工拉起限制（MPO）开关，可以让飞行员越过计算机，对飞机进行直接控制。

美国空军秘书处在 1975 年 1 月 13 日宣布 YF-16 获得选型竞争的胜利。除了在机动性（尤其是超音速机动性）上拥有绝对优势以外，YF-16 的加速性也胜于 YF-17，而且使用成本更低，航程也更远。另外，YF-16 和 F-15 之间有着比较好的通用性，因为两者的发动机都是普拉特和惠特尼（PW）F100 发动机。

过了不到一个月的时间，也就是 1975 年 2 月时，北约成员国组成的多国战斗机项目组以每架飞机 516 万美元的交付价格签署了 F-16 的采购合同。

订单

F-16 最初的订单数量预计是 650 架，不过谅解备忘录上指明数量可能会上升至 1400 架。YF-17 团队后来终于也得到了好消息：海军在 1975 年也进行了 ACF 选型，YF-17 方案获胜，最终将进入海军服役（飞机设计本身经过大幅修改），型号更名为 F/A-18 "大黄蜂"。

下图与对页图：双座型的 F-16 重新设计了座舱，以容纳第二名飞行员。下图所示为空军官员在体验座舱布置。后座的视野不甚理想，但是这个座舱满足了教学飞行的要求。预生产型 F-16B 与量产型的座位有差别（对页图）。增加一个乘员后，F-16 双座型的作战能力相对于单座型没有任何下降，但是机身油箱的容积降低了。（美国空军供图）

截至 1975 年 6 月，欧洲国家确认了最初的 348 架 F-16 订单，其中比利时 116 架、丹麦 58 架、荷兰 102 架、挪威 72 架。

在批准 F100 发动机可进行技术转让后，美国更是允许进口国购买许可证，在本国制造该型飞机。比利时的总装线设立在萨布卡（SABCA）公司的哥斯利（Gosselies）工厂，荷兰的总装线设在阿姆斯特丹史基浦（Schiphol）的福克（Fokker）工厂和美国得克萨斯州的通用动力沃斯堡（Fort Worth）工厂。飞机的各总成件来自各承包商组成的供应网络：后机身由比利时的索纳卡（SONACA）公司制造，机身中段、前缘襟翼和后缘襟副翼由福克公司制造，机翼结构和总装由萨布卡公司完成，垂直尾翼和武器挂架由丹麦的珀尔·伍德森（Per Udsen）（后来的 TIG）公司制造，起落架由荷兰的 DAF 公司制造，机轮由挪威的罗福斯（Raufoss）公司制造，F100 发动机由比利时国家兵工厂（FN 公司）组装……

通用动力公司制造了 8 架 F-16A/B 全尺寸发展（FSD）工程样机用于试飞。首架 FSD 阶段的 F-16A 于 1976 年 12 月 8 日在得克萨斯州的沃斯堡工厂首飞，首架 FSD 阶段的 F-16B 于 1977 年 8 月 8 日首飞。每架飞机都装备了一套威斯汀豪斯（Westinghouse）AN/APG-66 脉冲多普勒雷达。对于双座的 B 型机来讲，加大的座舱盖和前机身内加长的座舱部分并未增加额外的气动阻力，但是为了增加第二名飞行员，不得不减少 1500 磅的机内载油量以换取空间。

上图与对页图：空中加油是F-16试飞过程中相当重要的部分。F-16的空中加油受油口就在座舱后面的机身背部，该位置对加油机的硬管加油操作员来讲非常便利，远比给A-10"雷电II"那类将受油口放在风挡前面的飞机顺手。（美国空军供图）

在试飞项目中可见 F-16 的首次增重，而且增重已成为每个型号在整个生命发展周期循环中持续存在的事实。当然，这也导致了整机推重比下降，和"战斗机黑手党"的初始设想背道而驰。

与原型机 YF-16 相比，F-16A 的机身加长了约 10 英尺。其他明显的变化包括：翼面积从 280 平方英尺增加到 300 平方英尺；降低了垂尾的高度，加大腹鳍；在翼下增加两个挂架；加长机鼻，以容纳机载雷达；将前起落架双片式舱门替换为单片式。这些变化使飞机的质量增加了 25%。

在研发过程中，充满争议的增重问题无法避免，而空军却对增强 F-16 的对地攻击能力十分感兴趣，这意味着飞机的质量只能越来越大，甭想苗条了。空军意识到美国未来的对外战争更可能发生在距离本土较远的地方（决战于境外），因此不再需要并购买专用于本土防空的战斗机。远距离作战意味着复杂的情况和代价高昂的后勤运输保障，意味着每个作战单位都能"独当一面"，必须具备尽可能多样化的作战能力。也就是说，装备尽可能多用途化。

美国空军试图挖掘战斗机的对地攻击潜力，曾考虑过 F-15 "鹰"式战斗机，但这种硕大的战斗机仅具备非常基础的对地攻击能力，因为 F-15 项目办公室一直顽固地反对任何显著增加投射炸弹能力的尝试，一句精辟的总结就是这个口号："不为对地攻击付出 1 磅的质量！"无论如何，"鹰"式战机的造价过于高昂且在装备序列中的重要性太高，以至于将其投入近距空中支援、战场遮断和其他对地攻击作战行动中，将被视为一种暴殄天物的行为。

由于以上原因，F-16 作为一种大量装备的低端战斗机，理所应当地被用来填补对地攻击任务的缺口。那就意味着要增加航电和火控设备，或者换个角度说，就是增加更多的质量。

为美国空军和欧洲装备国制造的各种亚型

1977 年，美国空军确认了 783 架 F-16 的增购计划，并对这种轻型战斗机的多用途潜力表示满意。在比利时，萨布卡公司的总装线于 1978 年 2 月开始运转。两个月后，荷兰福克公司的总装线也开张了。同年，美国空军订购的 F-16 在美国本土开始批量生产，第一架量产型 F-16A 于 8 月份在沃斯堡工厂进行了首飞。与此同时，欧洲装备国的空军部队联合组建了现在大家熟知的 "欧洲伙伴空军"（EPAF）。

入役

每个亚型和 "批次" 的全部技术细节将在本书第 2 章中详细描述。

F-16A/B Block1~15

美国战略空军司令部在 1978 年 8 月 17 日接收了首架量产型的 F-16A。1979 年 1 月驻犹他州希尔（Hill）空军基地的第 388 战术战斗机联队（TFW）成为首个使用该型机的作战部队。该基地的第 4 战术战斗机中队（TFS）装备的 F-16A 在 1980 年 11 月 12 日首先形成了初始作战能力（IOC），这意味着如果有任务需要，其装备的 F-16 可随时出击。

美国空军给 F-16 取的官方绰号是 "战隼"，但这个绰号很快就遭到驾驶 F-16 的飞行员们的嘲笑，这里也有驾驶 F-4、F-15 和其他重型战斗机的飞行员起哄的因素（毕竟作为轻型战斗机，F-16 没有重型战斗机那种 "伟岸" 的感觉。——译者注）。结果就是 F-16 战斗机的相关人员给它起了一个更形象、更凶猛的昵称 "蝰蛇"（Viper）作为其非官方的绰号。由此看来，其他战斗机飞行员仍然喜欢将其看作一只凶猛的 "战隼"！

在欧洲，第一架从美国运来的 F-16A 于 1978 年 6 月 9 日抵达萨布卡公司，用于组装测试。第一架在欧洲制造的样机在 12 月下线。仅仅 6 个月后，在 1979 年 5 月，福克公司制造的第一架 F-16 进行了首飞。1979 年 1 月，比利时空军开始接收 F-16，标志着欧洲伙伴空军开始装备这种战斗机。荷兰皇家空军在同年 6 月接收了第一架 F-16，丹麦皇家空军在 1980 年 2 月接收到首架飞机，挪威皇家空军在 1980 年 4 月接收到首架飞机。

为美国空军制造的 F-16A/B 直到 1985 年才停产，此时第 25 批次的改型，也就是 F-16C/D 已经上线生产了（首架样机已于 1984 年初夏完成总装）。

1986 年 10 月，美国空军宣布将 270 架（稍后更改为 241 架）F-16A/B Block15 "战隼"战斗机按"先进防御战斗机"（ADF）的标准进行升级。鉴于当时冷战形势没有任何缓和的迹象，共计 14 个空中国民警卫队（ANG）的战斗机中队计划接收 F-16 ADF 用于北美地区的防空。

下图：这是一张摄于 1985 年的照片，一架预生产型 F-16A 战斗机被安放在罗姆航空发展中心纽波特测试场的测试基座上。该机挂载了 AIM-9 "响尾蛇"空对空导弹、Mk20 "石眼"集束炸弹、机腹中线副油箱，并在翼下外侧挂架上加挂了一个 AN/ALQ-119 电子对抗吊舱。工程师测量了这种状态下飞机的雷达反射截面积。在整个 F-16 的服役生涯中，工程技术人员一直努力采取措施减少其目视、红外及雷达信号特征。（美国空军供图）

1990 年，F-16 ADF 的开发和测试在加利福尼亚州的爱德华兹空军基地进行，之后在内华达州内利斯（Nellis）空军基地的第 57 战斗机武器测试联队进行实用性测试和评估。首架进入部队服役的飞机交付驻克拉马斯瀑布城（Klamath Falls）金斯利（Kingsley）国际机场的俄勒冈空中国民警卫队第 114 战斗机中队使用。全部 241 架飞机（含 217 架 A 型机和 24 架 B 型机）的改装在位于犹他州希尔空军基地的奥格登空军后勤中心（OALC）进行，在 1992 年中期全部改装完毕。

可选装的战斗机发动机（AFE）

在 Block25 批次的机型定型生产的时候，美国空军启动了一项"可选装战斗机发动机"计划，分别向普拉特和惠特尼公司和通用电气公司下订单。这个计划旨在通过鼓励两家制造商相互竞争来压低采购成本，而且可以两条腿走路，不在一棵树上吊死，保证发动机后勤供应链的稳定。

进入驻犹他州希尔空军基地的第 388 战术战斗机联队服役的 F-16A/B 战斗机。从照片中可以看到，一架单座的 F-16A 准备滑出。注意这架飞机的雷达罩是黑色的，这是识别极早期型 F-16A 的一个明显的外部特征，后期被灰色的雷达罩替换。（美国空军供图）

另外一架安装黑色雷达罩的F-16A。注意其机体上两种不同深浅的灰色涂装，这是该型机服役后的标准涂装。（美国空军供图）

一架 F-16A 完成空中加油作业，减速脱离加油机，此时机背上的受油口尚未关闭，后机身上溅满了加油管从受油口撤出时"喷涌"出来的余油。（美国空军供图）

上图：照片中这架序列号为 79-0386 的 F-16A Block10B 战斗机于 1981 年 3 月抵达希尔空军基地。这张照片是在一座英国皇家空军的场站里拍摄的，此时这架战斗机正在参加 1981 年 5 月举行的战术轰炸竞赛。该机在 1983 年 1 月的一起严重事故中损毁。注意其雷达罩比较小，属于 F-16A/B 的早期型。（美国空军供图）

对页上图：2007 年年初，北达科他州空中国民警卫队第 119 战斗机联队的一架 F-16A 战斗机飞抵航空维修与再生中心（AMARC）。座舱盖前面的"切鸟器"敌我识别天线（IFF）是在空中识别该机是 ADF 改进型的一个明显特征。该机在 1983 年 11 月交付使用。准确地讲，该机是 Block15L ADF 型。（美国空军供图）

对页下图：驾驶过"蝰蛇"的飞行员无不为其机动灵活、快速和高度自动化所惊叹，这是飞行员梦寐以求的战斗机。而对没有驾驶过该机的飞行员来讲，也就只能拿令人尴尬的"战隼"这个官方绰号来找话题了。（美国空军供图）

这两型美国空军候选发动机分别为通用电气公司的 F101（重新设计后更名为 F110）发动机和普拉特和惠特尼公司的 F100-PW-100 的改进型 F100-PW-220 发动机。普拉特和惠特尼公司最终推出了针对 PW-100 型发动机的升级套件，可以让发动机维护人员在不拆下发动机的前提下完成升级，升级后的发动机型号改为 PW-220E。

1984 年 2 月，美国空军宣布通用电气公司赢得 1985 财政年度 F-16 机队运行所用发动机合同中 75% 的份额，其余的部分给了经过升级的普拉特和惠特尼公司的 F100 发动机。当量产型发动机的产量上来后，F110 发动机逐步进入了通用动力公司的飞机生产线，但是出于后勤供应的原因，大家一致同意美国空军的每个 F-16 使用单位只使用一家公司生产的发动机，而不混用两家公司的产品。

F-16C/D

1984 年 6 月 19 日，F-16C 进行了首飞，一个月后交付美国空军。单座的 F-16C 和双座的 F-16D 与早期 A/B 型机最明显的区别就是增大的垂直尾翼基座（垂尾根部向前延伸的部分，也称为"垂尾岛"），在基座前部

安装了一个小型的刀形天线。这个基座内原计划安装机载自卫干扰机（ASPJ），但美国空军更加青睐以往长期使用的外挂电子对抗（ECM）吊舱，于是放弃了内置干扰机的想法。

F-16C/D 引入了宽视角通用电子抬头显示器（HUD），重新布置了座舱内安装的 HUD 下方整合控制面板，安装了休斯（Hughes）公司的 AN/APG-68（V）雷达。用两台可显示红外影像的多功能显示器替代了传统的指针仪表，使该机的座舱赢得了"玻璃化座舱"的美誉；机载 MIL-STD-1760 数据总线 / 武器操作界面支持使用 AGM-65D "小牛"空对地导弹、AIM-120 先进中距空对空导弹。

F-16C/DBlock30/32 在 1986 年 1 月粉墨登场，而且这是"蝰蛇"家族中第一种配备通用发动机舱的型号，机体内部结构进行了必要的改进，以适应符合 AFE 规格的 GE 或 PW 发动机。Block30 应用了新的发动机进气道，以适应对空气流量更加"饥渴"的 GE 发动机。这种进气道也被称为"大嘴"，增大的截面积可以使到达发动机进气风扇

下图：照片拍摄于 1981 年，这架满挂 6 枚 AIM-9P "响尾蛇"空对空导弹的 F-16B 展示了其新型的水平尾翼（颜色比机体略深）和机腹中线挂架上挂载的 AN/ALQ-119 电子对抗吊舱。细心的读者可以发现飞机尾部安装了抗尾旋伞，表明该机处于飞行测试状态。（美国空军供图）

前的空气流量更大。但是，极早期的 Block30 飞机安装的仍然是与使用 PW 发动机的 Block32 机体相同的"小嘴"进气道。

除了发动机进气道的不同和通用发动机舱之外，Block30/32 型在 1987 年还增加了具有多目标接战能力的 AIM-120 先进中距空对空导弹武器系统；为计算机增加了额外的内存空间，并整合了大量升级过的进攻性和防御性的电子设备。首批 733 架 Block30/32 型飞机在 1986 年 6 月交付。该批次的改型有时被称为 MSIP III 型。

中期寿命升级（MLU）计划从 1989 年就开始酝酿了，最初的研究持续了两年，旨在对 F-16A/B 进行最经济、最有效率的升级，但最终还是扩展为一个从 1991 年 5 月开始的 6 年发展计划，包括对 F-16 的航电、座舱和武器系统（详情见第 2 章）进行全面升级，涉及的范围非常广。截至 1997 年年底，该计划已经涉及欧洲伙伴空军的全部 4 个国家，但美国自己放弃了为其本国装备的 223 架 F-16A/B 升级的计划。

下图：F-16 最终明确使用 600 美制加仑副油箱，显著增加了转场和作战的航程。不论飞机执行何种任务，副油箱都可以在进入交战阶段前抛掉。（美国空军供图）

1988 年，F-16 的制造重心已经转向更新型的 F-16C/D Block40/42，美国空军对应的型号也称为 F-16CG/DG。截至 20 世纪 90 年代晚期，共制造了 615 架 Block40/42 型飞机，计划取代 Block30/32 成为 F-16 机队的中坚力量。这个批次的改进主要集中在加强精确打击能力、提高机体结构强度，以及扩展其在 9g 过载下的飞行包线上。为了体现其重点加强的夜间作战能力，该批次也经常被称为"夜隼"。

随着冷战的结束，各空中国民警卫队联队使用的 F-16ADF 对于防卫需求来讲愈加过剩，而且面临着预算削减的压力，于是很快退出现役。多余的 ADF 型飞机作为"现货状态"的空中防卫解决方案，在外国用户中变得相当抢手，有多个国家订购了这样的飞机（详情参见第 3 章）。

1991 年，更新型的 F-16C/D Block50/52 投入批量生产，这个改型重点加强了执行防空压制（SEAD）任务的能力，非官方型号名称

为 F-16CJ/DJ。需要重点指出的是，CJ/DJ 型机分别配备了一台性能增强的发动机（IPE）。发动机分别来自两家发动机制造商：通用电气公司的 F110-GE-129（Block50）和普拉特和惠特尼公司的 F100-PW-229（Block52）发动机。每种发动机的推力均达到 29000 磅的级别。

2005 年 3 月，驻南卡罗来纳州肖空军基地（Shaw AFB）的第 20 战斗机联队第 79 中队接收了一架全新的 Block50 型飞机，这是美国空军接收的最后一架全新制造的 F-16 战斗机。截止到 2008 年，大约有 700 架 F-16 在一线作战部队服役，490 架装备了空中国民警卫队，54 架在空军后备队运行。这些飞机中有 350 架 F-16C/D Block30、51 架 F-16C/D Block32、222 架 F-16C/D Block40、174 架 F-16C/ D Block42、198 架 F-16C/D Block50 和 52 架 F-16C/D Block52。

很少有哪种飞机像 F-16 那样拥有美到令人尖叫的外形。当外部挂架全部拆除时，飞机的洗练外形和科幻的感觉（以当时的眼光看来）非常引人注目。照片中这架 F-16A 隶属于第 388 战术战斗机联队第 34 战术战斗机中队。（美国空军供图）

5

6

32—35 页图：自从美国空军接受了 F-15 和 F-16 的"高低搭配"组合，发展"蝰蛇"机队的空对地打击能力就成了迫在眉睫的需求。F-16 最初的研制目的是成为一种优秀的在良好的气象条件下作战的区域防空战斗机，但其后来的发展远远超出了这个期望。这组照片展示了 F-16A 携带和投射一系列对地武器的能力：Mk82 500 磅炸弹（图5），Mk84 2000 磅炸弹（图6），GBU-8 2000 磅光电制导滑翔炸弹（图1），挂载在多联装弹射炸弹架（MSER）上的 CBU-58 集束炸弹（图2），AGM-65 "小牛"空对地导弹（图3）和（图8）（可打击装甲目标，具备发射后不用管能力），以及首次同时挂载低空导航和红外夜视目标指示系统（LANTRIN）吊舱进行飞行测试（图7）。（美国空军供图）

F-16E/F Block60 "沙漠隼"

作为 F-16 家族的最新成员，Block60 装备了一台 F110-GE-132 涡轮风扇发动机，最大推力增加到 32000 磅。该型的配置极为"高大上"，配有电子对抗系统，一台 AN/APG-80 主动相控阵雷达（AESA），保形油箱以及在 F-16C/D Block50/52 基础上大幅改进的一系列进攻性电子设备。洛克希德·马丁公司在 2004 年年初对这个型号做了飞行测试，2005 年 5 月，首架"沙漠隼"交付给了它的最终用户——阿联酋空军，该国总共订购了 80 架。

对页上图：1985 年 9 月，驻欧洲的美国空军第 86 战术战斗机联队第 512 战术战斗机中队接收了第一批 F-16C/D，替换原有的 F-4E "鬼怪 II" 战斗机（最左侧）。这个联队的驻地位于联邦德国拉姆施坦因空军基地，垂尾代码为"RS"。（美国空军供图）

对页下图：到了 20 世纪 80 年代中期，F-16 已经羽翼丰满，成为全世界范围内作战效能最高的战斗机之一。在更新的 C/D 型机上可以看到大量的改进和升级的成果，这意味着 F-16 家族的新成员具备更好的多用途能力，执行各种不同类型的任务时效率更高。照片中的这架 F-16C 与 A-10A "雷电" 攻击机和 F-15A "鹰" 战斗机一起编队飞行。（美国空军供图）

下图：F-16C/D 也引入了通用发动机舱的概念，不但可以安装原配的普拉特和惠特尼 F100 发动机，也可以安装新加入竞争的通用电气 F110 发动机（照片所示）。（美国空军供图）

F-16CM（之前被称为 CJ）Block50/52 "蝰蛇"
改型用于对付敌方有威胁的雷达设施，即我们
熟知的 "野鼬鼠" 任务。取得这种任务成功的关
键因素就是 AN/ASQ-213 "哈姆"（HARM）目标
指示吊舱，照片中这架第 22 中队的飞机将其挂
在了进气道右侧。（史蒂夫·戴维斯供图）

右图：F-16 的"火鸡羽毛"样式的尾喷管整流盖板的外观可以辅助判断其所属机体的批次亚型。这些"羽毛"可收敛、扩散以保持喷气压力的恒定，尾喷口整流盖板的形状是圆鼓鼓的，说明这是一架配备GE 发动机的"蝰蛇"，那么就可以确定它是 Block30（反之就是 Block32）型。与之相反，装备普拉特和惠特尼发动机的Block32/42/52 型"蝰蛇"的尾喷口盖板则是平直的。（史蒂夫·戴维斯供图）

下图：世界上最著名的 F-16 使用单位恐怕就是美国空军的"雷鸟"飞行表演队了。这个表演队使用过多种改型的 F-16，从 Block32 到 Block52。（史蒂夫·戴维斯供图）

上图：驻意大利阿维亚诺（Aviano）空军基地的第31战斗机联队的F-16CM（之前被称为CG）Block40，赋予驻欧洲美国空军（USAFE）前所未有的夜间多用途攻击能力。第510战斗机中队（"秃鹫"中队）的这两架"蝰蛇"在意大利北部天空浓密的云层上轻盈地划出一道弧线。（史蒂夫·戴维斯供图）

下图：F-16E/F（照片中为F型）Block60"沙漠隼"是所有型号中作战能力最强的。照片中所示的"沙漠隼"正从内华达州内利斯空军基地起飞，参加"红旗"军演的某个行动。机上配备的AESA雷达、先进的座舱设备和被动红外探测器使其成为其他参演飞机的劲敌！（美国空军供图）

一架隶属于埃格林（Eglin）基地第40飞行测试中队的F-16C Block25在墨西哥湾上空打开减速板，压坡度并降低飞行高度。（美国空军供图）

2 各种改型和批次

F-16 有各种型号后缀（F-16A/B/C/D/E/F），从宏观上表明各自属于哪个重大机体结构改进对应的亚型。从微观角度来说，机体又分为各种批次（Block）号，如 Block1、Block10、Block25 等，用来代表机体结构和航电小幅改进对应的改型。不仅如此，每个批次号后面也有后缀，表明每个批次内的不同改进阶段，如 Block15Y 和 Block30B 等。重大技术现代化升级项目的代号也会被加入型号的后缀中，如 MLU（中期寿命升级）等。

下图：F-16A 78-064 号机在 1980 年 3 月交付部队，该机属于 Block5 批次。这张拍摄于交付前的照片能看到一个显著的特征，就是飞机垂尾上没有喷涂基地代码。该机最终在驻加利福尼亚州爱德华兹空军基地的第 6516 测试中队服役。要想区分 F-16 的不同批次非常困难，但公认最佳的"蝮蛇"资讯网站提供了出色的序列号搜索引擎，人们可以很容易地辨别出每架 F-16 属于哪个批次。（美国空军供图）

F-16 从 1978 年开始服役，1981 年以色列将其用于实战，距本书完稿时，已有 40 余年，其间大量的改型和批次已经可以列出一份长长的图表，叙述着"蝮蛇"家族的成长轨迹。

平心而论，将 F-16 所有的批次、升级和改进型号都区分并识别出来是一件充满挑战的任务，令人头疼不已。在 F-16 这个货真价实的自助餐餐盘上，各种改进计划、系统功能升级（SCU）和飞行控制程序（OFP）软件升级等项目像取餐一样添加，航空史研究者看到的画面令人眼花缭乱，不知从何谈起。事实上，F-16 总共经历了 6 个主要批次的改进，核心航电设备的发展跨越了 4 代。最新批次飞机的问世将发动机的型号配置数增加到 5 个，同时雷达和电子战设备的型号

数也达到了 5 个。

出于科普的考虑，本章尝试列出每一种改型和批次，尽可能详细地描述和总结每种细分改型独有的能力和识别特征。然而，本书不可能毫无遗漏或绝对完整地列出每种型号单独的特征、增项、更新或安装新设备的信息，整本书也不可能仅围绕这些改进内容来描述。尽管第 3 章中简要描写了以色列装备的 F-16，但本书未列出该国深度改进的该型飞机的所有子型号。

此外，值得注意的是，美国空军近年来更新了 C/D 型机的型号命名，其中 F-16C 和 F-16D 用来指代 Block25/30/32 批次的飞机，但是 Block40/42 批次的单、双座夜间攻击型机被重新命名为 F-16CG/DG，同时 Block50/52 批次"野鼬鼠"版的飞机被重新命名为 F-16CJ/DJ。然而，随着"通用配置实施项目"（CCIP）的完成，列入项目实施的 Block40/42 批次和 Block50/52 批次的飞机共享了通用航电设备，美国空军便将这两种亚型的飞机统称为 F-16CM（单座型）和 F-16DM（双座型）。尽管如此，当需要按年代次序来准确指代时，本书还是会采用机体的原始型号。

下图：从飞机的正上方看，Block15 批次之前的 F-16 的水平尾翼明显要比后期批次的小一些。照片中的这架 A 型机在翼下挂载了一对 600 美制加仑副油箱。（美国空军供图）

执行"野鼬鼠"任务的"蝰蛇"

越南战争期间，美国空军首次正式列装了专门用于执行复杂的防空压制任务的战斗机，最著名的两种飞机是F-100F"超级佩刀"和F-105G"雷公"战斗机。在越南的北方，苏联援助的"萨姆"地对空导弹（SAM）阵地如雨后春笋般建立，直接催生了旨在消灭或极大削弱对方防空炮火（AAA）战斗力的"铁手"任务。随着战斗机携带猎杀"萨姆"地对空导弹的专用设备进行防空压制作战，"野鼬鼠"这个任务代号应运而生。根据每次任务的经验教训，F-105G进行了多次改装，各种版本令人眼花缭乱。随着技术和战术的成熟，美国军方找到了一种更加合适的SEAD作战平台，就是从F-4E全面改装而来的F-4G。作为有史以来最有效的反辐射战机，F-4G"鬼怪"在1991年爆发的海湾战争中表现活跃，但战争结束后，该型机由于机体老化，迅速退役。这令众多防空压制作战经验丰富的"野鼬鼠"飞行员大为失望，不过其后继机及时出现了，这就是F-16CJ Block50/52型。

F-16CJ，现型号命名为F-16CM，目前在美国空军中扮演着三种

下图："野鼬鼠"版"蝰蛇"（右）替代了老迈但令人景仰的F-4G"鬼怪 II"反辐射作战飞机（左）。前辈留下的战靴很大，年轻的"蝰蛇"可能暂时还不适应，但终究还是会接过衣钵，出色地完成本职工作。这张照片拍摄于德国斯潘达勒姆（Spangdahlem）空军基地，新老两代飞机都囊括于画面之中，很好地表现了接班的场景。目标指示系统（HTS）是完成老装备到新装备改装的关键工具。（美国空军供图）

主要角色——这主要源于预算导向政策要求美国空军的各型主战武器系统（MWS）必须实际具备多用途能力：武装保护、武力拒止（防空压制的 SEAD 和摧毁敌方防空力量的 DEAD 任务）以及精确打击。

SEAD 和 DEAD 任务应用于战机充当对敌方的武力拒止角色和在敌方威胁下的武装保护角色中。在更早的时期，执行"野鼬鼠"任务的"蝰蛇"伴随攻击编队飞向目标，像猎犬一样搜寻敌方综合防空系统的节点，并用 AGM-88 HARM（"哈姆"）反辐射导弹在敌方防区外将锁定攻击机群的雷达设施摧毁，或者使用常规炸弹或制导武器直接打击其防空火力点，以使敌方防空系统瘫痪。"野鼬鼠"任务的主旨就是让敌人的防空系统在第一时间失去作用，不论是简单粗暴地发射 HARM 导弹迫使敌方的雷达停止搜索，还是实实在在地用 HARM 对雷达辐射源进行硬摧毁，采用何种方式都不是问题。一旦确认了威胁攻击编队的防空设施的位置，露头的几处防空阵地就会被 AGM-88 HARM 反辐射导弹压制。同时，其他执行防空系统摧毁任务的 F-16CM 使用自由落体炸弹将这些防空火力点彻底摧毁。另外一种方式的兵力投送与否，取决于是否已对探明的防空节点采取了先发制人的打击或是否已敲掉关键的雷达辐射源。

HARM 反辐射导弹承担以上两种防空反制任务时，有多种作战模式可供选择，其中最有效的就是"已知射程"模式。这是指装备了 HTS 后，准确的目标方位角和距离信息通过数据链传给 HARM 反辐射导弹。在美军具备 HARM 导弹发射能力的作战飞机中，仅 F-16CJ 可以应用这种作战模式！这种模式的摧毁率是最高的，而且探明的雷达站的坐标可在飞行前就通过编程的方式输入导弹上的任务计算机中；也可以在飞行中，HTS 探测到敌方辐射源后，通过航电发射器界面计算机系统（ALICS）在编队中动态分享该目标的情报。"先敌攻击"模式可以让 AGM-88 HARM 导弹以抛物线弹道向目标的大致或准确方位发射，使导弹获得尽可能长的留空时间。在这种模式中，导弹上的导引头接收来自地面的雷达波，等待设为预定目标的一个或多个雷达站开机运行，一旦开机，导弹便直接冲下去将其摧毁。

F—16A 78-0072 号 机 属 于 Block5 批次, 在 1980 年 4 月 进入第 4 战术战斗机中队服役。 从这张照片中可见该机只在右 翼尖挂载了一枚 AIM-9L 导弹。 这架飞机在 1984 年 6 月的一 起降落事故中报废, 当时该机 隶属于第 72 战术战斗机训练中 队 (TFTS)。(美国空军供图)

最后，由于 F-16CM Block40/42 和 Block50/52 是美国空军在役的 F-16 中作战效能最高且数量最多的两种改型，而且得到的关注也是最多的，因此本书的重点就放在 F-16CM 身上。

后续将会讲述区分数量庞大的 F-16 家族各个改型，第一层级是亚型，下一层级是批次。升级项目、性能和软件的改进将在本章最后的部分进行讨论。

F-16A/B Block1~20 总览

Block1~15 批次的 F-16 安装了威斯汀豪斯 AN/APG-66 脉冲多普勒火控雷达、辛格·克佛特（Singer-Kearfott）SKN-2400 惯性导航系统（INS）、超高频/甚高频（UHF/VHF）通信电台、仪表着陆系统（ILS）、战术空中导航系统（TACAN）、达尔默·威科特（Dalmo Victor）AN/ALR-69 雷达告警接收机（RWR）、GEC 马可尼（Marconi）航电系统平视显示仪和斯佩里（Sperry）中央大气数据计算机。整机的动力由一台 F100-PW-200 涡轮风扇发动机提供，最大推力为 23830 磅。1991 至 1996 年期间，PW-220E 发动机问世，推力有所增加，使用寿命也有所延长。

截至 1985 年，美国空军总共订购了 664 架 F-16A 和 122 架 F-16B，同年更新型的 F-16C/D 开始批量生产。在美国空军的 F-16A 机队中，有两架是在荷兰福克工厂生产的。

F-16A/B Block1

F-16A/B Block1 的雷达罩和雷达告警接收机天线罩是黑色的，配备一台普拉特和惠特尼 F100-PW-200 涡轮风扇发动机。进气口下方安装有一个较小的 UHF 天线，而且还有一个明显的识别特征，就是相对小一些的全动平尾。

F-16A 是单座战斗机，F-16B 为双座型。F-16A/B Block1 后来进行了一些机载设备的更新，并在 1981 至 1984 年的 "阁楼漫步者"（Pacer Loft）升级项目（"阁楼漫步者 I" 在 1981 年开始，"阁楼漫步者 II" 在 1984 年开始）中升级到了 F-16A/B Block10 的标准。

Block1 批次的机体共制造了 94 架。

F-16A/B Block5

F-16A/B Block5 总共制造了 154 架，雷达罩和雷达告警接收机天线罩改为灰色，降低了飞机本体在目视格斗中的可见性。Block5 的动力系统仍为普拉特和惠特尼 F100-PW-200 涡轮风扇发动机，该批次的

机体也对机载设备进行了小幅升级改造。与 Block1 一样，飞机安装了小平尾，并在进气口下方安装了 UHF 天线。

Block5 批次的飞机在 1981 至 1984 年的"阁楼漫步者"升级项目中与 Block1 一起升级到 F-16A/B Block10 的标准。

F—16A/B Block10

Block10 的机体与早期的 F-16 的区别体现在内部结构的小改上，Block10 从外表看与 Block5 没有明显区别，这个批次的飞机总共制造了 355 架。和 Block1/5 一样，Block10 依然是小平尾，进气口下安装 UHF 天线。

纽约州空中国民警卫队的 24 架 Block10 批次的 A 型机和 B 型机进行了针对近距空中支援任务的改装，在机腹中线挂架上挂装了一个 339 磅的通用电气 GPU-5/A 中线挂载专用 30 毫米口径机炮吊舱。改造项目代号为"铺路爪"，吊舱内安装了一门 GAU-13/A 4 管加特林机炮，该炮是从 A-10 攻击机上安装的 GAU-8/A 7 管加特林机炮发展而来的，炮管数从 7 个减少到 4 个。搭载"铺路爪"系统的飞机在 1991 年的"沙漠风暴"行动中有限使用了几次，据说射击精度"很不错"，但整合该系统的 Block10 型飞机从来没有达到设计要求，于是这 24 架飞机在战争结束后陆续改回了标准 Block10 的状态。

下图：美国空军早期的"蝰蛇"机身上的警告标记是彩色的——地面救援箭头标记是黄色的，弹射警告三角标记是红色的。这些标记在后期被灰色的低可视度标记取代。（美国空军供图）

上图：照片中列队的飞机是首批服役的 F-16A，所在部队为第 388 战术战斗机联队。最靠近镜头的这架飞机是 Block10A 型，在 1980 年 12 月服役。（美国空军供图）

当更新型号的 F-16 服役并有了一定数量之后，一些 Block10 型的机体更名为 GF-16，充当地面教学用具。其他机体则在 1987 到 1993 年间升级到 Block15 OCU 标准（详见下文）。

F-16A/B Block15 总览

F-16A/B Block15 机体是作为多阶段改进计划（MSIP）的子批次制造的。MSIP I 项目在 Block15Y 至 15AZ 的机体上实施，包括强化对地攻击能力，增加超视距空战能力（BVR）。首架飞机在 1982 年下线，但从 1987 年开始，所有的 Block15 机体都按 Block15 OCU 的标准制造。

MSIP I 项目在飞机的进气口两侧增加了两个小型外挂硬点（5L 和 5R），用于挂载传感器吊舱，同时硬点周围的结构也相应加强，以支撑外挂物。结构加强后，飞机的重心前移，全动平尾的面积被迫增大 30% 以维持飞行时的纵向平衡。这种"大尾"水平尾翼减小了起飞时的抬头仰角，而且改善了大迎角状态下的操纵性能。

Block15 批次的 F-16 的识别特征是机头雷达罩下部后方并排装有一对雷达告警接收机天线，进气口下方的刀形天线取消，座舱的人机界面也进行了改进。

Block15 的航电设备相对于之前的 F-16 航电系统有了重大变化，

其配备的 APG-66 雷达增加了基本的边扫描边跟踪功能（这意味着飞行员在锁定一个目标的同时还可以继续搜索其他目标），整合了 AIM-7"麻雀"空对空导弹的挂载和应用能力。机上还新增了一台"快速反应 I"（Have Quick I）UHF 加密语音无线电系统。

Block15 机体的制造持续了 14 年以上，在 1996 年停产，共计制造了 984 架，最后一批下线的飞机是泰国订购的。美国空军早期的 Block15 机体在 1987 至 1993 年间升级成了 Block15 OCU 型。

F-16A/B Block15 OCU

Block15"任务能力升级"（OCU）型机体主要得益于结构加强以及换装 F-16C/D 使用的增大型平视显示仪。OCU 是 Block15 除了上述提到的细节以外的附加改进项目，所有 1987 年后还在生产线上的 Block15 都按照 OCU 的标准来制造，批次号从 Block15Y 开始。

首架 Block15 OCU 在 1988 年 1 月交付，配备了改进型的雷达和相应的软件系统，加装了雷达高度表、数据转换单元、AN/APX-101 敌我识别问询系统以及泰克尔（Tracor）AN/ALE-40 箔条/红外诱饵弹发射器，用于反制来袭导弹。火控系统和外挂管理系统计算机也进行了升级，AN/ALQ-131 电子干扰吊舱与飞机的整合也在这个改进计划中完成了。

上图：在柔和光线的映衬下，照片中这架序号为 79-430 的 F-16B Block10B 机体的平滑曲线和气泡状座舱盖一览无余。这架飞机在 1981 年 4 月进入第 430 战术战斗机中队服役，但其最终在 1993 年 8 月成为地面教学展示用具，型号也相应改为 GF-16B。（美国空军供图）

在 F-16 的发展过程中，整合、搭载并使用新型或改进型武器的努力从未停止。照片上的这架飞机为 50-751 号机，挂载了两枚 GBU-8 滑翔炸弹。虽然这架飞机是预生产型的 F-16B，但其换装了 Block15 型增大的全动平尾。注意其后机身上安装了抗尾旋伞。（美国空军供图）

上图：这张照片拍摄于 1982 年，照片中的 F–16A 由爱德华兹空军基地的测试中队使用。加大的水平尾翼表明该机属于 Block15 批次。翼下挂载了 8 枚 CBU–58 集束炸弹，用于外挂物分离特性评估测试。（美国空军供图）

右图：F–16A 81–0741 号机属于 Block15F 型，1982 年交付使用，后来该机升级到 Block15 ADF 标准。这张拍摄于 1985 年的照片的主体就是这架飞机，机身上的标记表明该机属于驻犹他州希尔空军基地的第 421 战术战斗机中队。（美国空军供图）

从机载武器的角度看，OCU 改型增加了挪威产"企鹅"Mk3 反舰导弹的使用能力，以及首次在 F-16 家族中引入 AGM-65"小牛"空对地导弹的使用能力。同时，武器系统也为 AIM-120 先进中距空对空导弹的配套预留了接口。

一系列的改进使 F-16 的最大起飞质量增加到 37500 磅，最大推力为 26660 磅的 F100-PW-220/220E 新型发动机也完成装机试飞并达到使用要求。PW-220 发动机提供的推力比先前的型号增加了 3000 磅。

F–16A/B Block15 MLU

"中期寿命升级"是将 F-16 的服役期延长到 1999 年以后的一个延寿方案，而之前人们从来没有想到 F-16 能有这么长的服役期。Block15 MLU 的"蝰蛇"将与 F-16C/D Block50/52 相似的座舱移植过来，替换原来老旧的座舱设备，火控雷达也升级为 AN/APG-66（V2A）。机上增加了微型化的机载全球定位系统（GPS），以及宽视角 HUD、夜视镜的接口、模块化的任务计算机和一套数字地形跟踪系统。

更多的 MLU 方案的细节，尤其是自 1989 年开始持续至 2013 年的部分，将在本章末尾详细描述。

下图：一架 F–16A Block15H ADF 在佛罗里达州廷德尔（Tyndall）空军基地附近向一架靶机发射一枚 AIM-7"麻雀"空对空导弹，该机隶属于北达科他州空中国民警卫队第 119 联队。非常明确的是，F–16 家族中只有 ADF 型装备了"麻雀"导弹，首次具备了超视距作战能力，可以使其在敌方轰炸机威胁到美国大陆之前就实施有效拦截。（美国空军供图）

上图：这是一张拍摄角度绝佳的照片，照片的主角是F-16A Block15，F100-PW-100发动机尾喷管表面平直的"火鸡羽毛"整流盖板清晰可见。（美国空军供图）

F-16A/B Block20

F-16A/B Block20 机体是使用 Block30 的机体按照 MLU 的标准定制的，可与 Block50 标准的机体媲美。从历史沿袭来看，F-16 的批次改型从 F-16A/B Block15 直接跳到 F-16C/D Block25，但 Block20 创造了一个回退的先例。最初 Block20 方案仅为订购的 150 架 F-16A/B 制定，然而，后来所有的 MLU 机体均参照这个方案进行了升级。

Block20 型安装了 MLU 飞机上应用的改进型 AN/APG-66（V）2 雷达，但机上装备了选装的 IFF 并在获得威斯汀豪斯 AN/ALQ-131 吊舱之前配备了雷声（Raytheon）公司的 AN/ALQ-183 电子对抗吊舱。

F-16C/D Block25~50 总览

第一架 F-16C 于 1984 年首飞，在接下来的一个月，美国空军对其进行了一系列飞行测试。这个新的改型的座舱盖有一层"镀金膜"，使其鼓胀的聚碳酸酯座舱盖看起来金光闪闪。这种处理措施大大减少了雷达波透过座舱盖，在座舱内部杂乱反射造成的强回波。

除了有色的座舱盖以外，F-16C 的外部特征与 F-16A 差别不大，

其中最明显的区别就是增大的垂尾根部三角形基座，该基座从后机身表面向上延伸到垂尾根部，使得垂尾仿佛坐落在一个小岛上一样。在这个"岛"的前端装有一个小型的马刀天线。加大的垂尾基座是为了适应计划安装的威斯汀豪斯/ITT AN/ALQ-165机载自卫电子干扰系统，但美国空军在1990年1月退出了ASPJ项目，而前述的电子干扰系统也从未安装。

F–16C/D Block25

Block25批次的F-16C/D在1984年7月投产，共计有209架C型机和35架D型机交付给美国空军。美国空军是这个批次飞机的唯一用户。

Block25进行了MSIP II阶段的改进，配备了诺斯罗普·格鲁曼（收购了威斯汀豪斯）AN/APG-68（V）雷达。APG-68雷达的探测距离更远，运行模式更多，包含新颖的边扫描边跟踪模式，在这种模式下最多可以跟踪10个目标。同时，它增强了电子反对抗能力，提高了地图成像分辨率。除了其他增项以外，新的座舱界面可以用"玻璃座舱"来形容，仪表板上安装了两个多功能显示器，水平显示器也更换为大视角全息成像HUD。

下图：第50战术战斗机联队的一支F–16 Block15战斗机编队飞行在KC–135"同温层加油机"的机翼外侧，联队长机正在进行空中加油作业。（美国空军供图）

MSIP 的改进使新机体的质量变得更大，最大起飞质量增加到 42300 磅。

F-16C/D Block30/32

Block30/32 批次的机体引入了"通用发动机舱"的概念，使其可选配"发动机选装"项目中的新型发动机：通用电气 F110-GE-100 发动机，最大推力为 28984 磅，安装通用电气发动机的 F-16 的批次号为 Block30；安装普拉特和惠特尼 F100-PW-220 发动机（最大推力为 23770 磅）的机体的批次号为 Block32。

为了给空气流量需求相对更大的 GE-100 发动机创造更好的进气条件，增加其推力，安装该发动机的 F-16 重新设计了进气口。而早期的 F-16C/D Block30 的进气口还是传统的小进气口，但批量安装 F110 发动机的 Block30 机体（从 F-16C 86-0262 号机开始）更换成新的"大嘴"进气口。这种改型进气口的官方名称是"模块化通用进气道"。安装普拉特和惠特尼发动机的 Block32 批次的 F-16 对应的是"小嘴"进气道，也就是从先前批次沿用下来的"正常激波进气道"。为了减小进气口处的雷达反射截面积，在进气口唇口处喷涂了一层雷达吸波涂料，从颜色上可以和周围的涂装明显区分出来。

下图：1986 年，F-16C/D 开始部署到欧洲，接替先前的 F-16A/B Block15。照片里这架哈恩（Hahnbased）基地的 Block25F 型战斗机挂载了两枚 Mk84 教练弹（不能爆炸），飞翔在联邦德国上空，时间是 1987 年。（美国空军供图）

　　从 1987 年 8 月起，Block30/32 型飞机具备了携带并使用 AGM-45 "百舌鸟" 导弹（美国空军已无库存）和 AGM-88A 高速反辐射导弹（HARM）的能力，AIM-120 先进中距空对空导弹也成功整合到了该型飞机的武器系统里。

　　AIM-120 先进中距空对空导弹在 1987 年春季添加到 Block30 的武器系统中，使载机具备了完整的多目标接战能力，升级后的飞机子型号名为 Block30B。可编程显示信息生成器和数据输入电子设备组件的存储空间也增加了，Block30/32 还引入了 "话音通信" 保密语音通信系统，"密封—结合"（Seal-bond）油箱也加入了飞机的燃油系统，航电系统的升级还把语音信息组件和抗坠毁飞行数据记录仪囊括了进来。

　　Block30D 型将 ALE-40 箔条 / 红外诱饵弹发射器的数量增加了一倍，并将前向雷达告警接收机天线移至前缘襟翼前端。新天线形似铝质啤酒易拉罐，因此被戏称为 "啤酒罐" 天线。后来所有的 F-16C/D 进行翻新升级时，都安装了这种 RWR 天线。

　　Block30/32 批次的飞机共制造了 706 架，其中包括 565 架单座的 F-16C 和 141 架双座的 F-16D。这个批次的改进有时被统称为 MSIP III 阶段改进。

上图：F-16C 83-1129 号机属于 Block25A 型，最初隶属于内华达州内利斯空军基地的第 422 测试评估中队。照片中该机身披三色灰伪装。该机后来用于近距空中支援（CAS）任务测试。在测试期间，该机的涂装改为 "欧洲 1 号" 蜥蜴样式迷彩，由两种不同的绿色和灰色组成。CAS 测试表明，F-16 在此类任务中有着非常强的扩展性。（美国空军供图）

F-16N 海军型"蝰蛇"

Block30 型飞机有两个美国海军版本的分支型号，分别是单座的 F-16N 和双座的（T）F-16N，专门用于扮演假想敌飞机，进行空战对抗训练。该型机加强了机翼结构，而且机体是基于"小嘴"进气道的 Block30 批次 F-16C/D 改造而来的，但其雷达依然沿用 F-16A/B 上使用的 APG-66 雷达。

机载的 M61-A1"火神"机炮被拆除，发射导弹的能力也被取消，但仍可挂载并使用空战机动数据吊舱（ACMI）。这些飞机在 1988—1998 年间服役。

F-16N 共计制造了 22 架，（T）F-16N 共制造 4 架。20世纪 90 年代，一些 F-16N 的机体隔框上出现了疲劳裂纹。为了保险起见，美国海军没有修复这些结构，而是让这些飞机退役了。截至 2003 年，这些退役飞机被当年因禁运而扣留的巴基斯坦订购的 F-16 替换。

F-16CG/DG Block40/42（现更名为 F-16CM）

Block40/42 批次的 F-16 在 1988 年 12 月开始批量下线，共计制造 699 架。

上图：1987 年年初，AGM-45"百舌鸟"反辐射导弹的发射试验完成，为 Block30/32 批次的"蝰蛇"在同年 8 月实际使用这种武器铺就了道路。最终，新一代的 AGM-88 高速反辐射导弹也挂在了"蝰蛇"的翼下。（美国空军供图）

对页上图：2005 年，一架 F-16C Block25 向地面靶标投掷了一枚激光制导联合直接攻击弹药（LJDAM）。这个批次的飞机引入了改进的雷达、宽视角 HUD 和新式"玻璃座舱"，但其制造数量相对较少。（史蒂夫·戴维斯供图）

对页下图：这张拍摄于"北方竞争 1987"演习期间的照片向大家展现了一架近乎全新的第 13 战术战斗机中队的 F-16C Block30B 战斗机。Block30 批次引入了通用发动机舱，但适配更大进气量的 GE 发动机的"大嘴"进气口从 F-16C 86-0262 号机才开始安装。（美国空军供图）

上图：美国空军系统司令部军械部开展了大量的飞行测试，将新型的 AIM-120A 先进中距空对空导弹整合到了 F-16 的武器系统中，使 F-16 的对空作战能力在 1987 年春季达到巅峰，可实现完全的多目标接战能力。具备这种能力的"蝰蛇"得到了一个子批次号 Block30B。（美国空军供图）

这个版本的飞机被称为"夜隼"，这源于该批次飞机独有的夜间作战能力。其出色的夜战能力源于 AAQ-13 和 AAQ-14 低空导航与红外夜视目标指示吊舱（LANTIRN，"兰顿"），这两个吊舱各司其职，实现了导航和目标指示功能。飞机上安装了一部"导航星"GPS 导航接收机，具备发射 AGM-88 HARM II 反辐射导弹的能力；并装载了改进型 APG-68V 雷达、数字飞行控制系统、与"兰顿"吊舱关联的自动地形跟踪系统。相应地，飞机的最大起飞质量也增加到 42300 磅。

F-16C Block40 的发动机和 Block30 相同，是通用电气 F110-GE-100。F-16C Block42 安装了普拉特和惠特尼 F100-PW-220 发动机。两个批次各自匹配"大嘴"和"小嘴"进气口的对应关系与 Block30/32 相同。

"夜隼"的机体结构经过加强，能做出 9g 过载机动的质量上限从 26000 磅增加到 28500 磅。随着最大质量的增加，再加上"兰顿"系统的质量，需要更加坚固和更大的主起落架，主起落架舱门需要向外凸起，以容纳更宽大的主轮胎和轮毂。着陆灯也从主起落架支柱上挪到了前起落架舱门上。

一套名为"作战边缘"的加压供氧系统也安装到飞机上，以提高抗过载能力。同时，增强包线的机炮瞄准系统、轰炸地面移动目标的能力和 Block50/52 上（见下文）应用的多项改进措施也应用到了这个批次的飞机上。

F-16CJ/DJ Block50/52（现更名为 F-16CM/DM）

　　1991 年 12 月，通用动力公司开始交付 F-16C/D Block50/52 战斗机。Block50/52 型"战隼"配备了威斯汀豪斯 AN/APG-68（V）5 雷达及改进的航电计算机，但这种雷达很快被更新的（V）7、（V）8 和（V）9 雷达替换。其他增项包括泰克尔 AN/ALE-47 箔条 / 红外诱饵弹发射器、ALR-56M 雷达告警接收机、Have Quick IIA 电台、Have Sync 抗干扰 VHF 电台、完全整合 HARM 反辐射导弹以及宽视角 HUD。

　　除了上述增项以外，还有一套 GPS、激光陀螺惯性导航系统（RLG INS）、水平态势显示器（HSD，显示器上显示动态数字地图，罗列了飞行、武器系统、目标和导航数据），以及兼容座舱内光源的夜视镜等都加入了这个批次的"改造大包"中。1997 年后下订单的 Block50/52 飞机还安装了彩色座舱显示器和模块化任务计算机。

　　Block5X 批次的 F-16 战斗机配备了 IPE 版本的通用电气或普拉特和惠特尼发动机，Block50 安装的是最大推力为 29588 磅的 F110-GE-129 发动机，Block52 安装的是最大推力为 29100 磅的 F100-PW-229 发动机。

下图：当 F-16C 被引入欧洲后，人们对其进行了持续不断的改进，试图将其打造为新一代的"野鼬鼠"战机，这标志着 F-4G"鬼怪 II"的服役生涯走到了终点。G 型的 F-4 战斗机曾经是非常有效的地空导弹猎杀者，因此"蝰蛇"年轻的脚丫也必须穿上前辈留下的"大号战靴"。照片中所示即为第 52 战术战斗机中队的长机及其继任者。第 52 中队的驻地在德国斯潘达勒姆空军基地。（美国空军供图）

美国海军假想敌部队的"蝰蛇"

美国海军从 1987 年开始将 F-16 战斗机用于假想敌训练，一直使用到 2013 年。海军最初得到 22 架 F-16N 和 4 架（T）F-16N，这两型飞机分别对应单座的 F-16C 和双座的 F-16D，都针对假想敌训练的要求进行了特别的改装。为了应对持续高 g 机动飞行（与异型机种对抗训练的飞行模式有很大不同），人们对飞机的结构进行了有针对性的加强。

F-16N 和（T）F-16N 的机体出自 F-16 Block30E，其制造订单在 1987—1988 年间完成。该型机装备给 VF-124 "盗贼"（Bandits，也是"敌机"的意思）中队，基地在米拉玛（Miramar）海军航空站，于 1987 年 4 月达到形成初始作战能力的状态。接下来装备 F-16N 的部队是驻在基维斯特（Key West）海军航空站的 VF-45 "黑鸟"中队、驻在奥西安纳（Oceana）海军航空站的 VF-43 "挑战者"中队和驻在米拉玛海军航空站的海军战斗机武器学校。在往后的几年里，F-16N 经过长期剧烈的高 g 机动飞行，机体结构出现疲劳裂痕，在 1994 年就早早退出现役了。

然而，F-16 过度使用付出的代价是值得的，这让 F-14 和 F/A-18 的飞行员们在对抗训练中学会了如何与不同型号的敌机进行空

下图与对页图：今天，美国海军的 F-16 基地位于内华达州法伦（Fallon）海军航空站的 NSAWC。海军航空兵系统司令部透露，截至 2012 年 10 月，该中心共拥有 10 架 F-16A 和 4 架 F-16B。注意这些飞机有多种迷彩样式，分别模拟了多国空军的涂装样式，以增强假想敌扮演的拟真性。（美国空军供图）

中格斗。所以，在 F-16N 退役后，海军又从封存的 F-16 Block15 战斗机中抽调了 14 架，以填补之前因退役产生的缺口，而这批飞机当年原定交付给巴基斯坦，但因禁运被扣留了下来。

截至 2013 年 7 月，这些"蝰蛇"仍在扮演假想敌机，但使用单位只有位于内华达州法伦海军航空站的海军打击和空战中心（NSAWC）一家了。NSAWC 由多个 20 世纪 90 年代各自独立的海军战术学校组成，其中最著名的就是海军战斗机武器学校（Top Gun）。

1989年，在犹他州上空，6架隶属于南卡罗来纳州肖空军基地第20战术战斗机联队的Block42型飞机与一架KC-135"同温层加油机"编队飞行，按顺序进行空中加油作业。这个批次的F-16专门用于夜间作战。（美国空军供图）

美国空军早期生产的 F-16C/D Block50/52 飞机后来都升级到了 Block50/52D 标准，按标准在进气口右侧挂载一个 ASQ-213 吊舱。ASQ-213 吊舱也被称为 HARM 目标指示系统（HTS），是空军压制敌方防空系统作战的关键系统，是 F-16 能从 1992 年起接替麦道 F-4G 执行 SEAD 作战的重要保证。

HTS 使用可编程软件系统加载目标信息，该系统可通过数据维护的方式存储当时最新最全的雷达信号特征。该系统可以利用现有技术对软硬件进行改进和升级，有针对性地采取新技术应对新型雷达的威胁。

HTS 有自己专用的显示界面，可以在座舱中的两个多功能显示器中的一个上面显示出来，用图形符号显示威胁级别从高到低的雷达辐射源。通过控制吊舱的接收范围，其可以探测特定频率和地形的扇区

范围。扫描速度可调节，其快慢取决于辐射源目标的位置是否已知。慢速扫描可以监视较大的视场，而快速扫描的视场就很窄了。

一旦探测到已知目标辐射源，吊舱可以立即通过 GPS 和激光陀螺惯性导航系统解算出威胁所在的地理坐标。目标坐标的"紧密程度"或准确性取决于辐射源具体的工作频率。

HTS 和雷达告警接收机的显示器也是交联的，可探测飞机前半球自身频带范围内的威胁。系统是被动式的，这意味着其在工作期间仅接收雷达信号，而不对外产生辐射。HTS 允许飞行员选定一个威胁辐射源，并立即将其数据直接传递给 AGM-88 导弹。这样，对突然出现的威胁的反应时间会大大缩短。在这种情况下，飞行员可以用 AGM-88B/C 导弹瞄准特定的辐射目标。

F-16C/D 从 1988 年后期开始陆续走下生产线。照片中的这架 F-16D Block40F 在 1991 年 1 月交付，先后进入多个作战部队服役。在 2008 年 1 月，该机分配给加利福尼亚州爱德华兹空军基地的第 445 飞行测试中队使用。（美国空军供图）

F-16CM Block50+ 技术参数

机长：49 英尺 4 英寸

翼展（翼尖挂载空对空导弹）：32 英尺 $9\frac{3}{4}$ 英寸

翼面积：300 平方英尺

机翼展弦比：3.0

平尾翼展：18 英尺 $3\frac{3}{4}$ 英寸

垂直尾翼面积：54.75 平方英尺

机高：16 英尺 $8\frac{1}{2}$ 英寸

主轮间距：7 英尺 9 英寸

前后轮距：13 英尺 $1\frac{1}{2}$ 英寸

图中为一架 F-16CM Block50 战斗机。（美国空军供图）

最大平飞速度和高度：马赫数 2.05/40000 英尺（1353 英里 / 时）

最大海平面速度：795 节（915 英里 / 时）

最大海平面爬升率：50000 英尺 / 分

实用升限：大于 50000 英尺

作战半径：340 英里 / 高—低—高任务剖面，携带 6 枚 500 磅炸弹

武器系统：一门 M61"火神"20mm 口径机炮。最大载弹量 15200 磅，翼下 6 个挂架，机身中线一个挂架。

5.5g 过载上限：机身挂点挂载 2200 磅外挂物，机翼内侧挂架挂载 4500 磅外挂物，机翼中间挂架挂载 3500 磅外挂物，外侧挂架挂载 700 磅外挂物。

9g 过载上限：顺序同上，1200 磅、2500 磅、2000 磅和 450 磅。

对页图：照片中的飞机喷涂了 PACER GEM 涂层，内含 PACER MUD 雷达吸波材料。这两架驻扎在施潘达勒姆空军基地的 Block52 型飞机清楚地展示了涂层和雷达吸波材料（RAM）在飞机使用一段时间后就会明显褪色，暗淡无光，而当这种涂层刚刚施喷完毕时，会呈现出一种金属光泽。即使将雷达和红外特征降低一点点，也能明显减小敌方截获的距离和概率。当作为视距外的潜在威胁时，向你接近的"蝰蛇"是最危险的！（美国空军供图）

下图：照片中可见飞行员戴着搭载联合头盔显示系统（JHMCS）的头盔，该系统提供了飞行、导航、空情、雷达和武器瞄准数据，不论飞行员的视线在何方，这些数据均可清晰地显示在飞行员眼前。最重要的一点是，这个系统可以让飞行员以离轴方式发射 AIM-9X "响尾蛇"空对空导弹进行攻击。（美国空军供图）

CJ 型飞机配备了航电系统/发射架界面计算机，该设备位于 AGM-88 高速反辐射导弹的挂架内，是连接 HTS、中央计算机和导弹的中间件。

Block50/52+ 型增加了使用联合直接攻击弹药（JDAM）的能力，该弹药由 GPS 制导，可全天候使用，其制导组件可以安装在 500 磅、1000 磅和 2000 磅的"傻瓜"炸弹（无制导的铁炸弹）上，使其摇身一变成为制导炸弹。导弹告警系统可以在被动模式下探测到向载机发射的导弹。同时，飞机增加了挂载 600 美制加仑大型副油箱的能力，并可以安装保形油箱（CFT）。

飞机上还安装了机载制氧系统（OBOGS），并引入了地形参考导航系统，改善了地形规避能力，降低了可控飞行触地的风险。其他航电系统的改进包括增加了 AN/APX-113 先进敌我识别设备、联合头盔瞄准系统、名为"先进自卫整合组件"（ASPIS）的机载电子对抗组件和 APG-68（V）9 雷达。该雷达的探测距离增加了 30%，同时提高了处理速度，扩大了存储空间。值得注意的是，该雷达也引入了合成孔径雷达的工作模式，分辨率达到了 2 英尺。

时至 2013 年，Block50/52 的生产线仍然在繁忙运转，因此，无法准确统计出该批次飞机的最终制造总数。截至 2013 年 6 月 1 日，共制造了 389 架 Block50 型和 548 架 Block52 型。

照片中的这架 F—16E Block60 "沙漠隼" 在翼身结合处的上方安装了保形油箱，在增加载油量的同时解放了翼下的重载挂架，不必为了挂载副油箱而牺牲外挂武器的挂点。保形油箱经常安装在 Block52+ 型 "蝰蛇" 的机体上，但国外用户手中的更早批次的飞机经过改装，也安装了这种保形油箱。(美国空军供图)

HTS-AN/ASQ-213A HARM 目标指示系统

HTS 是在进气口右侧挂载的小吊舱，用于搜索、分类、测距并向飞行员显示雷达辐射源的信息。作为 HTS 的补充，机上备有 AN/ALR-56M 先进雷达警告接收机挂载了 AN/ALQ-131（V）14 电子战吊舱，以及翼下挂架整合的箔条布撒器（用来弥补机身下部靠近平尾的干扰弹布撒器载弹数量的不足）。"有人载具毁伤抑止计划"推动了美国空军 SEAD 与 DEAD 战术和相关装备的发展，为飞机和 HTS 增加作战能力则意味着软件和硬件的升级。举个例子，HTS R7（版本 7）升级在 2007 年 5 月实施完毕，但其早已在 2000 年就进入开发阶段，加入了日常侦察中新发现的敌对目标的信息，增加了多机协同测距并得出更加精确的目标地理位置的功能。这样执行 DEAD 任务的飞机就可以借助这套系统准确地将武器投射到目标上。

一架配备 R7 系统的"蝮蛇"仅凭 HTS 吊舱给出的坐标信息，就可以用"联合直接攻击弹药"和其他 GPS 制导武器打击敌方防空设施。该系统还可以和其他装备 Link 16 数据链的飞机共享这些"GPS

下图：一架机号为 AF 90809 的 F-16CM Block52A 被调拨到内华达州内利斯空军基地的第 422 测试评估中队。从镜头往远处看，背景中重峦叠嶂的地形地貌是内华达州特有的。注意这架飞机的 HTS 吊舱挂在了飞机左侧的吊舱挂点处。（史蒂夫·戴维斯供图）

上图：在 AGM-88 HARM 导弹赋予"野鼬鼠"战机软杀伤和硬杀伤能力的同时，AGM-65"小牛"空对地导弹（图为第 116 战斗机中队的一架 Block30C 正在发射一枚"小牛"）使"蝰蛇"可以抵近敌方防空系统实施"补刀"，确保将其完全摧毁。（美国空军供图）

下图：照片中这架来自德国施潘达勒姆空军基地第 52 联队的 F-16CM Block50 正拉起机头爬升，在这种状态下发射 HARM 导弹将会通过高抛弹道增加其有效射程。（美国空军供图）

上图：这架"斯潘"基地的 F-16CM Block50 正在发射 HARM 高速反辐射导弹，导弹的火箭发动机喷出了长长的尾焰。高速反辐射导弹既可以实时模式发射，也可以预定目标模式发射。（美国空军供图）

对页图：AN/ASQ-213A 高速反辐射导弹目标指示吊舱用于 F-16 Block50/52 "蝰蛇"战斗机，可在 SEAD 任务中更快速更准确地打击敌方防空系统。HTS 能探测、定位并识别地面辐射源，并辅助 GPS 制导武器锁定这些辐射源。（美国空军供图）

级别精度"的坐标信息。这些"精确"坐标意味着目标位置信息的误差更小，敌方的反制措施也更难以奏效。而且，R7 系统还改进了 HTS 吊舱截获目标辐射源的算法，大大提高了运算速度和准确性，使载机不仅能打击固定目标，而且能打击移动目标，作战效能有了大幅飞跃。除了上述令人眼花缭乱的性能以外，该系统还可以更精确地生成电子战场态势图。

当 R7 系统开发完毕后，后续测试又聚焦到 HTS 吊舱和 AN/AAQ-28 "利特宁（LITENING）II"或"狙击手"XR 红外目标指示吊舱的双舱配合挂载上。美国空军一度想推迟"双舱挂载"项目，以防 CCIP 改进项目受到排挤，但每种吊舱都有效地整合到飞机上，实现了预期的设想。增加目标指示吊舱可以为 HTS 及其相关航电设备的性能补足提供重要的工具。这样，载机不仅仅能干原来 SEAD/DEAD 的老本行，还可以对 HTS 选定的目标进行目视确认，并用激光制导弹药对其进行精确打击。因此，F-16 就成为了一个更加有效的第三方精确打击和弹药投送平台。

F-16CJ 对突发威胁的快速反应能力几乎都是以下两项技术的功劳：设计精妙的软件系统以及飞机座舱系统中应用的 HTOAS 人机界面技术。吉恩·"主人"·席勒（Gene "Owner" Sherer）上尉给大家举了个例子："战斗机的智能化已经达到了一个足够高的水平，如果我们在 HTS 吊舱中看到了一些东西，我们只要将屏幕上的游标放到这个目标上，并确定可以向目标的位置发射导弹，然后锁定它并把导弹打出去就可以了。而具体是怎么操作的呢？我们用左手拇指按动油门杆上的游标按钮（目标截获控制按钮，即 DMS），右手拇指按下操纵杆上的目标管理按钮（TMS）。这样，DMS 将 HTS 光标移动到指定的目标上，TMS 锁定这个将被高速反辐射导弹光顾的家伙，接下来狠狠扣动扳机将 HARM 发射出去就行了。"

对页图：连接 HARM 导弹和 HTS 的接口是 ALICS，该设备整合在导弹的挂架中（图中打开挂架舱门露出的设备就是 ALICS）。（美国空军供图）

下图：HTS 提供了 GPS 精度的敌情坐标，目标信息可推送到任何一架"蝰蛇"的传感器上。照片中射出的这枚高速反辐射导弹已将辐射源目标的地理位置永久记录在弹载计算机的存储器中，即使目标雷达关机，也可准确命中其阵地。（美国空军供图）

下图与对页图：下图中的这架 Block30B 的垂尾上喷涂有代码 "MJ"，表明该机隶属于驻日本三泽（Misawa）基地的第 423 战术战斗机联队。注意 F-16C 的垂尾岛式底座上的小鼓包与对页上图里面的 F-16A Block15 ADF 对应位置的鼓包有很大的不同，ADF 型的鼓包明显长一些，而且大出不少，而对页下图中 F-16B Block20 的对应位置完全没有鼓包。（美国空军供图）

F-16E/F Block60 "沙漠隼"

　　在阿拉伯联合酋长国 30 亿美元的研发资金支持下，发展出的 F-16E（单座型）和 F-16F（双座型）成为目前纸面上性能最强大的 "蝰蛇"。

　　"沙漠隼" 配备的保形油箱与 Block50/52+ 上使用的相似。相对前期型号的 F-16，该型机最明显的识别特征就是座舱盖前方安装的诺斯罗普·格鲁曼 AN/ASQ-32 机载红外前视和目标指示系统（IFTS）的光学设备外罩。雷达罩里面安装了诺斯罗普·格鲁曼 AN/APG-80 主动相控阵雷达（AESA），性能比 APG-68 系列机扫雷达更加强大，探测距离更远，可靠性更高。AESA 雷达可同时对空对地扫描、跟踪和锁定。值得一提的是，其捷变频率雷达波束降低了被截获的概率。也就是说，这种雷达波降低了被目标告警设备探测到的概率。

　　先进的进攻性航电设备由 IFTS 和 APG-80 雷达组成，一套整合电子战系统（IEWS）提供了早期告警和自动启动反制措施的能力。在座舱里，JHMCS 可将目视化的飞行、导航、进攻和防御信息投射在飞行员眼前，同时先进任务计算机整合传感器和武器数据，并将其显示在座舱中的 5 英寸 ×5 英寸彩色显示器中。相对于前期生产的 F-16，F-16E/F 的核心计算机的存储容量是其 2000 多倍，数据吞吐率是其 260 多倍。

　　F-16E/F 在 2003 年 12 月首飞，截至 2008 年，共向阿联酋空军交付了 55 架 E 型机和 25 架 F 型机。至本书截稿时，该国空军是此批次飞机的唯一用户。

ADF 改型

F-16A Block15 的防空战斗机改型在冷战的最后几年装备给美国空军空中国民警卫队，与 F-15 作战部队紧密配合。F-16A ADF 当时负责美国北部地区的防空，但不久苏联就解体了，防空压力顿时消失了。这些飞机后来卖给了国外用户。2007 年 6 月，美国空中国民警卫队最后一批 F-16A 退出了现役。

ADF 的改造主要集中在现有的 AN/APG-66 雷达的升级上，提高了对小目标的探测能力，并提供了引导 AIM-7 "麻雀" 半主动雷达制导空对空导弹所需的连续波照射能力。

此外，ADF 改型最明显的目视识别特征是垂尾基座上两侧各有一条水平方向的细长鼓包，这是将两个飞行控制系统蓄电池移至此处的结果。这样班迪克斯 - 金（Bendix-King）AN/ARC-200 高频单边带无线电设备就可以安装在垂尾的前缘了。两套四片式 "切鸟器" 敌我识别天线分别安装在座舱盖前方和进气口下方。在前机身左侧，雷达罩后方装有一盏夜间识别探照灯，这些外部特征也有助于人们识别出这个型号。

ADF 型配备了先进的敌我识别设备、改进型电子反对抗设备（ECCM）、GPS 的接口和 AIM-120 先进中距空对空导弹的数据链。

F-16 的各项改进

除了各批次和子批次发展型以外，美国空军和国际用户的 F-16 还进行了大量的升级和改进。这些改进措施进一步增强了 "蝰蛇" 的作战能力，不仅相比于对手保持了质量优势，而且延长了本型号的生命周期。系统性能升级和作战飞行程序软件升级也为 F-16 的改进工作锦上添花。

作战飞行程序（OFP）

OFP 的调整是周期性的基础工作，直接关系到飞机的性能，下面通过一个例子来说明。近十年 OFP 的升级包括 OFP M2+，这个版本可使 F-16 具备使用 MIL STD-1760 规范的 BRU-57 制导炸弹挂架的能力；到了 M3.1+ 版本，飞机的软件系统升级到可与红外目标指示系统（TGP）交联，并可应用空对空问询硬件设备；M3+ 版本使飞机具备发射 AIM-9X 的能力；M4+ 版本对 F-16CJ 进行了更加令人瞩目的升级，使其可以同时挂载并使用 HTS 吊舱和 AAQ-28 "利特宁 II" 吊舱（或 AAQ-33 "狙击手" XR 目标指示吊舱）。

中期寿命升级（MLU）和结构完整性检查项目（PACER SLIP）

MLU 是一次影响深远的升级，显著提高了"蝰蛇"的作战能力。然而，将要进行 MLU 升级的飞机首先必须通过"结构完整性检查项目"的机体改造：检查机身隔框和结构件是否存在疲劳裂纹，并加以修复或替换。完成之后，飞机可增加额外的 5000 小时结构寿命（飞行时数）。

MLU 的核心是一台模块化任务计算机（MMC），该计算机扮演着"蝰蛇大脑"的角色，具备执行新任务的能力，并可以与新增的传感器和武器交联。机上安装的 APG-66（V2）雷达换装了新的信号数据处理机，使符合 MLU 标准的 F-16 具备了边扫描边跟踪功能，最多可以跟踪十个目标，并用 AIM-120 AMRAAM 空对空导弹同时攻击其中 6 个目标。雷达的探测和跟踪距离也比改进前的型号增加了 25%。一套先进的 APX-111（V）1"先进敌我识别设备"为新增的航电设备套件做了最有价值的完善，使航电设备有了脱胎换骨般的升级。

其次，飞机上还增加了当时尚属新鲜事物的机载 GPS 接收机和数字地形系统，改善了低空飞行时的危险告警能力；还有一套改进型数据调制解调器（IDM），通过 Link16 数据链接收和传输目标数据；增加了一套丹麦特尔玛（Terma）电子公司研发的电子对抗管理系统（EWMS），以及微波着陆系统和本土制造的侦察吊舱。

座舱设备的改进包括换装宽视角 HUD、先进的显示适配器、音频视频记录仪、JHMCS 头盔显示系统、彩色多功能显示器，以及性能得到提高、具有手不离杆控制功能的油门杆和操纵杆。经过改进，F-16 MLU 的座舱已经高度接近 Block40/50 型机的座舱。

最后，MLU 绝大多数核心系统上运行的软件也在不断升级更新中。M3+ 和 M4+ 版本的软件分别在 2003 年和 2007 年安装到 MLU 标准的飞机上，可使用 AIM-9X、AGM-154"联合防区外发射武器"（JSOW），并支持头盔瞄准具的使用，可与 AGM-88 HARM 导弹的自动目标数据传递系统配合使用，还具有其他各种各样的功能。M5+ 和 M6+ 版本升级随后进行，提高了 IFF 的性能，增加了很多种空对地弹药的使用能力（例如 GBU-39 小直径炸弹和 GBU-54 激光制导 JDAM），以及发射 AIM-120 AMRAAM 空对空导弹的能力。

欧洲伙伴空军各国进行 MLU 的飞机详情如下：比利时升级了 90 架 Block15，丹麦升级了 28 架 Block10 和 38 架 Block15，荷兰升级了 8 架 Block10 和 132 架 Block15，挪威升级了 24 架 Block10 和 33 架 Block15。

88—90 页图：几个连续型号 / 亚型和批次的 F-16 座舱界面和人机界面的演变。F-16A/B（上图为 F-16B）配备了雷达屏 /HUD 影像同步显示屏（右侧）和一个电子存储控制面板（左侧）。F-16C/D Block25（对页图）引入了全新的"玻璃座舱"，安装了两个多功能显示器，可显示一系列系统、导航、武器和作战参数信息。Block40 增加了宽视角 HUD（90 页图），可混合显示上述信息，后座舱也相应地安装了更大的 HUD 同步显示器。（史蒂夫·戴维斯及美国空军供图）

另外，葡萄牙、巴基斯坦和约旦也把本国的 F-16 升级到了 MLU 标准。

截至 2013 年 6 月，有 449 架 Block10 和 Block15 批次的 F-16 计划通过该项目升级成为 Block20 MLU。

"确认打击"和"黄金打击"

1995 年，驻意大利阿维亚诺空军基地的第 31 战斗机联队的 38 架 F-16C/D Block40 装备了"确认打击"系统。这个快速反应升级项目包含配备可在座舱夜间屏显仪表灯光环境下正常工作的夜视镜（NVG）和安装一套改进型数据调制解调器，使飞机在波斯尼亚上空执行近距空中支援任务时具备快速反应能力。

IDM 可使飞机接收到地面部队或控制中心直接传来的目标经度、纬度和海拔数据。"确认打击"系统后来被并入 OFP M5 版本的软件中，IDM 现在成为 F-16CM 和 MLU 飞机的标准配置。

"黄金打击"系统在 1997 年作为"确认打击"的升级版出现，增加了双路图像传输能力，使飞行员可以在座舱中接收和传输视频与图像。

"'战隼'结构增强路线图"和"'战隼'结构改进"项目

与 SLIP 项目略微相关的是美国空军监制的"'战隼'结构增强路线图"（Falcon STAR）项目，这是一个在 2008 年着手实施的结构改进项目，用标准化的补强组件改装欧洲 4 国装备的 F-16 MLU，稍后美国空军和其他国家空军装备的 F-16 也"照方抓药"进行了结构补强。

STAR 替换掉机体上已达到结构寿命的部件，使这些飞机的结构寿命增加了 30 年。荷兰皇家空军将这个计划命名为 PACER AMSTEL（后 MLU 结构寿命增强）。Falcon STAR 涉及当时所有全新制造的 F-16 战斗机。

"'战隼'结构改进"（Falcon UP）项目是一个结构性改进计划（SIP），包含多个在一个项目周期内的主要结构改进工程，涉及所有美国空军的 F-16，使 Block25/30/32 型机体寿命达到 6000 小时，Block40/42 型达到 8000 小时。以色列也对其"蝰蛇"机队进行了 SIP 改进。

从 2007 年 4 月开始，土耳其国有航空工业公司（TUSAS）为约旦皇家空军的 17 架 Block15 型机进行了全部 3 项结构性升级。在这之前，该公司已在 1994—1999 年间为土耳其空军的 134 架 F-16C/D 完成了 Faclon UP 改进。

HAVE GLASS

HAVE GLASS 是减小 F-16 的红外和雷达反射截面积两阶段改进计划的统称，大约能降低 15% 的目标特征。HAVE GLASS I 引入"镀金膜"金属镀层座舱盖，可减少雷达波穿透座舱盖在座舱内部反射后造成的雷达回波。此外，雷达天线后面还增加了一层泡沫板。

HAVE GLASS II 在进气道唇口和机身表面喷涂 PACER MUD 雷达吸波材料。吸波材料含有强磁性微粒，这些微粒混入高介电性聚合物底漆中，涂敷在机身表面。

PACER MUD 涂层覆盖了机体表面 60% 的面积（前部和两侧的机身蒙皮），涂层厚度为 10~12 毫米。最外层喷涂的是 PACER GEM 涂层，可减少飞机的红外特征。

HAVE GLASS 在 2005 年首先应用在美国空军的 Block50 批次的"蝰蛇"上，稍后应用范围扩大，包括欧洲 4 国使用的 F-16。大约有 1700 架 F-16 进行了 HAVE GLASS 改进。

尽管 Block40 "蝰蛇" 是专门用于夜间作战行动的，但其仍在 20 世纪 90 年代的巴尔干战争期间进行了大量的快速能力升级，以增强夜间作战和近距空中支援能力。（美国空军供图）

CCIP 和 CUPID

"通用配置实施项目"(CCIP)使美国空军的 F-16C/D Block40/42 和 Block50/52 机队以及欧洲的 MLU 机队具备了核心通用性。CCIP 计划在 2002 年开始实施(有些资料记载是从 1998 年开始实施),分为 3 个阶段:阶段 I 和阶段 IA 引入了 Block50/52 型早期使用的子系统,阶段 II 对 Block50/52 批次的飞机进行了整体改进,阶段 III 对 Block40/42 批次的飞机进行了整体改进。

在阶段 I 中,飞机上安装了模块化任务计算机、APX-113 先进敌我识别装置和 BRU-57 "灵巧炸弹" 专用挂架(可挂载包括 F-16 能携带的一系列 GPS 制导武器)。Block50/52 型飞机也增加了携带配备数据链的 AN/AAQ-33 "狙击手" XR 目标指示吊舱的能力,原先配备的 HTS 吊舱可与新吊舱同时挂载使用。同时,没有配备彩色多功能显示器的飞机也换上了彩色 MFD。阶段 II 中增加了先进的 Link16 数据链、JHMCS 和电子水平态势指示器。从 2001 年到 2006 年,位于希尔空军基地的奥格登空军后勤中心改装并交付给美国空军 254 架 Block50/52 飞机,其中 100 架进行了两次改装,分别完成阶段 I 和阶段 II 的计划,其余飞机一次性改装到位。

阶段 III 从 2005 年开始,对 Block40/42 机体进行了一轮脱胎换骨的升级。与此同时,Block40/42 飞机也在进行 Falcon STAR 升级。2010 年,500 架飞机升级完毕。

经过 CCIP 升级的飞机重新命名为 F-16CM 和 F-16DM,其装载的 OFP M4.2 系统磁带与模块化任务计算机软件的磁带相同。

空中国民警卫队的 F-16 Block30 机队也进行了相似的升级,但涉及的项目少一些,在 2003 年年底完成。升级的项目包括 "战斗力提高实施明细"(CUPID):增加 "兰顿 II" 和 "利特宁 II" 吊舱的使用能力,安装 GPS/INS、导航灯光系统、态势感知数据链(SADL)、ALQ-213 电子对抗系统,以及增加 GPS 制导武器的挂载能力。总共有 620 架飞机进行了升级,ANG 有时称这些升级过的飞机为 F-16C+。

SLEP 和 CAPES

到了 2011 年,美国空军酝酿了针对机龄较短的 Block40/50 批次 F-16 的 "使用寿命延长计划"(SLEP),使这些飞机的结构寿命延长到 12000 小时。机体结构升级将结构寿命延长了 25%(相当于正常使用 6~8 年),而且修复了占总数大约 67% 的 Block40/42/50/52 批次 F-16 机体结构框架中的疲劳裂痕。2011 年的公开资料指出,共有 285 架 F-16 机体结构的裂纹得到修复,83 架更换了新的结构件;54 架 F-16

进行了额外的探查，以评估裂纹的发展趋势。

　　截至 2012 年，F-16 SLEP 已经惠及多达 350 架 Block40/42/50/52 机体，首套改造组件在 2017 财年完成采购并在 2018 财年开始安装。

　　SLEP 也扩展了其范围，加入了"作战航电程序化延伸组件"（CAPES）升级计划。鉴于洛克希德·马丁 F-35"闪电 II"型战斗机研发进度严重拖延，迟迟无法入役，空军被迫考虑将经过 SLEP 升级的机体换装新的 CAPES。该项升级旨在填补 F-35 未能如期服役带来的性能断档。CAPES 包括一台 AESA 雷达、一套特尔玛 AN/ALQ-213 电子对抗系统、一套整合广播系统（IBS）和一台中心显示单元（CDU）。

F—16E 是"蝰蛇"家族中的新成员。E/F 这个亚型代号原本打算
分配给 F—16XL 的量产型，F—16XL 是一种无尾三角翼（机翼前
缘为曲线）布局的飞机，与先前常规布局的 F—16 有明显的区别。
该机曾在 20 世纪 80 年代和 F—15 一起竞争"先进战术战斗机"
项目，但败给了对手。（美国空军供图）

3 国际用户的 "蝰蛇"

本章简要介绍国际用户的 F-16。这些用户按所属国家和地区的英文首字母排序。

巴林

巴林埃米尔空军（BAAF）通过"和平皇冠 I"外国军售（FMS）项目在 1987 年 3 月购买了 12 架 F-16C/D Block40 型战斗机。首架飞机在 1990 年 5 月交付巴林空军。公开资料表明，后续的"和平皇冠 II"项目在 2000 年又交付了超过 10 架 Block40 型飞机，这些飞机配备了 AN/AAQ-14 "神枪手"目标指示吊舱[1]，该吊舱是"兰顿"吊舱的出口版本。

比利时

作为 F-16 最早的 4 个国际合研用户之一，比利时在 1975 年订购了 116 架 F-16A/B 型战斗机，首架在比利时完成制造的 F-16 战斗机在 1978 年 12 月交付使用。1981 年，35 架 Block1/5 的机体升级到了 Block10 的标准。1988 年，首批 44 架 Block15 OCU 型交付使用。

比利时订购了 160 架 F-16，全部在比利时国有的萨布卡公司分两批制造完成。最后一架飞机在 1985 年 4 月交付，这标志着"北约版" F-16 的制造工作全部完成（总共制造了 348 架）。后续一批 44 架飞机的订单在 1991 年由萨布卡公司完成。

比利时空军的"蝰蛇"机队中有 90 架飞机进行了 F-16 MLU 升级，其 F-16 装备了法国制造的"甲壳"电子战组件，这在所有 F-16 用户中是独一无二的。

2003 年的"比利时防务重组"计划打算在 2015 年前将 F-16 机队规模缩减到 60 架。考虑到日常损耗，这个缩编计划意味着到 2005 年实际可用的 F-16 只剩 72 架。

对页图：比利时是首批 4 个国际用户之一，该国在 1975 年发出了首个订单。比利时作为一个小国，在缩减国防开支的压力下大幅裁减 F-16 机队的规模，但保留的 F-16 都已按照 MLU 标准进行升级，而且保留了进一步升级的空间。在这两张照片中，大家可以非常容易地看到座舱盖前面的"切鸟器"敌我识别天线。在第一张照片中，两架比利时空军的"蝰蛇"挂载着 GBU-12 激光制导炸弹飞行在阿富汗上空。在第二张照片中，飞机在左翼下挂载着训练弹。该弹与 GBU-12 的弹道特性类似。（美国空军供图）

---

[1] F-16 战斗机挂载的常规目标指示吊舱有 3 种，以问世年代的顺序列出：（1）AN/AAQ-13 低空导航吊舱 +AN/AAQ-14 目标指示吊舱，这套吊舱应用于 F-15E 和 F-16 战斗机上，在 F-16 战斗机上使用时，两枚吊舱分别挂载在进气口两侧，该吊舱被称为"低空夜间导航 / 红外目标指示吊舱"，在 F-15E 及 F-16 战斗机上常常成对挂载；（2）"利特宁"目标指示吊舱，在 F-16，英军"鹞""狂风"及"台风"战斗机上，常常单独挂载使用；（3）AN/AAQ-33 "狙击手" XR 目标指示吊舱，既可单独挂载（F-16、A-10 等），也可和 AN/AAQ-13 低空导航吊舱配合使用（F-15E），还可在 F-16CM/DM 战斗机上和 AN/ASQ-213 "哈姆"（HARM）反辐射导弹目标系统吊舱配合使用（左 HTS，右"狙击手" XR）。——译者注

一架智利空军的 Block50 型战斗机正在准备空中加油作业。此时这些飞机正在参加美国和智利联合进行的 WILLKA 2007 演习。该演习旨在促进美国和智利两国军队的关系。注意图中飞机的背鳍比早期批次的双座机明显增大。（美国空军供图）

在丹麦装备的 77 架 F–16A/B 中，有 66 架升级到了 MLU 标准。和其他位于斯堪的纳维亚半岛的国家一样，丹麦空军没有空中加油机，因此，其空中加油训练需要其他国家协助，借此保证空勤人员的任务技能。照片中加油机硬管尾部稳定翼上面的"100ARW"标记表明该加油机是驻欧洲的美国空军的 KC–135"同温层加油机"，该加油机的驻地位于英格兰境内的英国皇家空军米尔登霍尔（Mildenhall）空军基地。（美国空军供图）

智利

智利空军在 2000 年 12 月的"和平美洲豹 FMS"计划中订购了 10 架新型的 Block50 型（6 架 C 型和 4 架 D 型）战斗机，2005 年开始交付，2006 年年底交付完毕。

在首架 Block50 到来前，智利空军先从荷兰购买了 18 架二手的 F-16A/B Block20 MLU 型机作为过渡（用于 2006—2007 年度执行的"和平阿姆斯托河 I"计划）。

2009 年，根据"和平阿姆斯托河 II"计划，荷兰又向智利出售了 18 架二手的 F-16A Block20 MLU 战斗机。

智利的 F-16 没有配备战术空中导航系统（TUCAN，"塔康"）（南美洲没有"塔康"信号站）。有报道指出，这些飞机无法使用 AGM-88 HARM 反辐射导弹和 AIM-120 先进中距空对空导弹。美国国防安全协作局向国会提交议案，在 2009 年将这两种武器系统出售给了智利。

下图与对页图：1983 年的某一天，一架 KC-10"扩张者"加油机的加油硬管在一架埃及空军的 F-16B Block15 战斗机接近的时候略微纠正了收放角度。1991 年，埃及又接收了 Block30（如图）和 Block40 批次的"蝰蛇"。注意图中飞机前缘襟翼上安装的啤酒罐形雷达告警接收天线。（美国空军供图）

丹麦

　　丹麦拥有 77 架 F-16A/B，其中 66 架已升级到 MLU 标准。丹麦的第一批 58 架 "蝰蛇" 是在比利时萨布卡公司制造的。1980 年 1 月 18 日，首架飞机交付使用，该机为 F-16B 型。这些 F-16A/B Block1 型战斗机后来根据 "和平顶楼 I" 计划升级到 F-16A/B Block10 标准，在位于奥尔堡（Aalborg）的丹麦皇家空军维修车间内完成了升级改进。

　　1984 年 8 月，丹麦追加订购了 12 架 F-16（8 架 F-16A 和 4 架 F-16B），由荷兰福克公司负责制造。后来丹麦又订购了两批飞机用于替补日常损耗（1994 年订购了 3 架，1997 年订购了 4 架）。

　　丹麦的 F-16 在机头左侧安装了识别探照灯，翼下外侧挂架上整合了干扰弹发射器。

埃及

　　F-16 是埃及空军现役的主力战斗机，共计装备 240 架。

　　根据 "和平航线 I" 计划，第一批 42 架 F-16A/B Block15 战斗机在 1982 年 3 月抵达埃及（这些飞机从 1997 年开始陆续升级到 Block42 标准）。接下来的 "和平航线 II" 计划在 1986—1988 年交付了 40 架 F-16C/D Block32 战斗机。再往后，根据 "和平航线 III" 计划，在 1991 年 10 月向埃及交付了 35 架 F-16C Block40 和 12 架 F-16D Block40 战斗机。第 4 批订单（"和平航线 IV" 计划）因美方法律上的原因，转由土耳其航空工业公司（TAI）执行合同，向埃及提供其根据许可证制造的 46 架 Block40 型战斗机，在 1994—1995 年完成交付。

　　根据 "和平航线 V" 和 "和平航线 VI" 计划，土耳其航空工业公司分别在 1999—2000 年制造了 21 架 F-16C Block40，在 2001—2002 年制造了 24 架 F-16C/D Block40。最后一批订单（"和平航线 VII" 计划）是在 2012—2013 年交付 20 架 Block52 批次的飞机。

希腊

　　希腊空军共接收了 170 架 F-16 战斗机，包括 F-16C/D Block30/50/52 型，使其成为欧洲规模最大的 "蝰蛇" 用户。

　　希腊根据 "和平花粉 I" 计划在 1987 年 1 月订购了 40 架 F-16C/D Block30 战斗机，这些飞机在 1988 年 11 月开始交付。"和平花粉 II" 计划包含 40 架装有通用电气发动机的 Block50 型战斗机。该计划在 1993 年 4 月落实，在 1997 年 7 月开始交付飞机。希腊在 2000 年 6 月执行的 "和平花粉 IV" 计划中采购了 50 架全新的 F-16 Block52+ 战斗

对页图：希腊是欧洲装备 F-16 数量最多的国家，拥有 Block30/40/52 和 52+ 等多个批次的飞机。上图中的 015 号机是 F-16C Block52 型，是根据 "和平花粉 IV" 计划交付给希腊的。该机静静地停在机坪上，等待下次飞行任务。下图中正在海面上空巡逻的 024 号机是 F-16D Block52+ 型，明显增大的背鳍中容纳了多种电子设备，并且配备了保形油箱。（希腊空军供图）

机，在 2001 年 9 月又增购了 10 余架同型机。这些飞机标配保形油箱，其中双座的 D 型增大了背鳍，以容纳增加的航空电子设备。这些飞机在 2004 年 6 月交付完毕。

早先根据"和平花粉 I"计划采购的 Block30 飞机现已接受"隼 UP"升级，加装了包含 ALQ-187 干扰机、ALR-666VH（I）雷达告警接收机和 ALE-47 多功能诱饵弹布撒器的 ASPIS 电子战系统。希腊空军的 Block50/52 型战斗机配备了 AN/AAQ-14 目标指示吊舱。希腊的"蝰蛇"机队全部配备了 IRIS-T 近距格斗导弹作为 AIM-120 先进中距空对空导弹的补充。

印度尼西亚

1986 年 8 月，印度尼西亚空军根据"和平毕莫 - 森纳"计划订购了 12 架 F-16A/B Block15 OCU 战斗机。首架飞机在 1989 年 12 月抵达印度尼西亚，1990 年所有飞机完成交付。

印度尼西亚空军在 1996 年 3 月确定增购 9 架 F-16A Block15 战斗机，但在 1997 年 7 月因为美国和印度尼西亚政府之间的政治摩擦，订单被取消。随后美国对印度尼西亚实施了军售禁令，使印度尼西亚空军的"蝰蛇"机队因缺少备件而迅速老化。军售禁令在 2005 年解除，据报道，此时 12 架"蝰蛇"中只有 10 架能够飞行。

下图与对页图：以色列是除美国以外最大的 F-16 用户，1980 年 7 月就接收了首批 4 架"蝰蛇"战机。此后以色列就对其装备的 F-16 大加改造，加装了一系列国产武器和航电系统。经过多年的实战检验，对"蝰蛇"的本土化改造经验成功催生了以色列定制版的 F-16I"风暴"多用途战斗机（如图所示），该型机是基于 F-16D Block52 的深度改进版本。注意机背上加装的保形油箱和飞行员佩戴的 DASH 头盔瞄准系统，该头盔系统的性能可与美军装备的 JHMCS 媲美。（美国空军供图）

　　随着两国关系恢复正常，印度尼西亚又向美国订购了美国空军退下来的二手 F-16C/D Block25 战斗机。美国方面在 2011 年 11 月确认了该订单。当时计划将这些飞机升级到 Block52 标准，并在 2014 年 7 月完成交付，但并未如期交付。

　　印度尼西亚空军的"蝰蛇"既用于防空也用于对地攻击，但这些飞机仅具备有限的日间作战能力。

伊拉克

　　伊拉克空军在 2011 年 12 月提交了 18 架 F-16C 的初始订单，在 2012 年 10 月又追加了 18 架，2014 年开始交付。

　　这些飞机装备了古德里奇（Goodrich）集团的 DB-110 机载侦察系统，在 19 英尺长的机腹吊舱中安装有实时战术侦察照相机。

以色列

　　以色列是除美国之外最大的也是改装电子系统最深入的 F-16 战斗机海外用户，在 1980—2000 年间至少订购了 362 架 F-16。这些"蝰蛇"都是通过多期连续的"和平大理石"海外军售计划订购的，全部隶属于以色列国防军 / 空军。

最早抵达以色列的 4 架 F-16 获得了"鹰"（希伯来语为"Netz"）的绰号。这些飞机在 1980 年 7 月抵达以色列，是根据 1978 年的"和平大理石 I"计划交付的。在以色列空袭了伊拉克奥希拉克（Osirak）核反应堆之后，时任美国总统里根签发对以色列的禁令，阻止了最后 22 架"鹰"的交付。这些飞机拖延至 1981 年年底才交付以色列。"和平大理石 I"计划交付的飞机中有 18 架是从 Block5 升级到 Block10 标准的。接下来的"和平大理石 II"计划提供给以色列 F-16C/D Block30 战斗机，这些飞机被称为"闪电"，首批 75 架飞机在 1987 年 10 月抵达以色列。

1988 年 5 月，以色列迫于美国的压力，停止了"狮"战斗机的研发工作。作为补偿，根据"和平大理石 III"计划，美国向以色列提供了 60 架 F-16C/D Block40"闪电 II"战斗机，在 1991 年 8 月完成交付。海湾战争（"沙漠风暴"行动）爆发后，以色列遭到伊拉克"飞毛腿"导弹攻击后采取了克制的态度，没有进行报复。后来美国向以色列援助了从空军退下来的二手 F-16A/B Block10 战斗机。这个计划被称为"和平大理石 IV"，这些飞机在以色列空军中被称为"鹰 II"。

2001 年 9 月，以色列签署了 102 架定制版 F-16D Block52 的采购协议，这型飞机就是大家熟知的 F-16I"风暴"战斗轰炸机。与之对应的是"和平大理石 V"计划，此次采购的飞机价值 45 亿美元。头两架"风暴"在 2004 年 2 月抵达以色列空军拉蒙（Ramon）基地，其余飞机在 2009 年交付完毕。

简单地讲，F-16I 安装了一台普拉特和惠特尼 F100-PW-229 发动机，航电系统为以色列本国产品，包含了一系列子系统：机载红外前视（FLIR）传感器、"怪蛇 5"红外成像制导空空格斗导弹、AN/APG-68（V）9 雷达和一套以色列制造的电子对抗组件。值得注意的是，飞机增大的背鳍莱舱除容纳了航电系统硬件设备之外，还增加了红外诱饵和干扰波条发射器；机背上的保形油箱增加了飞机的载油量，与外挂副油箱的油量相当。这样，原本被副油箱占据的翼下挂架就被解放出来了，后座舱的飞行员可以同时担任武器系统操作员。

意大利

根据"和平恺撒"计划，意大利空军租借了 34 架 F-16A/B Block5/10 和 15 ADF 型战斗机，作为 F-104 战斗机退役后至"欧洲战斗机"服役前的过渡机型。这些飞机是从封存的美国空军退役飞机中挑选出来的，都进行了彻底的翻新。这些飞机在 2003—2004 年间交付意大利。2012 年 5 月，"蝰蛇"小伙伴们完成过渡使命，退出现役，返还美国。

以色列空军 F-16 参与的作战行动

以色列空军的 F-16 在 1980 年首批交付后不久即投入作战行动，并在中东地区取得了大量战果，但这些作战行动的细节出于习惯性的保密原因很少公开，只能通过退役飞行员的只言片语拼凑出神秘的传说。

在整个 20 世纪 70 年代，以色列是法国达索（Dassault）公司"幻影"系列战斗机的忠实用户，但在 20 世纪 80 年代签署了一系列和平协议，尤其是和埃及签署了《戴维营和平条约》后，以色列国防军向美国购买武器的大门敞开了。

在"和平大理石 I"计划订购的飞机全部交付完毕之前，以色列空军手中崭新的 F-16A 就已经受战火的洗礼了。在 1981 年 4 月 28 日，一架"鹰"在黎巴嫩的小镇扎赫勒（Zahle）附近击落了叙利亚的一架米 -8 直升机，取得了 F-16 家族的首个空战战果。在同年稍晚些时候，8 架 F-16A 参与了著名的"歌剧院"行动，每架飞机挂载了两枚 2000 磅通用炸弹空袭了伊拉克奥希拉克核反应堆，成功将其炸毁。这是一次堪称经典的深入敌后、先发制人的空袭战例。这次空袭跨越了 1000 英里的任务半径，超出了人们想象中的 F-16 的作战范围。在这次任务中，8 架 F-16 投放的 Mk84 炸弹中，除一枚外，其余全部直接命中目标。

到了 1982 年，"鹰"频繁执行作战任务。在贝卡（Bekaa）谷地上空与叙利亚的米格（MiGs）战斗机进行空战时，共取得 44 次空战胜利。

以色列空军的 F-16 在历次战斗中展现了其价值，于是以色列想购买更多的"鹰"，这些需求在 1987 年 10 月得到了满足。这些飞机是改进后的 C 型和 D 型，配备了更先进的威斯汀豪斯 AN/APG-68 脉冲多普勒多功能雷达和推力更大的通用电气 F110-GE-100 加力式涡轮风扇发动机。新型的飞机在以色列被称为"闪电"，新飞机刚刚交付就执行了以色列空军的典型作战任务。1988 年 4 月，新型的"闪电"战斗机空袭了贝鲁特（Beirut）南部的恐怖分子训练营。空袭的目标包括指挥中心、弹药库和地面武器。在任务中，以色列空军的 F-16C/D 的表现非常出色。

时间转移到本世纪，深度改进的先进型号 F-16I "风暴"战斗轰炸机在 2008 年执行了一次秘密打击任务，深入叙利亚境内对认定为核研究设施的目标进行了空袭。以色列的"蝰蛇"机队分别在 2006 年南黎巴嫩冲突和 2008 年的加沙（Gaza）战斗中扮演了举足轻重的角色。在 2006 年间，以色列的 F-16 战斗机共击落了 3 架徘徊在加沙附近空域的伊朗制造的无人机。

以色列的 F-16 战斗机在交付之初就活跃在军事行动的第一线。可以毫不夸张地说，以色列国防军 / 空军的"蝰蛇"机队将在巩固以色列在中东地区政治地位的各项行动中长期担任主角。

约旦

约旦皇家空军在 1997 年根据"和平之隼 I"计划通过租借的方式得到了首批 18 架 F-16A/B Block15 ADF 型战斗机。2003 年，通过后续的"和平之隼 II"计划，在原先的基础上增加了 17 架同型机。

2004 年，约旦皇家空军与洛克希德·马丁公司达成协议，对这些飞机进行 Falcon UP 和 Falcon STAR 升级（改装在安卡拉的土耳其航空工业公司进行），另外也对座舱设备进行了升级。

在 2006—2007 年间，约旦通过"和平之隼 III"计划购买了荷兰空军转手过来的 8 架和比利时空军转手的 14 架二手 F-16AM/BM Block20 MLU，在 2009 年交付完毕。同年，从希腊接手 F-16ABlock20 MLU 的交易终止，意味着"和平之隼 III"计划实际上仅交付 16 架飞机就匆匆画上了句号。然而，剩余没有交付的 6 架荷兰空军待转手的 F-16BMLU 转入 2005 年的"和平之隼 IV"计划。同样是在 2009 年，约旦开始和比利时谈判，商讨引进其手中的 6 架 F-16AM 和 3 架 F-16BM 战斗机，即"和平之隼 V"计划。这些飞机在 2011 年交付完毕，使约旦获得的"蝰蛇"总数增加至 64 架。

上图与对页图：约旦皇家空军早期通过租借的方式得到一批 F-16A/B Block15 ADF，后来又从比利时和荷兰购买了一些 Block20 MLU。在上图中，早期的 ADF 型"蝰蛇"正在进行空中加油作业。对页图为一架约旦的 Block20 MLU 带领多种机型混合编队飞行，从下往上分别为巴基斯坦空军的"幻影"战斗机、美国空军的 F-16 Block52 和美国海军的 F/A-18C"大黄蜂"战斗机。（美国空军供图）

摩洛哥

摩洛哥皇家空军在 2008 年订购了 24 架 F-16C/D Block52 战斗机，在 2010—2011 年间交付完毕（其中 08-8008 号机在 2015 年 5 月 10 日参与沙特主导的空袭也门胡塞武装的行动时被地面火力击落，飞行员弹射失败阵亡。——译者注）。

挪威

挪威是欧洲伙伴空军的创始国之一，订购了 72 架 F-16 Block1/5/10/15 批次的战斗机，这些飞机在 1980—1984 年间在荷兰福克公司的生产线上完成制造。1989 年，该国又直接向美国通用动力公司购买了两架 F-16B Block15 OCU 用于补充损耗。

挪威皇家空军的 F-16 战斗机在垂尾基座后部安装了着陆减速伞，这是一个明显的识别特征。机上还内置了诺斯罗普·格鲁曼 AN/ALQ-162 欺骗式干扰机，且已升级到"暗盒 II"标准。全机队都可以使用"企鹅"反舰导弹对海上目标进行打击，有 56 架飞机已完成 MLU 标准的升级工作。

挪威的 F-16 机队原计划服役到 2015 年，届时将临近洛克希德 F-35 "联合打击"战斗机（JSF）的交付，然而新机的交付一再推迟，那么"蝰蛇"也只能继续服役一段时间了。

阿曼

阿曼通过 2005—2006 年的"和平晴空 I"外国军事采购项目订购了 12 架 F-16C/D Block50 战斗机。2010 年 8 月又开始实施"和平晴空 II"计划，增购了至少 12 架 Block50 型战斗机，2013 年增购机开始交付。阿曼同时订购了"狙击手"目标指示吊舱。与伊拉克和波兰一样，阿曼也购买了 DB-110 机载侦察吊舱。

巴基斯坦

巴基斯坦的"蝰蛇"是通过"和平之门"与"和平驱动"外国军事采购项目获得的。通过 1981 年的"和平之门 I"计划，巴基斯坦空军订购了 40 架 F-16A/B Block15 战斗机，首批 6 架在 1983 年 1 月交付。余下的 34 架飞机随"和平之门 II"计划在 1983—1987 年实际交付。

1988 年 12 月的"和平之门 III"计划又订购了 11 架 F-16A/B Block15 OCU 战斗机。1989 年 12 月，巴基斯坦又签署了订购至少 60 架 Block15 OCU 的"和平之门 IV"计划。然而，巴基斯坦为"和平之

对页图：挪威是欧洲伙伴空军成员国之一，LWF 选型的竞争引起了该国的兴趣。像这张照片展示的那样，整体式座舱盖为飞行员提供了绝佳的全向视野。（美国空军供图）

门 III"计划中的 11 架飞机付完款之后，因为巴基斯坦的核武器计划曝光，美国在 1990 年 10 月对巴基斯坦实施制裁，"和平之门 III"和"和平之门 IV"计划的全部 71 架 Block15 OCU 战斗机遭到禁运，没有进行交付。

2001 年，巴基斯坦协助美国进行所谓的"全球反恐战"。作为回报，美国解除了对巴基斯坦的武器禁运。

接下来，美国在 2006 年 9 月同意了巴基斯坦购买 18 架 F-16C/D Block52 战斗机的请求（外加 18 架的选择权）。这个采购项目被称为"和平驱动"，原"和平之门 III"和"和平之门 IV"计划的 26 架飞机也交付巴基斯坦，且对巴基斯坦现有的 F-16A/B 机队全部按 MLU 标准进行升级，并进行 Falcon UP 延寿。飞机的交付在 2010 年完成。

巴基斯坦的"蝰蛇"搭载了 ALTIS 激光目标指示吊舱和"魔术 II"空对空导弹，这两种装备均为法国产品。"和平驱动"项目交付的 Block52 批次的 F-16 配备了保形油箱。

波兰

波兰空军从 2006 年下半年开始根据"和平天空"计划接收首批

对页图：在制裁期间，巴基斯坦已付款但未交付的"蝰蛇"被扣留在美国，后来划拨给美国海军，接替假想敌部队退役的 F-16N 战斗机。后来，出于国际稳定因素的考虑，两国关系转暖，巴基斯坦接收到了最新型号的 F-16。照片中展现的就是巴基斯坦空军的 F-16D Block52 战斗机，注意空中飞行的这架飞机隆起的背鳍，这是该批次外销型的明显识别特征。（美国空军供图）

下图：这张照片反映的是一架 F-16 正在进行 Falcon UP 机体结构升级。该机隶属于葡萄牙空军，正在重新组装，准备进行功能校验飞行。（美国空军供图）

48 架 "蝰蛇"。波兰的 F-16C/D Block52+ 具备出色的性能，配有 "狙击手" XR 目标指示吊舱和 DB-110 机载侦察系统，完美地配合了机载的 AN/APG-69（Ⅴ）9 雷达。波兰的 "蝰蛇" 配有 AN/ALQ-211（Ⅴ）4 电子对抗系统，可以在高威胁、复杂的电磁环境下提供有效的电子对抗自卫手段。

葡萄牙

"和平亚特兰蒂斯 I"计划为"蝰蛇"进入葡萄牙空军服役铺就了道路。1994 年 7 月,首批 20 架 F-16 Block15 OCU 战斗机抵达葡萄牙。从 1996 年开始的"和平亚特兰蒂斯 II"计划为该国提供了 25 架美国空军转手的 F-16A/B Block15。这些飞机在 1999 年开始交付,且于当年交付完毕。"和平亚特兰蒂斯 II"计划中的飞机里有 20 架完成了 Falcon UP 结构升级,换装了 F100-PW-220E 发动机,并将航电设备更换为 F-16A/B MLU 所使用的型号,座舱设备也进行了相应升级。另外 18 架飞机稍后也加入了 MLU 一揽子工程项目。

下图:韩国空军的两架 KF-16D Block52D 战斗机与美国空军第 8 联队的两架 F-16C Block52 战斗机编队飞行。有意思的是,两架 KF-16 均挂载了 AIM-9M 和 AIM-120 空对空导弹实弹,而且两机的 M61A1 航炮炮口处有浓重的烟迹。这意味着韩国飞行员实弹射击训练的频率相当高。(美国空军供图)

上图：这张照片拍摄于 2013 年，照片中是一架泰国皇家空军的 F-16 战斗机。垂尾基座上的鼓包表明该机是 Block15 ADF型。泰国在 F-16 上使用的机号和美国序号的转换方式与大多数 F-16 国外用户不同，这架飞机的机号是 10214（洛克希德·马丁公司的制造序号是 81-0784）。（美国空军供图）

对页图：荷兰将其拥有的 F-16A/B 机队中的 138 架升级到 MLU 标准，升级后的型号更名为 F-16AM/BM。如图所示，与其他 EPAF 伙伴国空军一样，荷兰皇家空军有一套自己的编号体系。第一张照片（上图）摄于 1993 年支援禁飞区行动（ODF）期间，J-510 号机正滑向跑道准备起飞，执行联合国授权的在波斯尼亚和黑山上空的禁飞区巡逻任务。第二张照片（下图）展现了列队停放在停机坪上的 F-16AM 和 F-16BM（最近处的双座机）机群。（美国空军供图）

新加坡

新加坡空军装备了 62 架 F-16C/D Block52 战斗机，其中一些飞机还配备了以色列产的 DASH-3 头盔瞄准系统和电子对抗设备。

该国使用"蝰蛇"的历史是从 1988 年根据"和平凯文 I"计划购入 8 架 F-16A/B Block15 OCU 战斗机开始的，8 架飞机都是用 Block30 的机体制造的。1998 年开始的"和平凯文 II"计划扫清了引进 Block52 批次飞机的障碍，共引进 18 架，其中 10 架双座型安装了和 F-16I "风暴"类似的增大型背鳍。稍后，新加坡在原有计划的基础上增购了 12 架，直接向洛克希德·马丁公司订购。这些增购的飞机驻留在美国亚利桑那州卢克空军基地，用于新加坡空军飞行员的海外训练。

通过"和平凯文 III"计划，2000—2002 年间共有 12 架 Block52 型战斗机交付新加坡。通过"和平凯文 IV"计划，在 2004 年年底又有 20 架 Block52 型（全部为加大背鳍的双座型）交付完毕。2005 年，新加坡将"和平凯文 I"计划中得到的 F-16A/B 战斗机转手给了泰国。

韩国

韩国空军装备了 180 架 F-16C Block32 和 F-16C/D Block52。韩国通过"和平之桥 I"计划购买了 40 架 Block32 批次的飞机，首架飞机在 1986 年交付。韩国通过"和平之桥 II"计划订购了 120 架 Block52 批次的飞机，其中 12 架在韩国三星航空工业公司进行总装或制造，这些飞机被称为 KF-16。首架 KF-16 在 1997 年 6 月交付韩国空军。

韩国通过"和平之桥 III"外国军事采购方案又订购了 20 架 Block52，由三星航空工业公司在 2003—2004 年完成制造。韩国是 AN/ALQ-165 机载自卫干扰吊舱的首个国外用户，该吊舱是 1997 年 4 月现代化改进项目的一部分。

泰国

泰国皇家空军通过 4 期"和平纳腊萱"外国军事采购方案购置了 54 架 F-16A/B Block15 OCU 和 Block15 ADF 型战斗机，这些飞机在 1988—2005 年间交付完毕。

首批 12 架根据"和平纳腊萱 I"计划交付的 Block15 OCU 飞机在 1988 年抵达泰国，后续 6 架根据"和平纳腊萱 II"计划在 1990—1991 年交付。根据"和平纳腊萱 III"计划，1995—1996 年泰国又得到 18 架同型机。再往后，在"和平纳腊萱 IV"计划中，泰国又订购了 16 架 Block15 ADF 型和两架 Block10 OCU 型（Block10 是作为备件取用机而采购的），这些飞机分为两批在 2002—2003 年间交付完毕。

2005 年，作为对未来使用泰国的空军基地和空域进行训练的补偿，新加坡将早期通过"和平凯文 I"计划获得的 Block15 OCU 战斗机赠送给了泰国。泰国的"蝰蛇"挂载了 ALTIS II 目标指示吊舱和 Rubis 导航吊舱。

荷兰

1980 年 3 月，荷兰皇家空军提交了一份数量多达 213 架 F-16A/B Block1~5 战斗机的订单。后来 F-16 机队中的 138 架飞机升级到 MLU 标准，并被赋予新型号 F-16AM/BM。2003 年，荷兰政府决定将 F-16 的数量裁减掉 25%。到 2005 年，荷兰空军开始小批量出售手中的"蝰蛇"战机（第一个购买国是约旦，然后是智利）。

荷兰将一些 F-16 进行改进，作为侦察机使用，这些飞机被称为 F-16A（R）和 F-16B（R）。这些飞机起初挂载"奥菲斯"侦察吊舱，后来采用了"中高空侦察系统"吊舱。2006 年，荷兰空军订购了埃尔比特（Elbit）公司的轻型侦察吊舱和"利特宁"AT 吊舱，这些吊舱在 2008 年交付完毕。

对页图：土耳其的"蝰蛇"战斗机的规模和质量与爱琴海对面的希腊基本上是均衡的。以往两国的同型飞机在海面上空相遇也算相安无事，然而双方相互挑衅后，会陷入空战格斗（不开火）之中。曾经有 F-16 的飞行员因为过分专注于对抗而把飞机开进海里，机毁人亡。两张照片中的土耳其空军的 F-16C Block30B 分别在准备滑出和降落。（美国空军供图）

土耳其

土耳其空军拥有 270 架 F-16C/D Block 30/40/50 战斗机。该国首个 F-16 订单根据 1983 年 9 月 "和平黑玛瑙 I" 计划发出，包含 160 架 F-16 Block30/40 型。除了首批 8 架飞机以外，其余飞机都是在土耳其航空工业公司总装的，1987 年 10 月开始交付。Block40 批次的飞机配备了由位于埃斯基谢希尔（Eskisehir）的 TAI 发动机分部许可制造的通用电气 F110-GE-100 发动机。

"和平黑玛瑙 I" 计划中的飞机配备了 ALQ-178（V）3 "融洽 III" 电子干扰系统，但稍后升级到了 ALQ-178（V）5 "融洽 III" 系统。1994 年，TAI 开始对 "和平黑玛瑙 I" 计划的飞机进行 Falcon UP 升级工作，对其主体结构进行了加强。

1992 年 3 月土耳其根据 "和平黑玛瑙 II" 计划订购了 40 架 F-16 Block50 战斗机，这些飞机到 1997 年陆续交付完毕。稍后，这些飞机的 ECM 系统更新到了 ALQ-178（V）5 "融洽 III"。1998—1999 年间，根据 "和平黑玛瑙 III" 计划，土耳其又得到 40 架 Block 50，在交付之初就已配备 ALQ-178（V）5 "融洽 III" 系统。

　　2007 年土耳其通过"和平黑玛瑙 IV"计划增购了 30 架 Block50 批次的战斗机，在 2011—2012 年交付完毕。

　　2005 年 4 月，土耳其政府签订了升级 217 架 F-16 战斗机的计划：将 38 架 Block30、104 架 Block40 和 76 架 Block50 升级到 CCIP 标准。

阿拉伯联合酋长国（阿联酋）

　　阿联酋空军以拥有世界上"最高配置"的 F-16 战斗机而感到自豪。2006 年，其订购的 80 架 F-16E/F Block60 仅用了不到两年的时间就交付完毕，堪称神速！

委内瑞拉

　　委内瑞拉空军在 1982—1984 年通过"和平三角"计划得到 24 架 F-16A/B Block15 战斗机。自美国和委内瑞拉的关系恶化，美国对其实施武器禁运以来，这些"和平三角"计划的"蝰蛇"战斗机的维护工作成为摆在委内瑞拉空军眼前的难题。

　　2012 年，伊朗媒体报道，委内瑞拉出于本国利益的考虑至少向其他国家赠送了一架 F-16 战斗机。有传言说以色列和比利时对某南美国家维护 F-16 和更新其武器装备提供了帮助，但未被证实。

下图与对页图：阿联酋空军装备的 F–16E/F Block 60 "沙漠隼"战斗机最初的训练在美国亚利桑那州的卢克（Luke）空军基地进行，此时这些阿联酋战斗机在垂尾上喷涂了代码"AZ"（对页图）。Block60 批次的飞机在机头安装了被动红外传感器，挂载了"狙击手"目标指示吊舱。飞机也配备了保形油箱和增大的背鳍，机体表面密布容纳各种先进电子对抗设备的天线鼓包（下图）。（美国空军供图）

一架 Block42 批次的 F-16 战斗机正在发射一枚 AGM-65 "小牛" 空对地导弹。该型导弹可在所有批次的 "蝰蛇" 战机上使用，专门用来对付装甲目标和加固的地面工事。对于 Block50/52 这类执行 "野鼬鼠" 任务的飞机来讲，"小牛" 导弹的导引头可作为目标指示吊舱的低成本替代品。（美国空军供图）

4 战场上空的 F-16C/D Block40~52

1991 年 1 月，Block40 批次的"蝰蛇"经历了战火的洗礼，参加了多国部队打击伊拉克部队的行动，将其从科威特的领土上赶了出去。在此后的 20 年间，Block40 和 Block50 批次的"蝰蛇"成为美国全球作战行动中空中力量的中坚。

解放科威特

F-16C/D Block40 在 1991 年 1 月的 "沙漠风暴" 行动中粉墨登场。这次战争后来又被称为第一次海湾战争，英文缩写为 ODS，由美国领导的多国部队发起，目标是将进入科威特的伊拉克部队赶走。

为了快速在阿拉伯半岛部署空中力量，美国空军从位于本土东海岸的基地抽调了大批飞机，经过 16 小时的不经停飞行到达目的地。多个批次亚型的 F-16 战斗机，从较早期挂载 GPU-5 机炮吊舱的纽约州空中国民警卫队的 F-16A 到当时最先进的 F-16C/D Block40/42，被部署到中东地区，以应对萨达姆·侯赛因在 1990 年 8 月发动的对科威特的侵略。

自美国空军成立以来，1990 年年末的 "沙漠盾牌" 行动创造了美国空军动用的战斗机数量的历史纪录，F-16 战斗机在行动期间几乎部署到了作战地区用到的每一个空军基地上。在战争开始前，共部署了

下图："沙漠风暴" 行动期间，军械员们正忙碌着给一架 F-16C Block30F 战斗机的右翼内侧挂架挂装集束炸弹。这架飞机隶属于美国空军驻西班牙托雷洪空军基地的第 401 战术战斗机联队。（美国空军供图）

249 架，几乎是单次战役中最大的部署数量了！

在"沙漠风暴"行动中，"蝰蛇"主要执行对地攻击任务，这意味着该型战机已经明确执行在其生命周期初始阶段就设想的任务——远程奔袭敌方地面目标。不过，在作战中该机在翼尖挂载了 AIM-9"响尾蛇"格斗导弹，保留了有限的自主空战能力。

美国空军"蝰蛇"机队初上战场，获得了大量宝贵的经验教训。在这些战例中，传统的使用非制导空对地弹药的俯冲拉起投弹、水平轰炸和俯冲轰炸战术的打击精度，已明显无法和更新的高技术打击手段相比拟。崭新的 F-15E 双重任务战斗机（挂载了"兰顿"吊舱），甚至备受敬重的沙场老将——通用动力公司的 F-111F 战斗轰炸机（装备了"铺路钉"激光照射和红外前视吊舱）可以用激光制导炸弹准确地敲掉沙漠中的坦克、加固的飞机掩体、跑道、滑行道交叉口和其他形形色色的目标。而"蝰蛇"们却只能挂着无制导的"笨弹"，采用和第二次世界大战时期没有根本区别的轰炸战术去战斗。

实际上，问题不在 F-16 战斗机或其飞行员本身，而在后勤供给和运输上。"兰顿"吊舱在当时尚属新型装备，产能和库存不足。绝大多

上图：当 F-16 具备使用制导武器进行精确打击的能力时，该型机就扮演着"轻型炸弹卡车"的角色，几乎在每场空袭作战中都有出场。照片中的 Mk84 2000 磅炸弹是 F-16 在这场战争中挂载的主要武器，注意炸弹头部画着黄色的识别环，表明这是实弹。（美国空军供图）

上图：对 KC–135 加油机进行空中加油作业之后，托雷洪基地的"蝰蛇"执行了战争中的首次日间空袭任务。照片中的两架飞机各挂载了 6 枚 Mk82 500 磅炸弹。（美国空军供图）

数"兰顿"吊舱是配备给 F-15E 双重任务战斗机使用的，但即使"攻击鹰"对该吊舱拥有最高的优先权，在海湾战争期间，AAQ-14"兰顿"吊舱的数量仍然不足以配备到每一架飞机上，有着严格的配额限制，甚至每 4 架飞机轮流使用一套吊舱！后来的情况更加复杂，当战斗在 1991 年 1 月 17 日打响时，部署在战区的 F-16 Block40/42 战斗机中只有 72 架实际挂载了"兰顿"吊舱。而其余的 Block40 批次的"蝰蛇"只好大材小用，执行一些"轻型炸弹卡车"任务了，即每架飞机挂载两枚 2000 磅的 Mk84 低阻力通用炸弹（LDGP），通过目视或在惯性导航系统的辅助下投弹。

"蝰蛇"可以通过低空俯冲攻击的方式投出这些重磅炸弹，并获得较高的命中率，但是萨达姆·侯赛因的部队在目标周围构筑了"超级导弹防御圈"（Super MEZ），用于防范高空打击；布设了密如丛林的高炮阵地，在低空构筑了严密的火力网。这迫使"蝰蛇"的飞行员在 17000~20000 英尺的高度范围作战时不得不用更大的俯冲角（飞机和目标之间垂直方向的夹角）来投弹，以减少在高炮弹幕中的暴露时间。

高空投弹意味着武器投射出去后受到风影响的时间更长，会导致其命中精度降低。Mk82 在低空投放时的圆概率偏差（CEP）为 30 英尺（炸弹落点到目标的平均距离在此数值以内），但是在中等高度投弹

时，其圆概率偏差则暴增至 200 英尺！

在实战中，F-16 机队也交了不少"学费"，共有 3 架飞机在战斗中被地面火力击落，一架被 SA-6 干掉，一架毁于 SA-3 之手，第三架被高炮打成了筛子。尽管从统计的数据上看，战损率非常低，但有两架"蝰蛇"同时在 1 月 19 日的行动中损失。这次行动是大机群作战，出动飞机数量庞大，让人不禁回忆起越南战争时期的空袭场面。这是多国部队首次在白天对伊拉克南部和防空严密的巴格达进行空袭。

攻击机群由 64 架 F-16 组成，数架 F-4G "野鼬鼠"反辐射战斗机、EF-111 电子干扰机伴随编队进行防空压制，F-15 战斗机负责护航。由于伊军在距南部边界仅 50 海里的地方布设了大量由雷达指挥的高炮阵地，机群进入伊拉克领空后不得不紧急转向以避开其威胁，并紧急机动将编队拉伸开来，大机群迅速分散为各个小编队，导致首先到达目标区域的"蝰蛇"比机群后方的飞机早到了数分钟，而且安装 F110 发动机的飞机巡航速度比安装 F100 发动机的飞机稍快，这更加剧了机动中的编队的"橡皮筋"效应。

EF-111 编队成功干扰了目标区域的雷达设施，F-4G 编队使用 HARM 反辐射导弹将这些雷达"一一点名"，所以，先期进入目标区域的 F-16 毫发无伤地完成了任务。可气的是，防空压制只持续到攻击

上图：在"沙漠风暴"行动期间，F-16 经常挂载 4 枚 AIM-9M 近距格斗导弹用于自卫，其中翼尖挂架挂载两枚，翼下外侧挂架挂载两枚。（美国空军供图）

一架 F-16D Block40 静静地停在停机坪上，机轮下压着轮挡。该机挂载了一部 AAQ-13 "兰顿" 导航吊舱，翼下挂载了两组 Mk82 自由落体炸弹。在"沙漠风暴"行动期间，没有挂载 AAQ-14 目标指示吊舱的最新型"蝰蛇"只能"降级"运用传统的轰炸战术执行任务。（美国空军供图）

编队开始投弹攻击、稍后到达的飞机寻歼藏匿在加固掩体中的目标的时候。但机群队尾到达目标空域后，发现天空中空无一物，电子战飞机已全无踪影，缓过神来的伊军防空部队将它们逮个正着。这千载难逢的机会怎么能放过？防空导弹一通发射后，两架"蝰蛇"分别命丧于 SA-3 和 SA-6 地空导弹之手，两机的飞员弹射跳伞安全降落，但他们落地后只能在伊拉克的监狱里待到战争结束了。

F-16 在轰炸奥希拉克核反应堆（读者没看错！1981 年 6 月，以色列的 F-16 攻击编队端掉的就是同一反应堆）时也采用了中高度投弹的战术。当该地再次遭到打击时，机群的规模比上一次更大，共 60 架飞机，其中 32 架是 F-16。这次空袭是硬碰硬的战斗，直接面对严密的防空火力（以色列人在防空系统反应过来之前就完成了任务。——译者注），而且，由于伊方在反应堆周边人工施放烟幕，目标区域能见度极差，对空袭造成了极为不利的影响。为了展示隐形战斗机的不对称优势，当晚 8 架洛克希德 F-117 "夜鹰"隐形战斗机对该处设施进行了轰炸，将其严重毁坏。

参与大机群空袭的 F-16 战斗机的典型打击对象如是固定目标，经常能取得较好的打击效果。然而，当飞机执行近距空中支援和战场空中遮断（BAI）任务时，"蝰蛇"机队反而能取得更佳的战绩。在前线空中管制员的引导下，"蝰蛇"会以双机或 4 机编队出击，每个编队负责一个 15 海里见方的地区的巡逻任务，这些网格状的区域有个外号叫"猎杀盒子"。

每个编队在各自负责的区域内巡逻，用 CBU-87 集束炸弹、AGM-65 "小牛"空对地导弹以及 500 磅 /2000 磅低阻力通用炸弹等武器攻击伊拉克地面部队。在战争期间，他们总共炸毁了超过 360 辆伊军装甲战斗车辆。行动时，"蝰蛇"Block40 在夜间用机载的 GPS 对"飞毛腿"导弹发射车进行辅助定位。这种任务充满了困难，而先前装备了"兰顿"吊舱的"攻击鹰"机队已经执行过这类任务了，"攻击鹰"们深知其难度，而且取得的效果相当有限。

截至短暂的战争结束，F-16 共执行了美国空军 43% 的对地打击任务，合计 13480 架次，其中 4000 架次是夜间任务。每个架次的平均任务时间是 3.24 小时。

当多国部队通过武力的方式将伊拉克军队赶回伊拉克后，"沙漠风暴"行动宣告结束。然而，考虑到在伊拉克地区的军事行动将持续十年以上，多国部队增强了对联合国授权的禁飞区（NFZ）的控制，包括伊拉克南部禁飞区（"南方守望"行动）和伊拉克北部禁飞区（"北方守望"行动）。

对页图：F-16 的飞行员在执行完空袭任务返航后，可以有短暂的休息时间。而对机务人员来讲，尽管习惯了平时的高劳动强度，但在高强度的作战行动期间，日日夜夜也都是漫长而艰苦的。（美国空军供图）

"北方守望"行动起先的目的是保护伊拉克北部的库尔德人免受萨达姆军队的威胁。在这场行动中，美国空军的 F-16 战斗机首开击落米格战斗机的纪录。1992 年 12 月 27 日，一架第 52 联队第 23 中队的 F-16D Block42 从土耳其因吉尔利克空军基地起飞执行禁飞区任务，在任务过程中发射了一枚 AIM-120 先进中距空对空导弹，击落了一架闯入禁飞区的伊拉克米格 -23 战斗机。

从沙漠地区到巴尔干半岛

当 F-16 Block40/42 机队作为"北方守望"和"南方守望"行动的中坚力量而行动时（新型的 Block50 后来也加入了行动），北约需要在巴尔干地区加强军事存在，于是这些先进的"蝰蛇"战机很快就被调往巴尔干半岛。

1993 年 4 月，北约在巴尔干地区的第一次军事行动开始，称为"禁飞区行动"。联合国安理会第 781 号决议授权在波斯尼亚—黑塞哥维那（波黑）上空建立禁飞区。该行动为在波斯尼亚的联合国维和部队提供了近距空中支援。联合国部队的任务是阻止在波斯尼亚的塞族人迫害少数族裔，但维和部队自己也受到了塞族武装的空中威胁。

11 个北约成员国派遣本国的部队参与了行动，来自阿维亚诺空军基地第 31 联队第 510 中队和第 555 中队的 F-16CG Block40 战斗机为联军提供了高效的全天候多任务支援，很快就取得了一系列实战战果。

1994 年 2 月 28 日，6 架南联盟空军的 J-21 "海鸥"喷气教练 / 攻击机轰炸了位于波斯尼亚的一家工厂，但是当这些飞机退出战场时遭遇了来自阿维亚诺基地的"蝰蛇"双机战斗巡逻编队。在这场遭遇战中，F-16 在目视距离内发射 AIM-9L "响尾蛇"导弹打掉了 4 架"海鸥"。

"禁飞区"行动的空中作战行动在 1995 年 8 月和 9 月展开，北约将行动的重点调整为针对南联盟的防空系统。这个调整的代号为"死眼"，意味着 F-16CJ 的"野鼬鼠"任务就要开始首次实战行动了。该作战行动命名为"慎重武力"行动。

这些 CJ 型机来自驻德国施潘达勒姆空军基地的第 52 联队。与此同时，阿维亚诺基地的 Block40 型机在"慎重武力"行动中也专注于对南联盟军队的防空系统施行"先发制人"的空中打击（在行动期间，一架 F-16C Block40 被 SA-6 地空导弹击落，飞行员奥格拉迪成功弹射，落地后被美军特种部队救回。——译者注），在作战行动中，最活跃的就属执行"野鼬鼠"任务的 F-16 了。

随着地区局势的恶化，"崇高铁砧"行动接替了原来的"慎重武力"行动。实际上，美军指挥官们提出的"崇高铁砧"行动的命名更加贴近美军在"联盟力量"行动中扮演的角色，该行动从1999年3月24日开始，同年6月11日结束，是北约又一次大的作战行动，目的是对所谓西方宣称的施洛博丹·米洛舍维奇领导下的南联盟的"种族清洗"行为作出回应。

南联盟的部队正在与试图将科索沃独立出去的科索沃解放军进行激烈战斗。为了解决这场争端，阿尔巴尼亚、美国和英国签署了《朗布依埃和平协定》，向科索沃地区派遣30000名维和部队官兵，以维护南斯拉夫地区通道的畅通。米洛舍维奇拒绝在这个协议上签字，于是北约准备进行军事打击。

"蝰蛇"在接下来的一系列行动中一次又一次地担当了空中打击的主力。美军在阿维亚诺空军基地和施潘达勒姆空军基地分别部署了F-16CG和F-16CJ"蝰蛇"战斗机，共计64架。F-16CJ"野鼬鼠作战"型加入了驻阿维亚诺基地F-16CG"夜隼"的编队，混编成为第31航空远征联队。另外，来自多个国家空军的"蝰蛇"组成了事实上的联合编队，美国的F-16携葡萄牙、荷兰、挪威和比利时等国的较早批次的"蝰蛇"组成了混合编队。全部F-16机队的作战任务就是摧毁南联盟的基础设施，以及打击南联盟的武装部队。

上图：驻德国施潘达勒姆空军基地的第22和第23战斗机中队的F-16机群，是"禁飞区"行动和"联盟力量"行动中执行防空压制任务的中坚力量。照片中的这架F-16CM（以前称为CJ型）朝着远离镜头的方向压坡度转弯离开。该机在机翼挂架上挂载了两枚AGM-88高速反辐射导弹（HARM）和4枚AIM-120先进中距空对空导弹（AMRAAM），在机腹挂载了一部电子对抗吊舱。（史蒂夫·戴维斯供图）

右图：HARM 目标指示系统，具体型号为 AN/ASQ-213A，是反辐射导弹载机发现南联盟地空导弹和雷达指挥高炮阵地雷达辐射源的核心系统。照片中的指示系统吊舱挂在了进气口左边的挂点上，该吊舱可进行软件升级（过程类似计算机 DIY 爱好者升级板卡的驱动程序）。（美国空军供图）

　　1999 年 3 月 24 日，在首批进入塞尔维亚上空的联军飞机中，有 4 架是驻意大利阿门多拉空军基地的荷兰皇家空军第 322 中队的 F-16AM 战斗机，其中一架"蝰蛇"（J-063 号）发射一枚 AIM-120A 先进中距空对空导弹击落了一架南联盟的米格 -29 "支点"战斗机。同一天晚上，来自英国拉肯希思空军基地第 48 联队第 493 中队的 F-15C 双机编队又击落了两架"支点"，这两架米格在一两分钟的间隔内相继坠毁（战后证实两架米格被飞行员杰夫·黄驾驶 86-0156 号 F-15C 同时发射两枚 AIM-120 击落，创造了 F-15 历史上首次视距外双杀的实战纪录）。紧接着，来自施潘达勒姆基地第 22 和第 23 中队的"野鼬鼠蝰蛇"向地面防空雷达发射了 AGM-88 HARM 高速反辐射导弹，来自阿维亚诺基地的第 510 和第 555 中队的"夜隼"向地面目标投掷了大量自由落体炸弹。这场空中打击行动的强度是空前的，大多数参与攻击南联盟部队 SA-2、SA-3 和 SA-6 地空导弹阵地的 F-16 飞行员在行动之后获得了银星勋章。

　　SA-6 地空导弹发射车可随时转移阵地，给 F-16CJ 发现并对其进行压制带来了极大的困难。其他固定的地空导弹阵地和高炮阵地虽然相对容易发现，但也充满了威胁。

上图：这张拍摄于 1999 年"联盟力量"行动期间的左翼特写照片属于荷兰空军的一架 F-16AM，照片中可见该侧翼下和翼尖挂载了两枚 AIM-9M "响尾蛇"空对空导弹实弹以及集束炸弹。多个周边国家的 F-16 战斗机参与了这场战争。（美国空军供图）

对页下图：在巴尔干战争期间，驻扎在意大利阿维亚诺空军基地的 F-16C/D Block40 战斗机（垂尾基地代码为"AV"）大大提高了北约夜间空袭的作战能力。照片中的两架第 31 战斗机联队的"蝰蛇"正飞越风景如画的威尼斯岛上空，该联队的同型机在 1994 年 2 月 28 日击落了闯入禁飞区的 4 架南联盟的"海鸥"教练 / 攻击机。（史蒂夫·戴维斯供图）

1999 年 3 月 24 日夜间，一架荷兰空军第 322 中队的 F -16AM 击落了一架南联盟空军的米格 -29 战斗机。同期拍摄的该中队用机的照片显示，荷兰空军的 F-16 在作战期间经常挂载 4 枚 AIM-9M "响尾蛇"空对空导弹执行昼间作战任务。（美国空军供图）

上图：在"联盟力量"行动期间，第 510 中队的飞行员在作战飞行任务前查看座机挂载的 GBU-12 激光制导炸弹。炸弹的导引头安装在弹头的活动支架上，使其可以在炸弹飞向目标的过程中随迎面的气流调节偏转角度。（美国空军供图）

左图：拥有强大夜间作战能力的 Block40/42 批次的"蝰蛇"活跃在"联盟力量"行动的第一线。从这张于 1999 年在阿维亚诺空军基地拍摄的"管中窥豹"视角的夜视镜照片中可以看到，一名 F-16 战斗机的飞行员正在进行航前的准备工作，即将对仅靠夜幕掩护的敌方目标实施空中打击。（美国空军供图）

第 555 中队在 5 月 2 日压制南联盟部队 SA-3 地空导弹阵地时损失一架 F-16，长机被击落，飞行员跳伞后，僚机飞行员冒着被地面火力击落的危险，驾机引导搜救部队将长机飞行员救回，事后他获得了一枚银星勋章。5 月 4 日，第 52 联队的"蝰蛇"终于等到了空战的机会。在此次战斗中，该联队第 22 中队的"蝰蛇"在贝尔格莱德附近空域击落了一架落单的米格 -29。巴尔干冲突给了 F-16 机队展现其多用途作战能力的机会，而且用大量实战战果证明了该型机是一款极其优秀的战斗机。

在禁飞区的大规模行动

当阿维亚诺基地和施潘达勒姆基地的"蝰蛇"们在巴尔干半岛上空频繁升空执行任务时，从全球各地轮调过来的美国空军的"蝰蛇"正在伊拉克的禁飞区持续进行巡逻飞行。实际上，自从 1990 年 8 月起，F-16 就承担起禁飞区巡逻的任务了。到 1998 年，美军的"蝰蛇"机队开始有计划有组织地对伊拉克的武器制造和存储设施进行空袭。这场行动被称为"沙漠之狐"行动。

"沙漠之狐"行动的第一枪是由打击伊拉克的巡航导弹打响的，几乎是照搬了 1991 年 1 月的"沙漠风暴"行动的路数。这场战役快速"中止"了"北方守望"和"南方守望"行动，是对伊拉克持续"对抗"联合国安理会关于核生化武器的核查的惩罚性措施。

为了摧毁萨达姆政权的大规模杀伤性武器的制造和投送能力，驻扎在沙特阿拉伯苏丹王子空军基地和科威特艾哈迈德·贾比尔空军基地的第 4404（临时）联队的 F-16 战斗机参加了空袭行动。这个临时联队由 16 架来自南卡罗来纳州肖空军基地的第 20 战斗机联队的 F-16CJ "野鼬鼠"和来自犹他州希尔空军基地的第 388 战斗机联队的 20 余架 F-16C/D Block40 战斗机组成。12 月 16 日，F-16 机群进行了多次空中打击行动，空袭了 50 个军事目标。12 月 19 日，时任美国总统克林顿宣布暂停空中打击行动，F-16 机群又恢复了往日在伊拉克上空巡逻监视的行动。

"持久自由"行动

2001 年 10 月，刚刚从骇人听闻的"9·11"恐怖袭击中缓过神来的美国率领多国部队进入阿富汗境内发起了代号为"持久自由"的军事打击行动。

对页图：来自希尔空军基地的 F-16CG 和来自肖空军基地的 F-16CJ 在"沙漠之狐"行动中密切配合，并肩作战，1996 年 12 月与其他联军飞机一起空袭了伊拉克的多个战略目标。照片中可见风挡前面的"切鸟器"敌我识别天线和 PACER GEM 吸波材料涂装，这些都是进入 21 世纪以后才有的特征，表明这两张照片是在战后拍摄的。（美国空军供图）

与此同时，美国在本土发起了代号为"神鹰"的行动。大量的 F-16 挂载了 AIM-120 和 AIM-9 空对空导弹，在国内主要城市和重要基础设施上空进行巡逻，确保再有客机被劫持的时候，能在其抵达其他袭击目标前将其击落。直到 2013 年，"神鹰"行动仍在继续进行，该行动是美国本土防空的一个重要组成部分。

在"持久自由"行动中，美国空军的 F-16 战斗机对阿富汗境内的塔利班军事设施和人员进行了空中打击，不久欧洲国家的空中力量也加入了空袭的行列。挪威、荷兰和丹麦的 F-16 驻扎在吉尔吉斯斯坦的马纳斯空军基地，在 2002 年 10 月至 2003 年 10 月期间执行了多次战斗任务，然而挪威的飞机在行动开始不久就返回其国内了。

荷兰皇家空军的 6 架 F-16 战斗机在 2004 年 9 月 10 日返回了马纳斯空军基地，为在阿富汗总统大选期间北约领导的国际安全支援部队（ISAF）的维和任务提供空中支援。这些飞机在 2004 年 11 月 19 日完成任务返回荷兰。2005 年 7 月 14 日，欧洲国家的 F-16 再次到达阿富汗，此次部署又加入了比利时空军的 F-16 战斗机，这是比利时空军的首次海外行动。这些国家的 F-16 组成了海外部署空中特遣部队。此次

下图：在"持久自由"行动期间，一架第 555 远征战斗机中队的 F-16CM Block40 战斗机在阿富汗上空刚完成与 KC-10"扩张者"加油机进行的空中加油作业，侧滑脱离加油航线。第 555 远征战斗机中队又被称为"3 镍币"远征部队（5 美分硬币的材质为镍，又称镍币），原先部署在意大利阿维亚诺空军基地，是第 510 中队的姊妹中队。照片中的"蝰蛇"挂载了 4 枚 500 磅 GBU-38JDAM 制导炸弹。（美国空军供图）

部署是为在阿富汗再次大选期间进行安全保障的国际安全部队提供空中支援。

　　"持久自由"行动进行到 2013 年 7 月，F-16 机队用自己的出色表现证明了自己是行动期间空中支援的中坚力量。

震撼和敬畏：第二次"海湾战争"（"伊拉克战争"）

　　2003 年 3 月 19 日深夜，美国发动了代号为"伊拉克自由"的行动，标志着第二次海湾战争的爆发。在作战行动开始之前，取得战区上空的制空权是非常必要的，而且必须通过防空压制战术，拔除伊拉克整合防空系统（IADS）的各个重要节点。这项任务需要部署在战区的 71 架 F-16CJ 全部出动，同时也要借助美国海军的 EA-6B "徘徊者"电子战飞机和 F/A-18 "大黄蜂"战斗／攻击机的全力配合。

　　美国空军负责执行压制任务的是来自南卡罗来纳州肖空军基地的第 20 战斗机联队第 77 中队（"赌徒"中队）的 F-16CJ 战斗机。这些"赌徒"部署在沙特阿拉伯的苏丹王子空军基地，是第 363 空中远征大队

下图：F-16CJ（现 CM）的典型任务挂载，翼下挂载的一对 AGM-88 反辐射导弹甚为显眼。该导弹在"自由伊拉克"行动中取得了大量雷达猎杀战果。（美国空军供图）

上图:相比左边的 AIM-120,右边的 HARM 反辐射导弹就像一节货运列车车厢一般巨大。这架飞机隶属于第 77 战斗机联队,从南卡罗来纳州肖空军基地调配到伊拉克战争前线。(美国空军供图)

(AEG)的拳头中队。第 363 远征大队中也包括 6 架来自日本三泽基地的第 35 联队第 14 中队的 F-16CJ Block50 战斗机、6 架来自希尔空军基地的第 388 联队第 4 中队的 F-16CG Block40 战斗机和 6 架来自美国空军预备部队第 301 联队第 457 中队的 F-16C Block30 战斗机。

这些 F-16 混编到一起后,负责战区防空及为友军攻击机编队护航。

坎农空军基地派出了所属的第 27 联队第 524 中队的 18 架 F-16CG Block40 战斗机,部署到科威特阿贾比尔空军基地,成为第 322 空军远征大队的一部分。与部署在沙特阿拉伯的第 14 联队类似,第 524"猎犬"中队在 2002 年 12 月作为空中远征部队的一部分部署到战区,以加强禁飞区的空中巡逻力量。最初部署了 12 架飞机,另外 6 架飞机稍后抵达,以增强中队的实力,应对可能出现的无法预料的敌情。这些"蝰蛇"负责空中警戒和其他多类型任务,同时也是保卫科威特的防空计划的一部分。它们在伊拉克和科威特的边界上空巡逻,进行"非传统信息监察和侦察"作业,监视边境地区是否存在渗透行为。第 524 中队的飞机也被指定为投放 M129 传单布撒器的主要平台,用于对地面人员进行心理战。

美军后来将这些力量重新部署到南方前线。德国施潘达勒姆空军

基地第 52 联队旗下的第 22 和第 23 中队的 F-16CJ 战斗机也正式部署到卡塔尔的乌代德空军基地。施潘达勒姆的 F-16CJ 和南卡罗来纳州空中国民警卫队第 169 联队第 157 中队的 F-16CJ 一起组成了第 379 空中远征部队。

3 个 F-16CJ 中队被安排用于执行以下类型的任务：防空压制和防空摧毁任务、时间敏感性任务和近距空中支援任务。

揭幕战

2003 年 3 月 19 日，海湾地区的作战部署从"南方守望"行动分阶段转换为具有神秘色彩的、代号为"1003V"的行动计划，这是"伊拉克自由"行动的作战计划中的一部分。该计划提前作出了两天的行动安排，使其在时间敏感的情报战中取得优势，因此很多联军的飞行员在完成任务时会发现一些"惊喜"。一名 F-16CJ 的飞行员在执行"南方守望"行动的一次作战任务中，在毫不知情的情况下"顺便"为一架 F-117 隐形战斗机对萨达姆·侯赛因的一个住所发动"斩首"打击行动时提供了防空压制支援。实际上，萨达姆在空袭发生时并不在那个住所内，但是那架 F-16 恰巧扮演了揭开战争序幕的角色。"伊拉克自由"行动开始了……

上图：2003 年伊拉克战争期间，一名即将执行作战任务的飞行员用手势向飞机旁的机工长报告发现故障，请求抢修。技术精湛且专业的 F-16 机务人员付出了辛勤劳动，使整个战争期间"蝰蛇"机队的出勤率保持在较高的水平。（美国空军供图）

这是一架来自日本三泽基地的第
35 战斗机联队的"野鼬鼠"战斗
机，在伊拉克战争期间频繁进行
空中加油作业。此时这架飞机正
在接近空中加油机，雷达罩前端
就是加油机的影子。这架飞机只
挂装了一个 HTS 吊舱，由于缺少
常规目标指示吊舱，它在后续行
动中的任务弹性会受到明显的限
制。（美国空军供图）

在战争的早期阶段，执行"野鼬鼠"任务的"蝰蛇"经常执行防空压制任务，每架飞机携带两枚 AGM-88 HARM 反辐射导弹，压制敌方防空系统，为联军空中打击编队提供护航保障。防空压制护航保障任务要求 F-16CJ 机群与攻击机群紧密编队飞行，充当攻击编队的开路先锋，找出敌方雷达系统节点和有威胁的目标，并用 AGM-88 HARM 反辐射导弹在一定距离内对这些目标进行先发制人的打击，以迫使这些威胁到编队的雷达设备关机或离线。

AGM-88 HARM 的"预设目标"模式使防空压制任务变得非常有效率，导弹可以向疑似目标开火，不论该目标是否处于工作状态。这有赖于精确且周密的航前计划，各段的用时也被计算在内，以便攻击编队到达目标上空时，AGM-88 HARM 导弹就已经发射出去了。这个时间点恰恰是攻击编队暴露在敌方防空火力面前的危险时刻。如果 AGM-88 HARM 导弹离开载机时敌方雷达仍然在工作，那么弹上灵敏的导引头就会探测到雷达波束，并将导弹引导至雷达波源头，直至摧毁那座雷达。发射导弹的主要目的是使威胁到己方的雷达尽快处于离线状态或迫使它们完全关机。

下图：不是每一枚由"蝰蛇"战机投放的武器都要准确命中目标。图中这架第 534 中队的 F-16 挂载了一枚内含大量传单的炸弹，用于向地面人员发动心理攻势，而不是直接砸到哪个具体目标头上。（美国空军供图）

　　为了圆满完成保卫战区空域和其他飞机的安全这个预定任务，第77 和第 14 远征中队一门心思对付巴格达周围的防空导弹的威胁。"超级防区"包含了超过 200 套防空导弹系统，其中大部分都没有探明准确的地理坐标，而且散布在巴格达周围的各个城市中。在乌代德空军基地的第 22 和第 23 远征中队剑指防区中心地带的同时，"赌徒"中队和"武士"中队将会在联军攻击编队需要的时候对巴格达周围的防空导弹阵地"一一点名"。这些努力导致的"后果"就是数十枚地空导弹射向这些 F-16 战斗机，其中有些是雷达制导的，有些是红外制导的，其余的是盲目乱射的。这些执行"野鼬鼠"任务的飞行员执行的是战争中最危险的任务，在接二连三的遭遇战中赢得了友军的尊敬。

　　和 1991 年的海湾战争一样，伊拉克上空被划分为一个一个的"猎杀盒子"，这次战争中每个"盒子"的范围被划设为约 10 海里 × 10 海里，使每个攻击机编队都有自己的专属作战空域，执行近距空中支援和战场空中遮断任务，不同编队之间的任务空域不会重叠和冲突。但各 F-16CJ 编队得到允许，可以在一个编队应要求进行防空压制作战而无法顾及其他方向的任务时，由其他编队"越界"进行支援。

下图：F-16C 右侧的吊舱挂点上安装了 AAQ-14"兰顿"目标指示吊舱。该吊舱可以在暗夜或不良天气发现目标，通过激光束对目标进行测距并引导激光制导武器进行打击。（美国空军供图）

在中东地区，有沙尘暴时，F-16是无法起飞执行任务的，而沙尘暴是会随时光临的。注意停机坪上的飞机在座舱盖内侧铺设了带有反射层的遮阳挡，在一定程度上可以降低午间强烈日光灼烤下座舱内的温度。（美国空军供图）

当编队奉命支援某一个"猎杀盒子"时，指挥部往往不会告知飞行员们具体要做什么。他们会空袭弹药库掩体这样的硬目标，也会在特种部队遭遇敌方火力压制时进行空中支援，他们也在需要的时候向地面"展示"火力。F-16CJ编队多次应友军地面部队要求用机载20毫米口径M61-A1加特林机炮对地面上的无装甲移动目标进行扫射。

在"伊拉克自由"行动开始的前几天，伊拉克的整合防空系统在联军的压制下显然没有完全发挥作用。F-16CJ的HTS吊舱时常探测到零星的雷达辐射，其中有潜在威胁的是移动防空系统。战术和任务类型改变的需求使更多的"野鼬鼠"战机在完成任务返航时还是满载武器的状态（实在无目标可打）。

为了应对战场上的实际情况，第52联队和南卡罗来纳州空中国民警卫队的F-16CJ由原先的任务转变为执行防空设施摧毁任务：它们挂载了联合直接攻击弹药和风修正弹药布撒器，用来对付目视发现的敌方有威胁的地面目标和预先规划的目标，以及对前线空中管制机进行支援。预先规划好的目标一般是固定的地空导弹阵地。在一次任务中，

一架 F-16CJ 向一部 SA-2 导弹发射架投掷了一枚 JDAM，然后再投掷了一枚 WCMD 覆盖旁边的 SA-3 导弹发射架。此时，先前投掷的那枚 JDAM 还在空中。在这些任务中，"野鼬鼠"双机的挂载是不同的，一架飞机挂载 AGM-88 HARM 反辐射导弹，另一架挂载 GPS 制导武器（典型的武器挂载方案为一侧翼下挂载 JDAM，另一侧挂载 WCMD）。

历史有时会令人难以置信地复现。当 AAQ-14 "兰顿"目标指示吊舱被 AAQ-28 "利特宁 II"目标指示吊舱替代时，"利特宁 II"吊舱又不够用了，和上次海湾战争一样，出现了周转不开的情况。而在战区的 F-16CG Block30 中队像嗷嗷待哺的婴儿一样对该吊舱有着大量的需求。

上图：日暮时分，一名F-16CG的飞行员爬进飞机的座舱。（美国空军供图）

F-16CJ 在便携式防空导弹（MANPADS，肩扛发射的地空导弹，能通过追踪飞行器的红外特征进行制导，对低空飞行的飞机有致命威胁）的射高之上的高度无法锁定地面上的普通目标，这大大限制了飞机的对地攻击能力。F-16CJ 的飞行员依靠其他方面的协助，可以在作战中发现、正确识别目标，并对攻击时产生的附带损害进行评估。昼间作战行动一般是按照交战规则来进行的，目视识别问题不大，然而在夜间，由于没有配备目标指示吊舱，飞行员的"体验"就大不相同了。

随着有组织的抵抗不断被削弱，F-16CJ 机队开始执行防空摧毁和更具弹性的打击任务，长机挂载两枚 AGM-65 "小牛"空对地导弹，僚机挂载两枚 JDAM 随行。AGM-65 是一种非常有效的武器，不仅有极佳的作战效能，而且导弹上的光电或红外导引头在发现和打击目标时补足了载机没有目标指示吊舱的短板。

在科威特艾哈迈德·阿贾比尔空军基地，第 524 远征中队装备的 Block40 批次"蝰蛇"任务很繁重。在伊拉克战争开始前的"南方守望"行动中，该中队共计投放了 176500 磅弹药。在这些弹药中，主要是 87 枚 2000 磅 JDAM 制导炸弹，它们在伊拉克武器面前具备相当的优

势，可以看作是伊拉克战争的"战场准备"章节，主要打击对象是伊拉克的有线交换节点，以瘫痪敌方的指挥网络。另外，有 5 枚 GBU-12 激光制导炸弹用于打击伊拉克的防空设施。

当伊拉克战争按照计划铺开时，该中队按作战部署负责摧毁巴格达西部的通信设施及其他目标。目标所在的建筑是一座小楼，在巴格达以西约 50 英里处，楼内有大量光纤交换设备。这座楼被带有 BLU-109 钻地战斗部的 2000 磅 GBU-31 JDAM 制导炸弹摧毁。

作为 F-16CJ 中队的一系列作战行动的范本，第 77 远征中队在战斗中共投掷了 170 枚 CBU-103 集束炸弹、52 枚 GBU-31 制导炸弹，发射了 105 枚 AGM-88 HARM 反辐射导弹、16 枚 AGM-65 空对地导弹和超过 7000 枚 PGU-28 20 毫米机炮炮弹。该中队共打击了 338 处地面目标，摧毁了 104 个地空导弹发射架、雷达和高炮阵地，炸毁或重创 20 辆坦克和装甲车、26 辆卡车和 36 架停放在地面上的飞机。肖空军基地的飞行员和机务人员在"实战"结束前共执行 / 保障了 676 架次、总计 3803.5 战斗飞行小时的作战任务。

上图：一架来自希尔空军基地第 466 中队（"钻石背"中队）的 F-16C Block30 静静地停在停机坪上，等待下一次对伊拉克的空袭任务。该机挂载了最基本的外挂武器——4 枚 Mk82 低阻力炸弹。（美国空军供图）

在伊拉克上空巡逻的"蝰蛇"
在两侧翼下挂载了 4 枚 GBU-
12 激光制导炸弹。该照片拍摄
于 2004 年，飞行员为了配合
摄影师的需求，抛射了闪亮的
红外诱饵弹。当时，"热战"已
经进行了很长时间，F-16 越来
越多地被用来打击市区内的反
美武器。（美国空军供图）

利比亚

直到 2009 年，伊拉克的局势明显趋于稳定，美国和英国将主要作战部队撤离，只留下一些"军事顾问"。部队规模的缩减意味着"伊拉克自由"行动的结束。2010 年 2 月，"奥德赛黎明"行动开始。

然而，北非地区产生了新的麻烦。利比亚爆发了针对领导人穆阿迈尔·卡扎菲上校的反政府暴乱。作为对 2011 年 2 月和 3 月通过的联合国安理会第 1970 和第 1973 号决议的回应，各国对卡扎菲政府进行了大范围的制裁。从武器禁运、建立禁飞区到利用反对派的武装力量，北约发起了"联合保护者"行动。

在"联合保护者"行动中，第 52 联队的 F-16CM"野鼬鼠"战斗机和第 31 联队的 F-16CM Block40 战斗机重新集结在一起，部署到意大利阿维亚诺空军基地。阿维亚诺也成为其他国家"蝰蛇"机队的主要基地。然而，时任美国总统奥巴马明确表示美国不会领导军事行动来"解放"利比亚。基地里混编了批次繁杂的各型 F-16 战斗机：比利时、丹麦和挪威的 F-16AM Block15 MLU，约旦的 F-16A/B Block20 MLU，阿联酋的 Block60"沙漠隼"，希腊的 F-16C/D Block52+ 等。

下图：一名第 77 中队的飞行员在滑出和起飞前在座舱内检查航电设备是否工作正常。座舱外面喷涂的作战任务标记表明该机被频繁地用于伊拉克或阿富汗的战斗部署。（美国空军供图）

这些飞机组成了利比亚作战行动的主力。

对希腊来讲,"联合保护者"行动是该国 Block52+ 飞机的首次实战亮相,尽管先前经常与土耳其的飞机在爱琴海上空频繁发生小摩擦。类似的,这次行动也标志着 F-16E 在实战中首次亮相,该型机驻扎在意大利迪斯曼纽空军基地,为联军的其他飞机提供空中掩护。

挪威的 F-16 战斗机在 2012 年 7 月结束行动。截至当时,这些飞机执行了占总架次 10% 的作战飞行,投掷了 600 枚炸弹,打击的目标包括装甲车辆、基础设施和军火库等。同时,比利时的"蝰蛇"执行了 448 次任务,投掷了 365 枚炸弹,任务完成率达 97%。

上图:在 2011 年 4 月的"奥德赛黎明"行动期间,一架第 13 中队的 F-16CM Block50 向加油机侧滑接近。这架飞机在进气道两侧的吊舱挂点上同时挂载了"狙击手"和 HTS 吊舱。(美国空军供图)

当雷达罩和设备舱口盖打开后，"蝰蛇"的内部电子设备一览无余。浅灰色的设备盒也称可替换总线单元（LRU），机务人员可在起飞前进行外场维护时将这些"盒子"从台架上抽出并替换上新的模块。（美国空军供图）

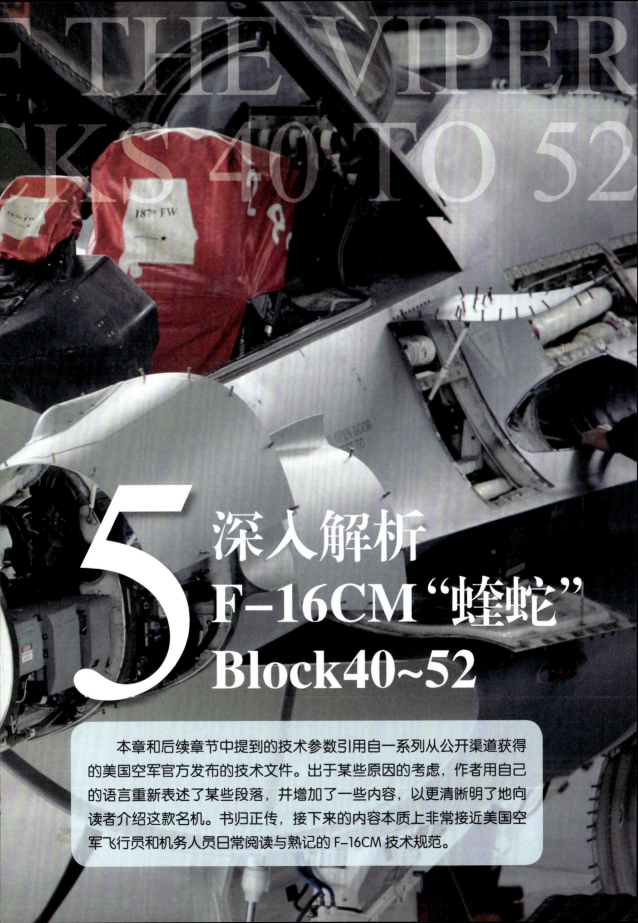

5

深入解析 F-16CM "蝰蛇" Block40~52

本章和后续章节中提到的技术参数引用自一系列从公开渠道获得的美国空军官方发布的技术文件。出于某些原因的考虑，作者用自己的语言重新表述了某些段落，并增加了一些内容，以更清晰明了地向读者介绍这款名机。书归正传，接下来的内容本质上非常接近美国空军飞行员和机务人员日常阅读与熟记的 F-16CM 技术规范。

概述

F-16CM 机体的主要特征是巨大的气泡形座舱盖，翼身融合，单发动机，机腹进气。机翼和尾翼均适度后掠。机翼上装有自动调节偏转角度的前缘襟翼和后缘襟副翼，其中襟副翼具备襟翼和副翼的功能。两侧翼尖都挂载 AIM-120 先进中距空对空导弹时，翼展为 30 英尺 10 英寸。

座舱布局比较传统，但 ACES II 弹射座椅的倾角达到了前所未有的 30 度。与传统的中置操纵杆不同，F-16 的操纵杆安装在右侧操纵台上。

水平尾翼有 10 度的下反角，通过同向偏转和差动偏转分别提供俯仰和滚转控制。垂直尾翼提供方向稳定性，后机身下表面安装了两片腹鳍，进一步增强了方向稳定性。

F-16CM 飞行控制系统的所有操纵面都是液压驱动的，飞控系统中的电传操纵系统发出的信号控制两套独立的液压系统（互为备份）进行动作。

从海平面到 30000 英尺的平均海平面高度（MSL）范围内，F-16CM 的最大实用空速为 800 节。在 30000 英尺（MSL）高度以上，飞机的最大空速为马赫数 2.05。

机长（含空速管）49 英尺 5.2 英寸；机高（从地面至垂尾顶端）16 英尺 10 英寸；机高（从地面至座舱盖顶端）9 英尺 4 英寸；轮距 7 英尺 9 英寸；轴距 13 英尺 2 英寸。

总质量

安装不同的发动机后，飞机的总质重也有区别。在 CCIP 升级项目完成后，F-16C/D Block40~52 批次的飞机质量趋于一致。下列近似数据包含了飞行员、油料、两枚 AIM-120 先进中距空对空导弹、弹鼓中满载 20 毫米口径机炮炮弹、完整的 CCIP 升级以及机内油箱加满 JP-8 航油。

F-16C，PW220：26900 磅（19700 磅 JP-8）。

F-16D，PW220：26300 磅（19700 磅 JP-8）。

F-16 "战隼" 多用途战斗机

C
D

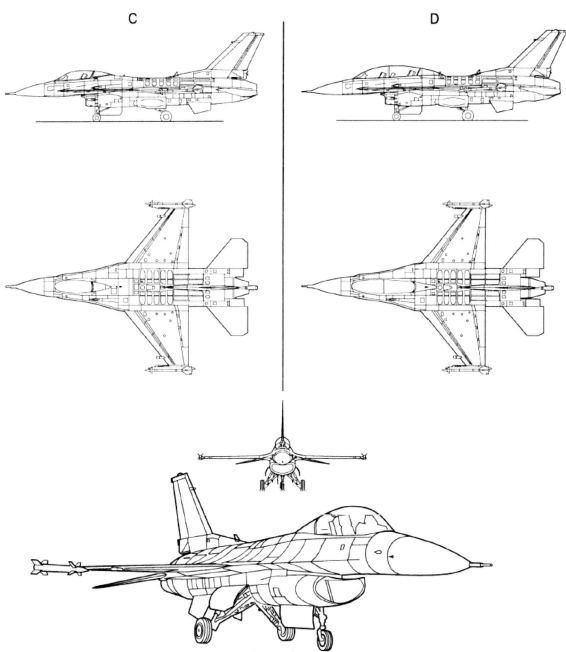

机翼

面积	300 平方英尺
翼展	30 英尺,不含翼尖挂架
展弦比	3.0
尖削比	0.2275
后掠角(前缘)	40°
上反角	0°
翼型	NACA 64A204
机翼安装角	0°

机翼扭转角
纵剖线 54.0 处	0°
纵剖线 180.0 处	3°
襟副翼面积	31.32 平方英尺
前缘襟翼面积	36.71 平方英尺

水平尾翼

面积	63.70 平方英尺
展弦比	2.114
尖削比	0.390(理论值)
后掠角(前缘)	40°
上反角	−10°

翼型
根部	6% 双凸翼型
尖端	3.5% 双凸翼型

垂直尾翼

面积	54.75 平方英尺
展弦比	1.294
尖削比	0.437
后掠角(前缘)	47.5°

翼型
根部	5.3% 双凸翼型
尖端	3% 双凸翼型
方向舵面积	11.65 平方英尺

减速板

面积(4 片蛤壳式)	14.26 平方英尺(每片 3.565 平方英尺)

腹鳍(每侧)

面积	8.03 平方英尺
展长	23.356 英寸,理论值(27.5 英寸)
展弦比	0.472(理论值)
尖削比	0.760(理论值)
后掠角(前缘)	30°
外倾角	向外 15°

翼型
根部	3.866% 修改的楔形
尖端	常数 0.03R

起落架 (LG)

主起落架 (MLG)
轮胎尺寸	27.75 × 8.75-14.5 24 Ply
行程	10.5 英寸
稳定滚转半径	11.0 英寸

前起落架 (NLG)
轮胎尺寸	18 × 5.7-8 18 Ply
行程	10.0 英寸
稳定滚转半径	11.0 英寸

发动机

F100-PW-220/220E
推力	25000 磅级
压气机直径	34.8 英寸
发动机长度	191.1 英寸

F100-PW-229
推力	29000 磅级
压气机直径	34.8 英寸
发动机长度	208 英寸

F110-GE-100
推力	28000 磅级
压气机直径	35.8 英寸
发动机长度	183.76 英寸

F110-GE-129
推力	29500 磅级
压气机直径	35.8 英寸
发动机长度	183.76 英寸

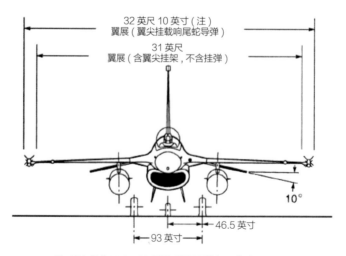

注:翼尖挂载 AIM-120 导弹时翼展再增加 3 英寸

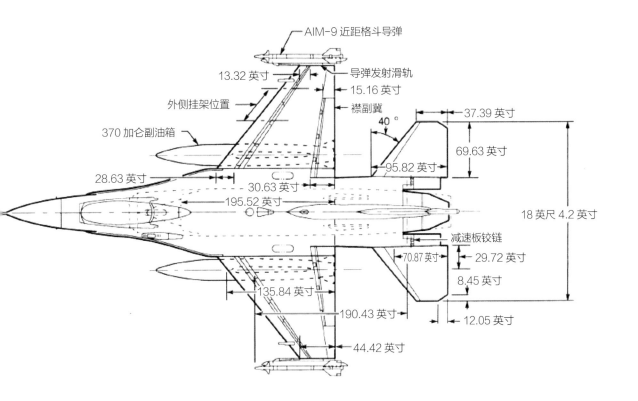

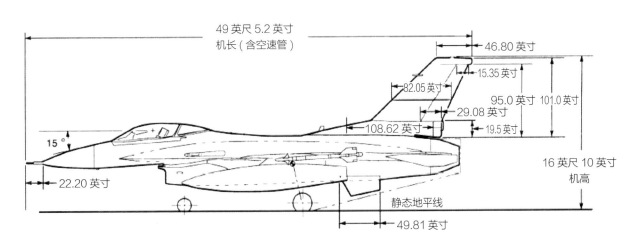

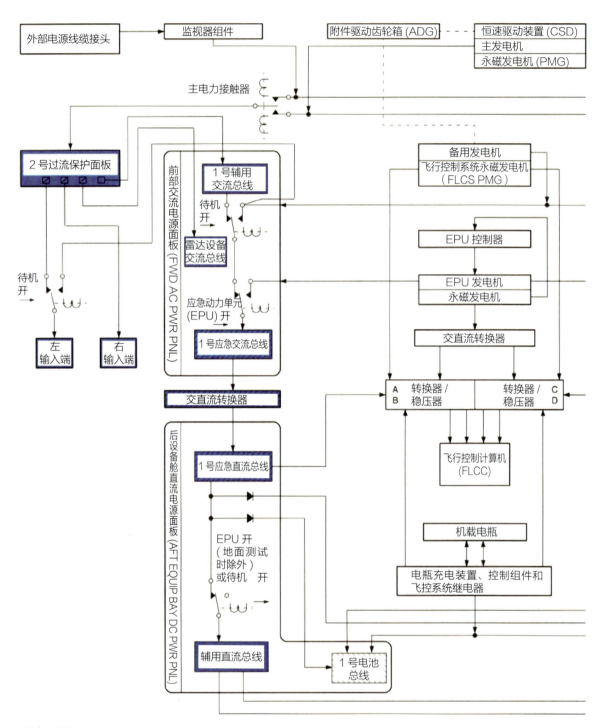

上图与对页图：F-16 Block40/42 批次飞机的配电方案图。（美国空军供图）

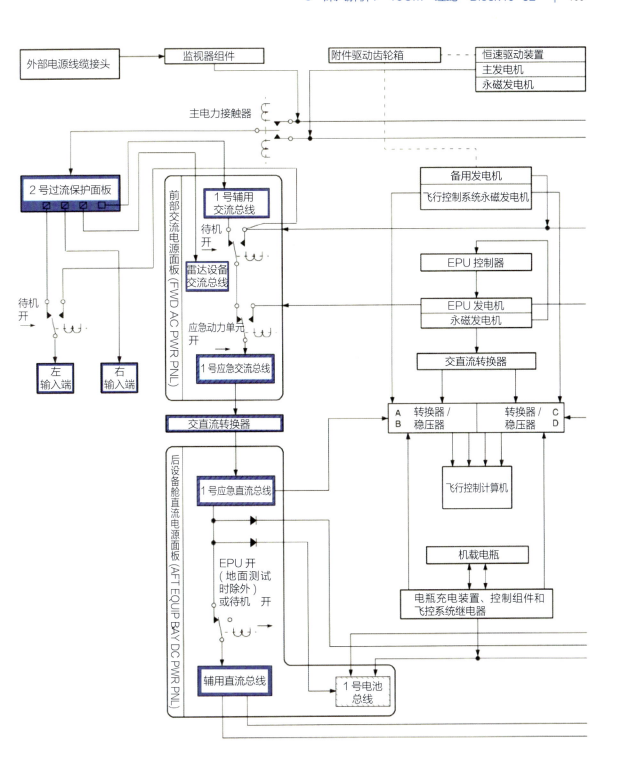

F-16C，PW229：27500 磅（20300 磅 JP-8）。

F-16D，PW229：26900 磅（21000 磅 JP-8）。

F-16C，GE100：27700 磅（20500 磅 JP-8）。

F-16D，GE100：27100 磅（21200 磅 JP-8）。

F-16C，GE129：27800 磅（20600 磅 JP-8）。

F-16D，GE129：27200 磅（21300 磅 JP-8）。

电气系统

F-16CM 的电气系统包括一部主用交流电力系统、备用交流电力系统、应急交流电力系统、直流电力系统、飞控系统（FLCS）、供电系统和外部交流供电设备。

在正常情况下，由发动机驱动的附件齿轮箱（ADG）带动的主发电机提供交流电力。这台发电机为过流保护面板和以下 3 条总线供电：辅用、主用和应急交流总线。8 个过流感应接触器用来保护特定的交流总线、3/5/7 号外挂点和两个具备数据链功能的外挂点免受过流冲击而导致损坏。

备用交流电力系统包含必要主用总线和应急交流总线。当主发电机关闭或发生故障时，ADG 驱动的备用发电机就接替过来提供 10 千伏安的电力。备用发电机本身整合了"飞控系统永磁发电机"，为飞控系统提供电力。

如果主发电机和备用发电机均发生故障，应急交流总线就会通过应急动力单元的 5 千伏安发电机自动提供应急交流电力。EPU 发电机也包含一台永磁发电机，使其能够通过一个交直流转换器为飞控系统的 4 个分支提供直流电力。

直流电是由交直流转换器或机载蓄电池提供的。直流转换器为不同的总线提供电力，电力具体给到哪些总线取决于哪台发电机处于运行状态。当主发电机运行时，为以下总线提供电力：1 号直流总线、1 号电池总线、辅用直流总线、发动机舱直流总线、2 号应急直流总线、主用直流总线和 2 号电池总线。当备用发电机运行时，为 1 号应急直流总线、1 号电池总线、2 号应急直流总线、主用直流总线和 2 号电池总线供电。最后，当 EPU 发电机运行时，为 1 号应急直流总线、1 号电池总线、2 号应急直流总线和 2 号电池总线供电。

如果主发电机、备用发电机或 EPU 发电机其中之一在工作，机载蓄电池就会离线，停止放电并开始充电。如果运气糟糕透顶，所有发电机都失效了，蓄电池就会发挥作用，为 1 号和 2 号电池总线供电。在需

要的时候，电池总线也会为飞控系统供电，也可为 EPU 提供启动电力。

飞控系统的电力供应主要来自于飞控系统专用永磁发电机和两路转换调节器，以及飞控系统 4 个分支的供电装置。供电冗余设计可以让多个供电装置给飞控系统提供电力：主发电机、备用发电机、EPU 发电机、EPU 永磁发电机和机载蓄电池。

飞控系统的永磁发电机是正常工况和附件齿轮箱运转时的主要供电装置。永磁发电机有 4 路输出，分别为飞控系统的 4 个分支进行供电。飞控系统永磁发电机输出的交流电通过交直流转换器变为直流电，在最高允许电压的范围内选择电力输出源，为各自分支的飞控系统提供直流电力，输出电压受到限制，以免超压损坏飞控系统。转换器／调节器也具备故障提示功能，发生故障时，可在飞行员面前的电力控制面板上显示故障信息，并向测试切换面板发出测试信号，以切换到备用线路上。

机载蓄电池可以临时为飞控系统提供电力，蓄电池的具体供电时长取决于充电的盈亏程度。

飞控系统包含 4 个闭锁继电器，防止飞控系统在机载喷气燃油启动机（JFS, 详见第 6 章）初始化前连接到机载蓄电池上。这样，在地面维护时就能有效防止蓄电池亏电。为了便于地面维护，外部电源车提供了包括标准外部电缆接口和监控单元在内的一系列设施。后者可以让外部电源连接到飞机的总线上，供电效果与主发电机上线时相同。

液压系统

液压压力由机上 A、B 两套 3000 磅力／平方英寸的液压系统提供。两套液压系统分别由两组独立地位于 ADG 上的、由发动机驱动的液压泵驱动。每套系统都有各自的加压储液器，用于存储液压油。

A 系统和 B 系统同时工作，为主要飞行控制机构和前缘襟翼提供液压动力。如果一套系统失效，其余的系统会提供足够的压泵来驱动飞行控制机构，但机构运动速率会相应降低。

A 系统也为燃油配平调节器和减速板机构提供液压压力。与此同时，B 系统为其余应用功能提供液压压力，包括 M61A1 机炮及其排烟口盖、空中加油系统、起落架、制动系统、前轮转向机构和 JFS 蓄能器（为 JFS 提供启动动力以及为制动系统提供备用液压压力）等。

起落架可在 B 液压系统失效时通过气动的方式放下。如果两套液压系统均告罢工，位于 EPU 上的第 3 套液压泵就会自动为 A 液压系统提供应急液压压力。

Blocks 50/52 批次

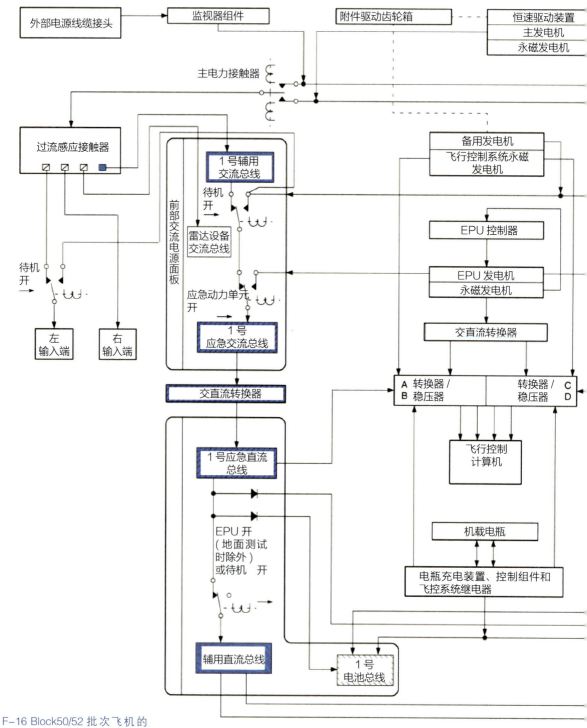

F-16 Block50/52 批次飞机的
配电方案图。（美国空军供图）

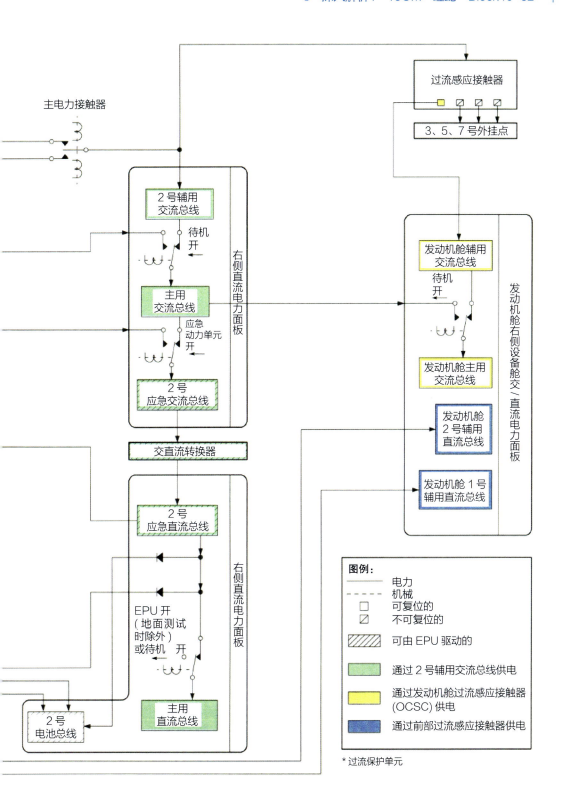

过流感应接触器

3、5、7 号外挂点

主电力接触器

2 号辅用
交流总线

右侧直流电力面板

待机
开

主用
交流总线

应急
动力单元
开

2 号
应急交流总线

交直流转换器

发动机舱辅用
交流总线

待机
开

发动机舱主用
交流总线

发动机舱
2 号辅用
直流总线

发动机舱 1 号
辅用直流总线

发动机舱右侧设备舱交／直流电力面板

2 号
应急直流总线

右侧直流电力面板

EPU 开
（地面测试
时除外）
或待机 开

2 号
电池总线

主用
直流总线

图例：
———— 电力
- - - - 机械
□ 可复位的
▨ 不可复位的

▨ 可由 EPU 驱动的

通过 2 号辅用交流总线供电

通过发动机舱过流感应接触器
(OCSC) 供电

通过前部过流感应接触器供电

* 过流保护单元

交流配电图表

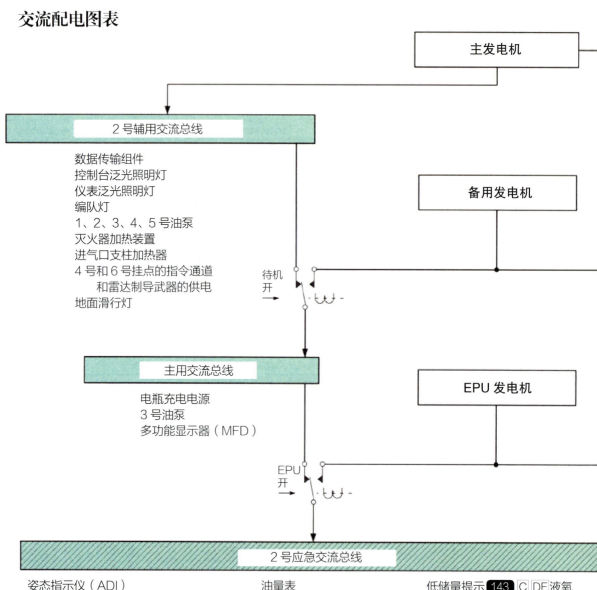

主发电机

2 号辅用交流总线

数据传输组件
控制台泛光照明灯
仪表泛光照明灯
编队灯
1、2、3、4、5 号油泵
灭火器加热装置
进气口支柱加热器
4 号和 6 号挂点的指令通道
　　和雷达制导武器的供电
地面滑行灯

备用发电机

待机
开
→

主用交流总线

电瓶充电电源
3 号油泵
多功能显示器（MFD）

EPU 发电机

EPU
开
→

2 号应急交流总线

姿态指示仪（ADI）
防撞灯
AR 灯（泛光）
发动机积冰探测器
火警／过热探测

油量表
机炮
水平状态指示器（HSI）
液压压力表
敌我识别器
着陆灯

低储量提示 143 C DF 液氧
余量表
模块化任务计算机 B 侧／座舱电视
　　系统（CTVS）
尾喷口状态指示表
143 机载制氧系统集中器
滑油压力表
航行灯
前上方控制面板

F-16CM 的交流配电图显示出
由主用和辅用总线外加应急总
线供电的各子系统。（美国空军
供图）

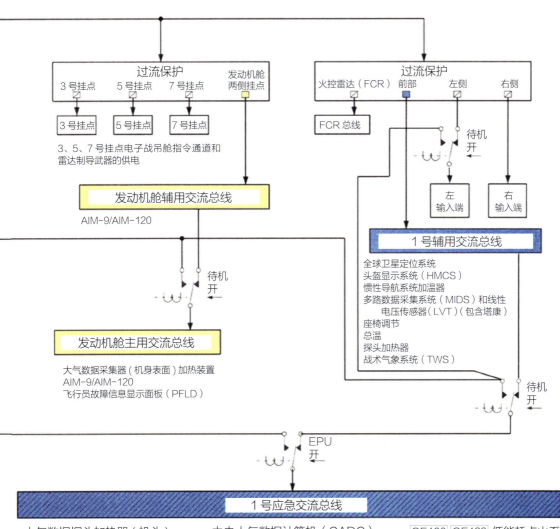

过流保护
3 号挂点　5 号挂点　7 号挂点　发动机舱两侧挂点

3 号挂点　5 号挂点　7 号挂点

3、5、7 号挂点电子战吊舱指令通道和雷达制导武器的供电

发动机舱辅用交流总线

AIM-9/AIM-120

待机 开

发动机舱主用交流总线

大气数据采集器（机身表面）加热装置
AIM-9/AIM-120
飞行员故障信息显示面板（PFLD）

过流保护
火控雷达（FCR）前部　左侧　右侧

FCR 总线

待机 开

左输入端　右输入端

1 号辅用交流总线

全球卫星定位系统
头盔显示系统（HMCS）
惯性导航系统加温器
多路数据采集系统（MIDS）和线性
　电压传感器（LVT）（包含塔康）
座椅调节
总温
探头加热器
战术气象系统（TWS）

待机 开

EPU 开

1 号应急交流总线

大气数据探头加热器（机头）
高度表（选定）
迎角指示器
迎角探测器加热器

中央大气数据计算机（CADC）
燃油流量表
惯性导航系统
前缘襟翼（LEF）

GE100 GE129 低能耗点火系统
模块化任务计算机 A 侧
主控制台照明灯
土仪表灯
垂直速度表（VVI）

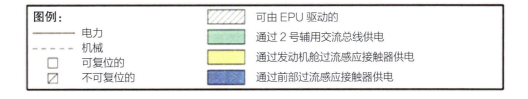

图例：
———— 电力
----　机械
□　可复位的
☒　不可复位的

▨　可由 EPU 驱动的
　　通过 2 号辅用交流总线供电
　　通过发动机舱过流感应接触器供电
　　通过前部过流感应接触器供电

直流配电图表

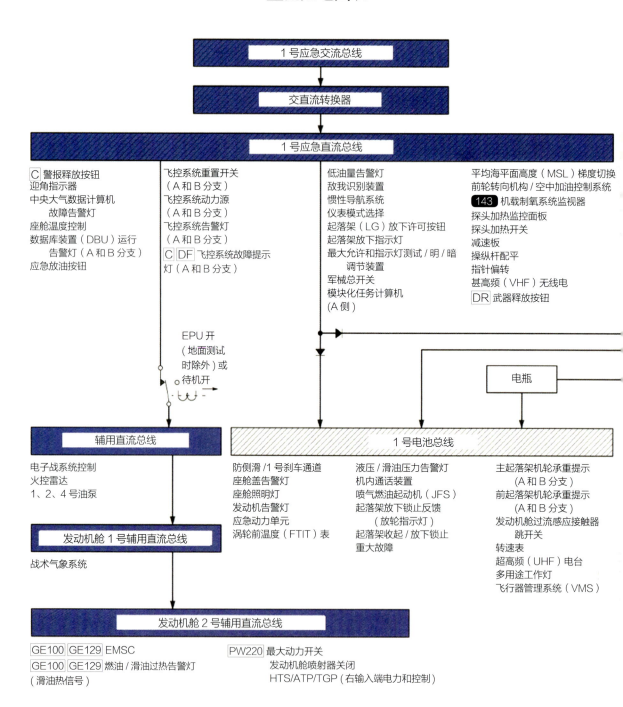

1号应急交流总线

交直流转换器

1号应急直流总线

C 警报释放按钮
迎角指示器
中央大气数据计算机
　故障告警灯
座舱温度控制
数据库装置（DBU）运行
　告警灯（A 和 B 分支）
应急放油按钮

飞控系统重置开关
　（A 和 B 分支）
飞控系统动力源
　（A 和 B 分支）
飞控系统告警灯
　（A 和 B 分支）
C DF 飞控系统故障提示
　灯（A 和 B 分支）

低油量告警灯
敌我识别装置
惯性导航系统
仪表模式选择
起落架（LG）放下许可按钮
起落架放下指示灯
最大允许和指示灯测试 / 明 / 暗
　调节装置
军械总开关
模块化任务计算机
（A 侧）

平均海平面高度（MSL）梯度切换
前轮转向机构 / 空中加油控制系统
143 机载制氧系统监视器
探头加热监控面板
探头加热开关
减速板
操纵杆配平
指针偏转
甚高频（VHF）无线电
DR 武器释放按钮

EPU 开
（地面测试
时除外）或
待机开

电瓶

辅用直流总线

电子战系统控制
火控雷达
1、2、4 号油泵

发动机舱 1 号辅用直流总线

战术气象系统

1号电池总线

防侧滑 / 1 号刹车通道
座舱盖告警灯
座舱照明灯
发动机告警灯
应急动力单元
涡轮前温度（FTIT）表

液压 / 滑油压力告警灯
机内通话装置
喷气燃油起动机（JFS）
起落架放下锁止反馈
　（放轮指示灯）
起落架收起 / 放下锁止
重大故障

主起落架机轮承重提示
　（A 和 B 分支）
前起落架机轮承重提示
　（A 和 B 分支）
发动机舱过流感应接触器
　跳开关
转速表
超高频（UHF）电台
多用途工作灯
飞行器管理系统（VMS）

发动机舱 2 号辅用直流总线

GE100 GE129 EMSC
GE100 GE129 燃油 / 滑油过热告警灯
（滑油热信号）

PW220 最大动力开关
发动机舱喷射器关闭
HTS/ATP/TGP（右输入端电力和控制）

F-16CM 的直流配电图。（美国空军供图）

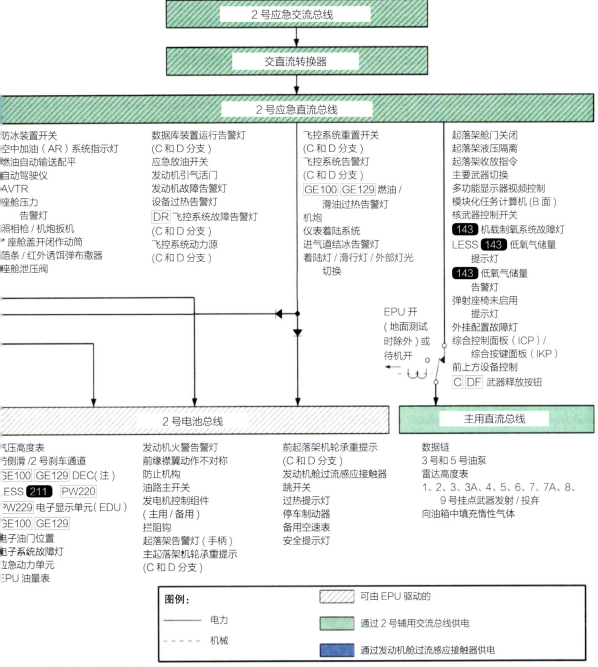

2 号应急交流总线

交直流转换器

2 号应急直流总线

防冰装置开关
空中加油（AR）系统指示灯
燃油自动输送配平
自动驾驶仪
AVTR
座舱压力
　　告警灯
照相枪 / 机炮扳机
* 座舱盖开闭作动筒
箔条 / 红外诱饵弹布撒器
座舱泄压阀

数据库装置运行告警灯
（C 和 D 分支）
应急放油开关
发动机引气活门
发动机故障告警灯
设备过热告警灯
DR 飞控系统故障告警灯
（C 和 D 分支）
飞控系统动力源
（C 和 D 分支）

飞控系统重置开关
（C 和 D 分支）
飞控系统告警灯
（C 和 D 分支）
GE100 GE129 燃油 /
　　滑油过热告警灯
机炮
仪表着陆系统
进气道结冰告警灯
着陆灯 / 滑行灯 / 外部灯光
切换

起落架舱门关闭
起落架液压隔离
起落架收放指令
主要武器切换
多功能显示器视频控制
模块化任务计算机（B 面）
核武器控制开关
143 机载制氧系统故障灯
LESS 143 低氧气储量
　　提示灯
143 低氧气储量
　　告警灯
弹射座椅未启用
　　提示灯
外挂配置故障灯
综合控制面板（ICP）/
　　综合按键面板（IKP）
前上方设备控制
C DF 武器释放按钮

EPU 开
（地面测试
时除外）或
待机开

2 号电池总线

主用直流总线

气压高度表
侧滑 / 2 号刹车通道
GE100 GE129 DEC(注)
LESS 211 PW220
PW229 电子显示单元（EDU）
GE100 GE129
电子油门位置
电子系统故障灯
应急动力单元
EPU 油量表

发动机火警告警灯
前缘襟翼动作不对称
防止机构
油路主开关
发电机控制组件
（主用 / 备用）
拦阻钩
起落架告警灯 (手柄)
主起落架机轮承重提示
(C 和 D 分支)

前起落架机轮承重提示
（C 和 D 分支）
发动机舱过流感应接触器
跳开关
过热提示灯
停车制动器
备用空速表
安全提示灯

数据链
3 号和 5 号油泵
雷达高度表
1、2、3、3A、4、5、6、7、7A、8、
　　9 号挂点武器发射 / 投弃
向油箱中填充惰性气体

图例：

　　　　　　电力

- - - - - - 机械

可由 EPU 驱动的

通过 2 辅用交流总线供电

通过发动机舱过流感应接触器供电

注：DEC 指发动机数字化控制

* 当主电力开关关闭时可由电池总线盒供电

F−16C Block 40/42

（迈克·巴德洛克制图）

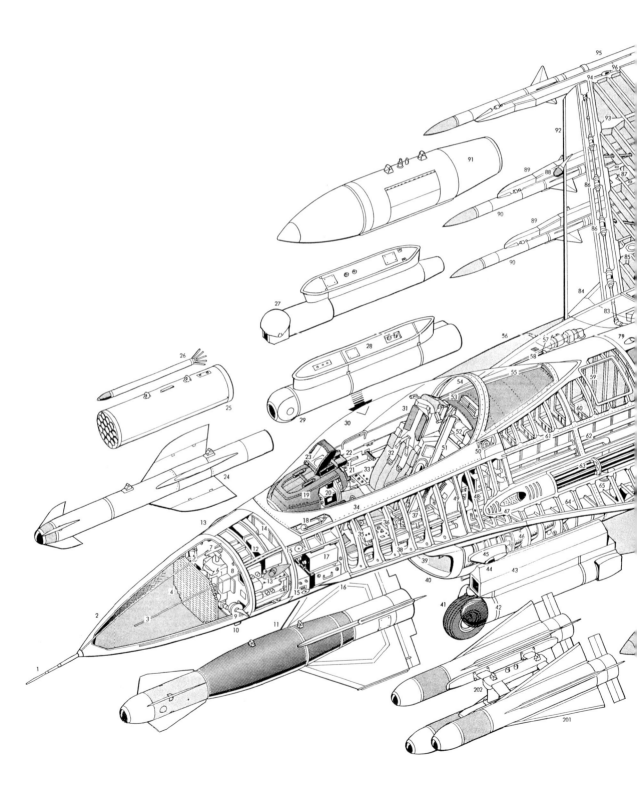

Mike Badrocke

1 空速管 / 大气数据采集器

2 玻璃纤维材质的雷达罩

3 防雷条

4 平板雷达天线

5 雷达罩开闭铰链，向右打开

6 雷达天线运动机构

7 仪表着陆系统下滑道天线

8 雷达安装隔板

9 迎角探测器，左右两侧各一

10 敌我识别器天线

11 GBU–15 激光制导滑翔炸弹

12 AN/APG–68 数字脉冲多普勒多模式雷达的电子设备舱

13 雷达告警天线，左右两侧各一

14 前部压力隔舱

15 静压口

16 前机身边条前端衔接整流罩

17 前部航空电子设备舱

18 座舱盖应急抛盖火药柱

19 仪表板遮光罩

20 仪表板上的多功能 CRT 低头显示器

21 侧置操纵杆（电传操纵系统）

22 HUD 视频记录仪

23 GEC 宽视角平视显示仪

24 "企鹅"反舰导弹（挪威 F–16 装备）

25 LAU–3A 19 联装火箭巢

26 2.75 英寸折叠弹翼航空火箭弹（FFAR）

27 ATLIS II 激光引导 / 测距吊舱

28 进气口右侧挂架接口（5R 挂点）

29 "兰顿"红外前视目标指示吊舱

30 无框气泡形座舱盖

31 弹射座椅头靠

32 麦道 ACES II 零 – 零弹射座椅

33 侧操纵台

34 座舱盖框架整流罩

35 座舱盖应急抛盖外部手柄

36 位于发动机油门杆上的手不离杆操纵系统（HOTAS）雷达控制钮

37 座舱盖应急抛盖手柄

38 座舱框架结构

39 附面层分离板

40 固定几何形状的进气口

41 前起落架，放下状态

42 "兰顿"红外前视 / 地形跟踪（FLIR/TFR）低空导航吊舱

43 进气口左侧挂架接口（5L 挂点）

44 前航行灯

45 "默契 III"威胁警告天线整流罩（比利时和以色列用机）

46 进气道结构框架

47 抑烟多孔机炮口

48 后部航空电子设备舱

49 座舱后部压力隔舱

50 座舱盖开启铰链

51 弹射座椅滑轨

52 座舱盖开闭作动机构

53 空调出风口

54 座舱盖密封条

55 座舱盖后盖

56 600 美制加仑远距离转场用副油箱

57 加雷特涡轮式应急动力单元

58 EPU 肼燃料箱

59 油箱舱室检查口盖

60 前机身软式油箱，内部总容量 6972 磅

61 机身上部纵梁

62 空调风道

63 机炮炮管

64 前机身框架结构

65 空气系统地面接口

66 机腹空调系统设备舱

67 机身中线外挂 300 美制加仑副油箱

68 主轮舱舱门液压作动筒

69 主轮舱舱门

70 液压系统地面接口

71 机炮舱机腹排烟口

72 通用电气 M61 A1 20 毫米口径转管机炮

73 机炮供弹槽

74 机炮液压马达

75 左侧液压储液器

76 机身中部整体油箱

77 前缘襟翼液压驱动马达

78 炮弹弹鼓（容量 511 发）

79 上部航行灯 / 空中加油泛光照明灯

80 战术空中导航设备天线

81 液压蓄能器

82 右侧液压储液器

83 前缘襟翼传动轴

84 翼下内侧外挂点（6 号挂点），外挂能力 4500 磅

85 挂架安装承力点

86 前缘襟翼传动轴和偏转作动筒

87 7 号外挂承力点，外挂能力 700 磅

88 雷达告警天线

89 空对空导弹发射滑轨

90 先进中距空对空导弹

91 外挂行李吊舱（携带必要的地勤装备和飞行员在本场基地以外部署所携带的个人行装）

92 右侧前缘机动襟翼，放下位置

93 翼下外侧挂架承力点（8 号挂点），外挂能力 700 磅

94 翼尖挂点（9 号挂点），外挂能力 425 磅

95 翼尖挂载的先进中距空对空导弹

96 右侧航行灯

97 机翼后缘固定段

98 静电放电刷

99 右侧襟副翼

100 右侧机翼整体油箱

101 燃油管路

102 燃油泵

电子系统控制面板和指示灯（典型配置）

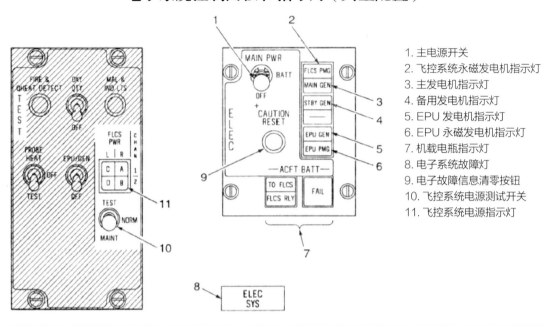

1. 主电源开关
2. 飞控系统永磁发电机指示灯
3. 主发电机指示灯
4. 备用发电机指示灯
5. EPU 发电机指示灯
6. EPU 永磁发电机指示灯
7. 机载电瓶指示灯
8. 电子系统故障灯
9. 电子故障信息清零按钮
10. 飞控系统电源测试开关
11. 飞控系统电源指示灯

控制 / 显示设备	开关档位 / 指示信息	功能
1. 主电源开关 **说明** 　　在地面操作时，如果主电源开关从"MAIN PWR"（主电源）档拨到"OFF"（关闭）档，而没有在"BATT"（电瓶）档停留 1 秒钟的话，EPU 就不会启动，无法补上电力中断时带来的缺口，刹车系统、前轮转向机构、拦阻钩和无线电设备将会立即断电。	MAIN PWR （主电源）	将电子系统和外部电源或主发电机连接起来，并启用备用发电机。决定"FLCS PWR TEST"（飞控系统测试）按钮的功能。如果交流电停止供应，则将机载电瓶连接到电池总线上。
	BATT （电瓶）	将机载电瓶连接到电池总线上，断开与主发电机或外部电源的连接，重置主发电机，关闭备用发电机，并决定"FLCS PWR TEST"（飞控系统测试）按钮的功能。
	OFF （关闭）	在飞行过程中，切断主发电机与电子系统的连接，并关闭备用发电机。
		在地面，断开机载电子系统与主发电机或外部电源的连接，并关闭备用发电机。断开机载电瓶和电池总线的连接。座舱盖开闭操作在发动机关车后仍然可以进行。
2. 飞控系统永磁发电机指示灯	FLCS PMG （琥珀色指示灯）	在飞行过程中，该灯亮起表示飞控系统的任何分支都无法从飞控系统永磁发电机获得电力。
		在地面，该灯亮起表示飞控系统有一个或多个分支无法从飞控系统永磁发电机获得电力。在前起落架承载机体重量后（飞机完全接地状态），指示灯延迟 60 秒熄灭。
3. 主发电机指示灯	MAIN GEN （琥珀色指示灯）	该灯亮起表示外部电源或主发电机未与一个或全部两组辅用交流总线连接。
4. 备用发电机指示灯	STBY GEN （琥珀色灯）	该灯亮起表示备用发电机关闭。
5. EPU 发电机指示灯	EPU GEN （琥珀色指示灯）	该灯亮起表示 EPU 已经根据指令启动，但 EPU 发电机没有为全部两组交流总线供电。在 EPU 开关处在"OFF"位置（所有起落架接地并承重时），并且发动机在运转时，该指示灯不会亮起。
6. EPU 永磁发电机指示灯	EPU PMG （琥珀色指示灯）	该灯亮起表示 EPU 已根据指令启动，但 EPU 的永磁发电机并未向飞控系统的所有分支供电。

控制 / 显示设备	开关档位 / 指示信息	功能	
7. 机载电瓶指示灯 (ACFT BATT)	FAIL （琥珀色指示灯）	在飞行过程中，表示机载电瓶失效（电压等于或低于 20 伏）	
		在地面上，该灯亮起表示机载电瓶或充电器失效。当主起落架接地并承重后，该灯延迟 60 秒熄灭。	
	TO FLCS （琥珀色指示灯）	在飞行过程中，该灯亮起表示电池总线为一个或多个飞控系统分支进行供电，且电压等于或低于 25 伏。	
		在地面上，该灯亮起表示电池总线正在为一个或多个飞控系统的分支供电。	
	FLCS RLY （琥珀色指示灯）	该灯亮起表示飞控系统的四个分支中有一个或多个连接到机载电瓶上，且电瓶电量不足（电压低于 20 伏）或飞控系统中一个或多个分支未连接到电瓶上。	
8. 电子系统故障提示灯	ELEC SYS （琥珀色灯）	与上述任意一个提示灯一起点亮。	
9. 电子故障信息清零按钮 (CAUTION RESET)	CAUTION RESET （按钮）	按下该按钮重置所有可归零的过流保护单元和 "ELEC SYS" 故障灯，并清除 "MASTER CAUTION"（重大故障）提示灯的显示，待下次告警时再点亮。重启主发电机和备用发电机。	
10. 飞控系统电源测试开关	TEST （测试）	当主电源 (MAIN PWR) 开关拨到：	
		MAIN PWR（主电源）	BATT（电瓶）
		测试飞控系统电源输出	测试飞控系统在机载电瓶上的电源输出
	NORM （正常）	"NORM"（正常）档位。测试 EPU 永磁发电机在 EPU/ 发电机地面测试时的供电能力	无
	MAINT（维护）	地面维护时使用，飞行期间无效。	
11. 飞控系统电源指示灯 (FLCS PWR)	A、B、C、D 四个绿色指示灯	指示灯亮起，表示飞控系统的电源输出在飞控系统电源测试时表现正常。	

　　每套液压系统都设有飞控系统液压储液器，当操纵面迅速动作时，需要的液压流率比额定值更大，这时储液器就派上用场了，提供超额部分的液压流。当两套液压系统都失效时，飞控系统液压储液器为飞行控制机构提供足够的液压压力，直到 EPU 达到规定的转速。

　　各分系统的液压压力表位于仪表板右侧辅助面板上，由 2 号应急交流总线供电。当任意一个系统的液压压力降至 1000 磅力 / 平方英寸以下或发动机滑油压力降到 10（±2）磅力 / 平方英寸时，一个液压 / 滑油压力（HYD/OIL PRESS）告警灯便会亮起。该告警灯由 1 号电池总线供电。

应急动力单元

　　EPU 是机上自带的组件，用于同时向 A 系统提供应急液压压力和电力。该组件由发动机引气或肼燃料驱动，当主发电机和备用发电机均告失效，或两套液压系统的压力均降到 1000 磅力 / 平方英寸以下时自动启动。除了自动机制以外，飞行员在任何时候都可以人工启动 EPU。

对页图：F-16CM 飞行员的人机界面是简单的控制设备和显示设备。然而，飞行员需要具备丰富的知识，彻底了解整个系统的架构，因为一条总线或回路的故障就可使关键系统出现问题，产生机能性故障或性能大幅下降。（美国空军供图）

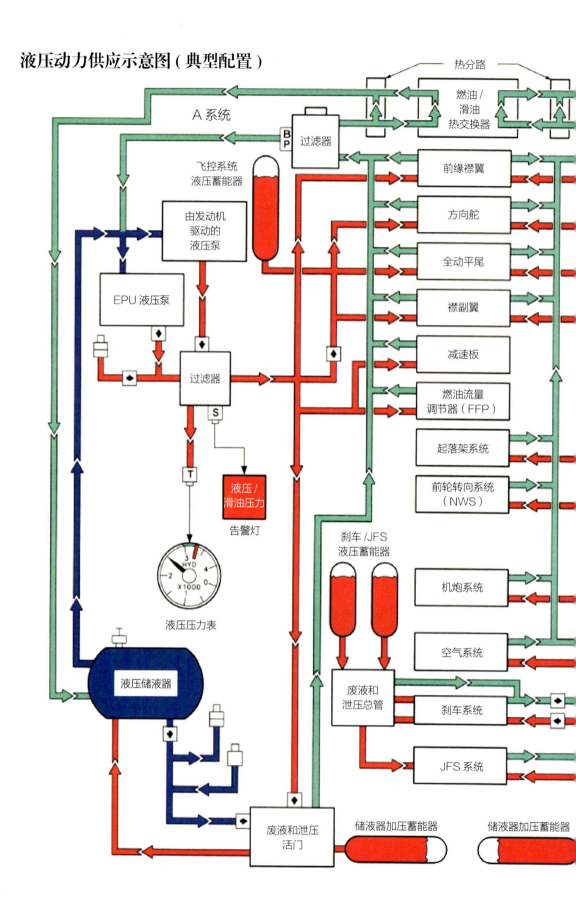

液压动力供应示意图（典型配置）

热分路

A 系统

燃油 / 滑油 热交换器

B P 过滤器

前缘襟翼

方向舵

全动平尾

襟副翼

飞控系统 液压蓄能器

由发动机 驱动的 液压泵

EPU 液压泵

过滤器

减速板

燃油流量 调节器（FFP）

起落架系统

前轮转向系统 （NWS）

S

T

液压 / 滑油压力

告警灯

刹车 /JFS 液压蓄能器

机炮系统

3
HYD 4
2 X1000 0
1

空气系统

液压压力表

废液和 泄压总管

刹车系统

液压储液器

JFS 系统

废液和泄压 活门

储液器加压蓄能器

储液器加压蓄能器

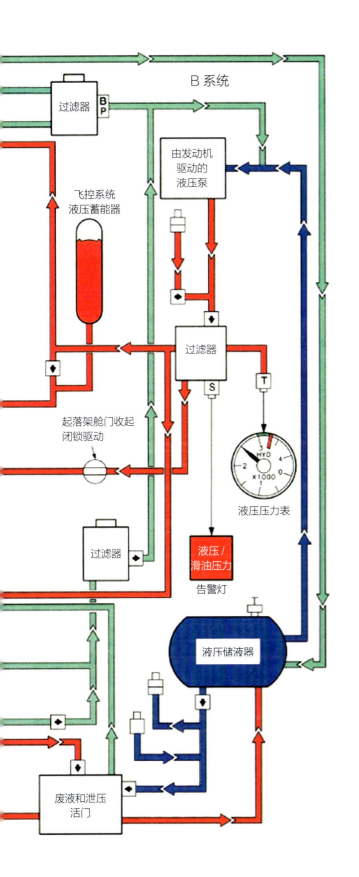

B 系统

过滤器

由发动机驱动的液压泵

飞控系统液压蓄能器

过滤器

起落架舱门收起闭锁驱动

液压压力表

液压/滑油压力

告警灯

过滤器

液压储液器

废液和泄压活门

图例

电力

隔离阀

引气活门

加注接头

快卸接头

单向活门

压力开关

压力传感器

旁路

压力

返回

供给

液压系统的工作压力为3000磅力/平方英寸，分为A系统和B系统。在各系统中均有冗余备份系统，详情如图所示。（美国空军供图）

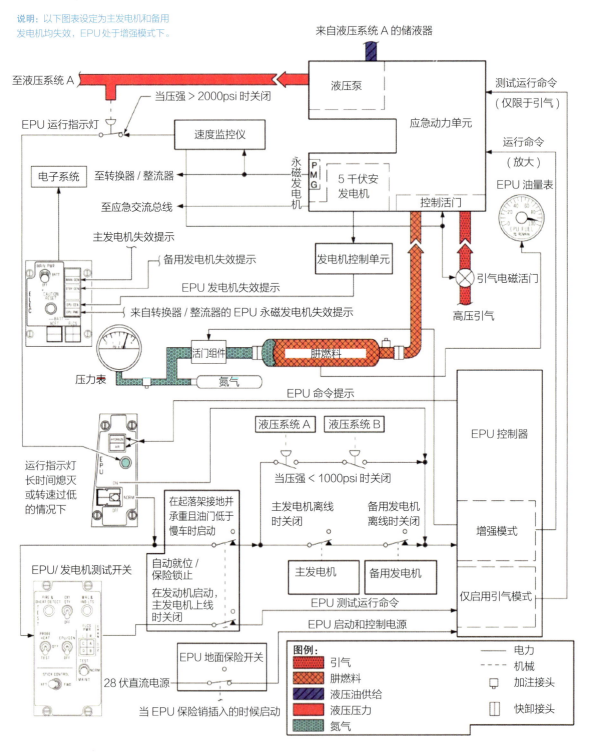

说明：以下图表设定为主发电机和备用发电机均失效，EPU 处于增强模式下。

来自液压系统 A 的储液器

至液压系统 A

液压泵

当压强 > 2000psi 时关闭

测试运行命令（仅限于引气）

EPU 运行指示灯

速度监控仪

应急动力单元

运行命令（放大）

电子系统

至转换器 / 整流器

永磁发电机

P M G

5 千伏安发电机

EPU 油量表

至应急交流总线

控制活门

主发电机失效提示

备用发电机失效提示

发电机控制单元

引气电磁活门

EPU 发电机失效提示

来自转换器 / 整流器的 EPU 永磁发电机失效提示

高压引气

压力表

活门组件

肼燃料

氮气

EPU 命令提示

运行指示灯长时间熄灭或转速过低的情况下

液压系统 A   液压系统 B

EPU 控制器

当压强 < 1000psi 时关闭

在起落架接地并承重且油门低于慢车时启动

主发电机离线时关闭

备用发电机离线时关闭

增强模式

EPU/ 发电机测试开关

自动就位 / 保险锁止

在发动机启动，主发电机上线时关闭

主发电机   备用发电机

仅启用引气模式

EPU 测试运行命令

EPU 启动和控制电源

EPU 地面保险开关

图例：

引气
肼燃料
液压油供给
液压压力
氮气

电力
机械
加注接头
快卸接头

28 伏直流电源

当 EPU 保险销插入的时候启动

为 EPU 流程图，图中间的红色设备是 EPU 的肼燃料箱。EPU 在多起故障和事故中使 F-16 的关键设备坚持工作到飞行员弹射离机，挽救了许多飞行员的生命。（美国空军供图）

液压压力表和告警灯
（典型配置）

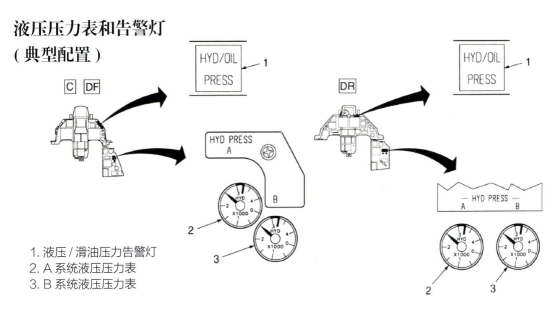

1. 液压 / 滑油压力告警灯
2. A 系统液压压力表
3. B 系统液压压力表

上图：飞行员面前的液压提示面板由告警灯和压力表盘组成，后者因为小巧的尺寸经常被戏称为"花生仪表"。（美国空军供图）

下图：在 F-16CM 的座舱中，飞行员通过一个简单的面板就可以控制 EPU 的运转。面板上的保险开关可以越过 EPU 的自动机制进行人工操作。（美国空军供图）

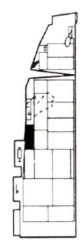

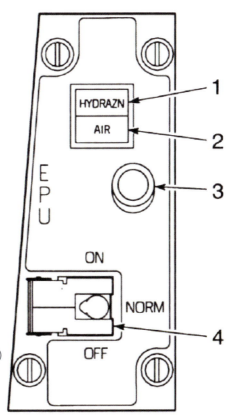

1. 肼燃料（HYDRAZN）提示灯（琥珀色）
2. 空气系统（AIR）提示灯（琥珀色）
3. EPU 运行提示灯（绿色）
4. EPU 开关

EPU 启动时需要两路电池总线中的任意一路提供直流电，运转起来后就会向应急交流总线和应急直流总线供电了。辅用和主用直流总线在 EPU 运行时不会得到供电，这样用电负载就会降下来。如果常规液压系统 A 的液压泵失效，EPU 就会成为 A 系统的唯一液压能源。

当 EPU 根据指令启动时，会用到肼燃料，地面操作启动时除外。当 EPU 启动时，肼燃料被高压氮气压入混合室内，合成的气体驱动涡轮和齿轮箱的旋转，然后分别带动 EPU 发电机和液压泵。

EPU 的废气通过机体表面的排气口排出（排气口在右侧机腹导流片内侧），废气的主要成分是氮、氢、氨和水等。废气的温度可达 871 摄氏度，而且高度易燃。在启动时，发动机引气通常用来维持 APU 的转速，然而引气的量不够肼燃料使用。

起落架系统

前起落架的收放是通过来自 B 系统的液压压力实现的；而主起落架是靠液压收起，借助重力和迎面气流放下的。

所有的起落架舱门都是由液压驱动的，不同舱门关闭的时序是电子控制的，而打开的时序是机械控制的。如果液压系统 B 失效，起落架就会通过气动装置放下。主起落架的轮胎可以承受 225 节的地面速度，而前起落架的轮胎可以承受 217 节的地面速度。

两侧的主起落架相互独立，收起时靠一个机械扭转设备实现联动，直到起落架在两个独立的起落架舱内收起到位为止。每个主起落架上的轮胎都配备 3 个热敏泄压气嘴，使轮胎在过热时可以缓慢放气，防止爆胎。

前起落架在收起的过程中旋转 90 度，收入前起落架舱内。前起落架上的扭矩悬臂可在地面牵引时快速断开连接，使前轮在自主转向范围以外更大幅度地转向。

起落架的控制面板位于座舱左侧操纵台上，包括一个轮状杆头的起落架收放控制手柄。这个手柄连接一个电子开关，用于发出起落架收起（向上）和放下（向下）的指令。

绿色的 "WHEELS down"（机轮放下）指示灯在起落架控制面板上，每个指示灯对应着各自的机轮。当放下到位并锁止时，起落架对应的指示灯亮起；当起落架收起并锁止到位时，指示灯熄灭。

起落架和对应的舱门在收放动作过程中或收放到位但锁止失效时，起落架收放手柄上的告警灯就会亮起。在以下情况下，该告警灯也会亮起：一个或多个起落架没有放下或锁止，空速低于 190 节，高度低于 10000 英尺，以及下沉率大于每分钟 250 英尺。

为了防止飞机在地面时起落架意外收起，按下 "起落架承重模式"（WoW）开关，即可将起落架收放手柄锁止在放下位置。当飞机离地时，这个 "WoW" 开关就会被电磁线圈激活，解锁起落架收放手柄。类似地，当收放手柄处在 "收起" 位置时，一个弹簧推动的安全锁就会将手柄锁止，防止飞机在做高 g 机动时意外放出起落架。如果一定要释放电磁线圈并允许起落架收放手柄扳到 "DN"（放下）位置的话，飞行员就得手动按下允许放下手柄的保险按钮（位于起落架收放手柄的中部）。

作为补救措施，在起落架收放手柄因弹簧安全锁无法自动释放而不能放下或抬起时，飞行员可按下 "DN LOCK REL"（放下锁止释放）按钮来释放弹簧安全锁。"DN LOCK REL" 按钮会越过 "WoW" 开关的权限，这意味着按下这个按钮时，飞机即使在地面上，起落架收放手柄也可以抬起，而飞机的起落架也会随之收起。

当起落架因为某些原因不能正常放下时，飞行员可以手动将 "ALT GEAR"（起落架应急放下）手柄拉出，高压气瓶里的空气就会

对页图：一名维护人员正在对一架 F-16 的主起落架机轮进行日常维护。"蝰蛇" 的窄轮距起落架一旦有闪失，将会在降落时发生无可挽回的事故！（美国空军供图）

通过气动管路将所有的起落架舱门打开，然后前起落架和主起落架就会自动放下。

为了避免因人为疏忽忘记放下起落架而导致机腹着陆，或者在起落架出现异常时对飞行员进行警示，在前起落架和主起落架未放下并锁止，并且同时满足以下 3 个条件时，电喇叭就会发出警告音：空速低于 190 节，气压高度低于 10000 英尺，下沉率大于 250 英尺 / 分。飞行员可以按下 "HORN SILENCER"（告警音静音）按钮关掉电喇叭的警告音。

当开启上述警告音的条件满足，且后缘襟翼没有完全放下，前起落架或任意一边的主起落架没有放下并锁止时，"TO/LDG CONFIG"（起飞 / 着陆配置）告警灯（位于仪表板遮光罩下面）就会点亮，提示飞行员进行应急处置。此外，飞机在地面上，后缘襟翼未完全放下时，该告警灯也会点亮。

在起落架收放手柄放下或收起的同时，后缘襟翼也会相应自动放下或收起，飞控系统也会得到指令，进入合适的模式，适应不同的飞行阶段，例如手柄抬起时飞控系统进入巡航模式。

下图：保持机构的清洁有助于飞行安全。对于 F-16 的机械师来说，保持起落架机构干净整洁的最好办法就是及时擦掉液压油渗漏所造成的污渍。（美国空军供图）

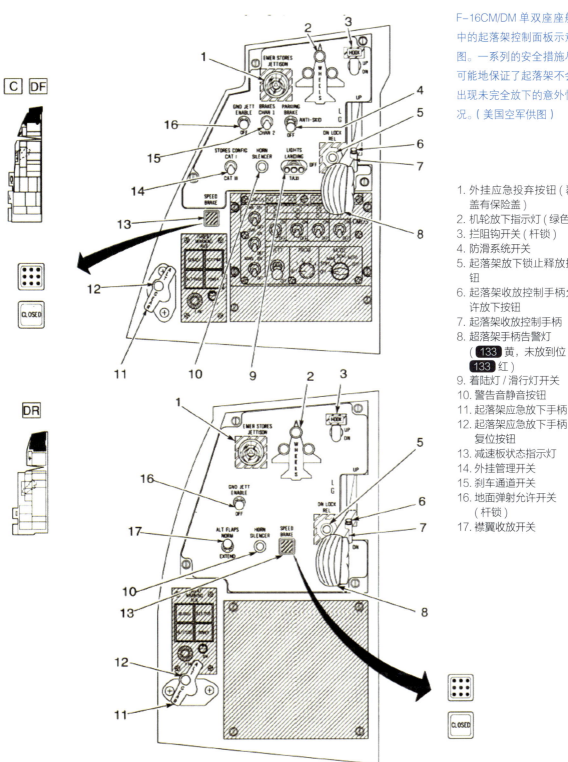

F-16CM/DM 单双座座舱
中的起落架控制面板示意
图。一系列的安全措施尽
可能地保证了起落架不会
出现未完全放下的意外情
况。（美国空军供图）

1. 外挂应急投弃按钮（覆盖有保险盖）
2. 机轮放下指示灯（绿色）
3. 拦阻钩开关（杆锁）
4. 防滑系统开关
5. 起落架放下锁止释放按钮
6. 起落架收放控制手柄允许放下按钮
7. 起落架收放控制手柄
8. 超落架手柄告警灯（ 133 黄，未放到位 133 红）
9. 着陆灯/滑行灯开关
10. 警告音静音按钮
11. 起落架应急放下手柄
12. 起落架应急放下手柄复位按钮
13. 减速板状态指示灯
14. 外挂管理开关
15. 刹车通道开关
16. 地面弹射允许开关（杆锁）
17. 襟翼收放开关

上图：美国空军机务团队的成员在卢克空军基地向前来参观的摩洛哥皇家空军（RMAF）的军官介绍 F-16 的起落架。摩洛哥空军装备的 24 架 F-16 战斗机在 2011—2012 年间交付完毕。（美国空军供图）

前轮转向系统的电气控制由 1 号直流总线实现，液压控制由系统 B 提供。飞行员通过方向舵脚蹬来控制前轮转向，转向机构向每侧的极限偏转角度均为 32 度。当前起落架支柱不再承重（机轮离开地面）、完全伸展开时，前轮转向系统自动结束工作状态，但这个功能仍然可以通过操纵杆侧面的 "NWS AIR DISC MSL STEP"（前轮转向 / 空中加油连接断开）按钮进行控制。

仪表板遮光罩顶部有个 "AR/NWS" 状态指示灯，当该灯为绿色时，表明 NWS 进入工作状态。当该系统有故障时，故障灯面板上的 "NWS FAIL" 提示灯就会亮起。

机轮制动系统

F-16 主起落架的每个机轮上都配有液压驱动的盘式制动组件。制动动作是通过飞行员脚踩方向舵脚蹬（兼做制动踏板）产生的电子信号来控制的，制动力随着飞行员对制动踏板施加的力量增加而逐渐增加。双座机前后座舱的飞行员可单独或同时进行制动操作。

制动的液压动力是由系统 B 提供的，如果系统 B 失效或发动机的转速低于 12%，制动踏板和驻车制动就靠制动 /JFS 液压蓄能器来工作了。待蓄能器能量耗尽后，制动也就失效了。驻车制动功能由防侧滑系统实现，而该系统同时保护轮胎，防止其过热胀气。

当飞行员拨动起落架控制面板上面的"ANTI SKID"开关时，驻车制动相应启动，液压系统向每个机轮制动组件中的3~6个活塞提供尽可能多的压力，保持机轮抱死状态。该系统的电力由2号电池总线提供，液压压力由系统 B 或一个制动 /JFS 液压蓄能器提供。

制动踏板的电力供应由飞控系统和通道 1 与通道 2 的直流电源提供。踏板的信号发送给制动控制 / 防侧滑组件，这个组件的电力由通道 1 和通道 2 的支流电源提供，用来操作各活门以控制施加在制动组件上的液压。通道 1 和通道 2 分别由 1 号电池总线和 2 号电池总线供电。

一个直流电源的电力控制液压系统向每侧制动组件的 6 个活塞中的 3 个施加液压，另外一个直流电源控制向其余的 3 个活塞施加液压。

在任何时候，只要制动踏板被踩下，防侧滑系统都会作用在每个制动通道上，并根据制动踏板被踩下的幅度相应调整制动减速率。防侧滑控制将会对制动踏板的输入施加一定程度的阻尼，使制动过程平顺有效。

防侧滑系统屏蔽了机轮接地防侧滑组件的控制，防止机轮开始旋转之前制动系统就产生制动动作（即使飞行员已完全踩下制动踏板）。该系统还提供了减速过程中的侧滑控制，此功能在制动踏板踩下行程小于 85% 且跑道表面能够提供足够的摩擦阻力（例如跑道不存在积水或油污的情况）时启用。在两个制动踏板均踩下 85% 行程或更深，或者跑道表面的摩擦阻力达不到要求导致制动侧滑控制组件失效时，侧滑控制系统会完全发挥作用。当防侧滑系统失效时，座舱仪表板上的"ANTI-SKID"（防侧滑）故障灯就会点亮。

当轮速传感器发生故障时，备用制动模式立即启动。在这种模式下，如果两个制动踏板踩下的程度有差异（两个踏板踩下的行程差异大于或等于 15%），两组制动装置会在测量到的踏板压力和零压力之间调整，制动效果也相应降低 50% 甚至更多。如果制动踏板差动幅度小于 15%，系统会接收尚能工作的那个轮速传感器的数据进行工作，飞机的制动距离也会增加大约 25%，不论跑道表面是干燥状态还是湿滑状态。

防侧滑开关位于起落架控制面板上，控制功能如下：旋至"PARKING BRAKE"挡（相当于汽车的手刹），进入驻车制动状态；当油门杆在"关车"（OFF）和"慢车"（IDLE）之间的位置时，制动系统会向制动盘施加最大压力，将机轮抱死；当油门从慢车位进一步推出 1 英寸的距离时，开关自动回到"防侧滑"挡位，然后驻车制动状态自动解除；开关旋至"ANTI-SKID"挡，进入防侧滑保护状态；旋至"OFF"挡，该功能关闭。

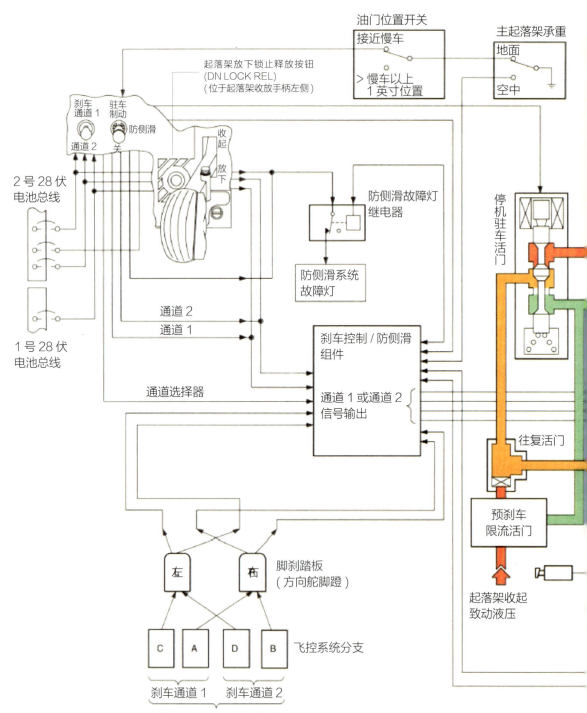

油门位置开关
接近慢车
> 慢车以上
1 英寸位置

主起落架承重
地面
空中

起落架放下锁止释放按钮
(DN LOCK REL)
(位于起落架收放手柄左侧)

刹车通道 1
驻车制动
防侧滑
通道 2
关
收起
放下

2 号 28 伏电池总线

防侧滑故障灯继电器

防侧滑系统故障灯

通道 2
通道 1

1 号 28 伏电池总线

刹车控制 / 防侧滑组件

通道选择器

通道 1 或通道 2 信号输出

停机驻车活门

往复活门

预刹车限流活门

左
右
脚刹踏板
(方向舵脚蹬)

C A D B
飞控系统分支

刹车通道 1   刹车通道 2

来自飞控系统的 4 路 26 伏 800 赫兹独立激励电源

起落架收起致动液压

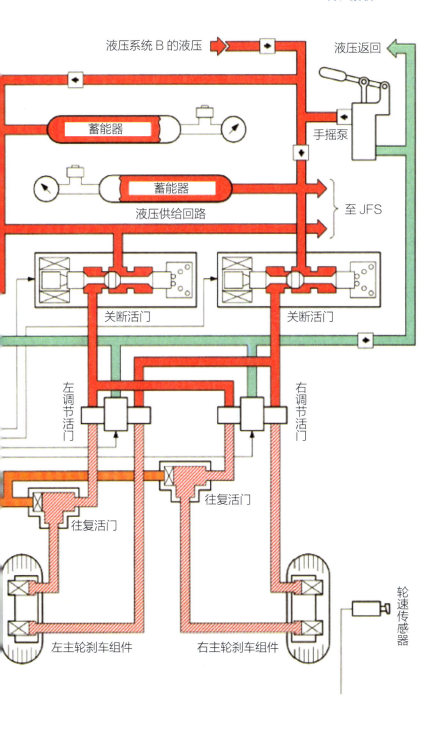

液压系统 B 的液压

液压返回

蓄能器

蓄能器

液压供给回路

手摇泵

至 JFS

关断活门

关断活门

左调节活门

右调节活门

往复活门

往复活门

左主轮刹车组件

右主轮刹车组件

轮速传感器

图例：
—— 电力
---- 机械
液压动力供给
液压返回
刹车液压回路
驻车刹车回路
单向活门

"蝰蛇"拥有一套复杂的机轮制动系统，该系统在正常情况下由 B 液压系统驱动。该系统对飞行员踩踏制动踏板的一系列动作做出响应。（美国空军供图）

减速板系统

减速板系统由位于尾喷口两侧和平尾之间的两套蚌壳式减速板组成，减速板由液压系统 A 驱动。

当右侧主起落架未完全放下并锁止时，减速板可以打开到 60 度；当右主起落架放下到位并锁止后，减速板的打开限制角度为 43 度。这样可以有效降低下方减速板在降落接地时与跑道表面发生刮擦导致损坏的概率。当飞行员有意将油门杆上的"减速板"（SPD BRK）开关向后拨并保持在"开"位置上时，减速板打开角度就会突破这个限制。当前起落架支柱在着陆过程中完全承重且液压减震柱完全压缩时，减速板也可完全打开。

"减速板"开关位于油门杆上，有 3 个挡位。开关配有复位弹簧，向后拨到"开启"挡位，手放开后，开关会自动回中到"停止"（OFF）挡位，而且减速板是逐渐打开的，并非一下开满。开关向前拨到"关闭"挡位时，这个位置有一个掣子，可以将开关卡在这个挡位，使收起减速板的手指动作流程简化为单一动作。在双座机上，前后座的减速板开关是联动的，每个飞行员都可以通过将开关保持在"开"位置来越过另外一个飞行员控制减速板的开启操作。如果一个减速板开关处在"关闭"挡位，而另一个开关从"开启"挡位释放时，减速板就会闭合。

对页图：F-16 的起落架上安装的多层制动盘是根据飞行员踩踏制动踏板产生的电子输入信号来控制，并由液压驱动完成制动动作的。（美国空军供图）

下图：F-16 的蚌壳式减速板已完全打开，其开闭动作由油门杆上的拇指开关控制。不过到目前为止，还没听说过哪个飞行员在降落过程中打开减速板导致减速板擦地的情况。（美国空军供图）

本页图与对页图：一套简易的拦阻系统包括一个电子控制的拦阻钩，使 F-16 战斗机可以钩住跑道上的拦阻索，实现应急制动。在这几个典型情况下会用到这套系统：制动失效、起落架不能完全放下以及其他紧急情况。（美国空军供图）

起落架控制面板上有"减速板"状态指示灯，包含 3 个状态指示，具体提示如下。"关闭"（CLOSED）：所有减速板均闭合；减速板标记：减速板尚未闭合；对角线标记：指示灯已断电。这些提示信息在减速板开闭动作的过程中会短时出现。

应急拦阻系统

F-16 战斗机配有一套简单的拦阻系统，可在紧急情况下钩住跑道头的拦阻索进行制动，防止冲出跑道。该系统包含一个电子控制的拦阻钩，拦阻钩通过气动装置放下，气动装置的气压由起落架/拦阻钩应急压缩气瓶提供。拦阻钩一旦放下，在没有地勤人员协助的情况下是无法完全收起的，但可以抬起足够高的离地间隙，以脱离拦阻索。

"拦阻钩"（HOOK）开关位于起落架控制面板上，是一个跷跷板形开关，只有"UP"和"DN"两个挡位。将开关按到"DN"的位置，拦阻钩就会放下。将开关按回"UP"位置，拦阻钩会抬起来一点，使其脱开拦阻索，便于滑行离开。在故障灯面板上有一个"HOOK"故障灯，当其亮起，表示拦阻钩没有收起并锁止。

襟翼系统

前缘襟翼由每侧机翼前缘的全展前缘襟翼组成，由中央计算机根据不同的飞行速度、迎角和高度数据发出指令信号，控制其偏转动作。

一套不对称动作传感器和止动设备负责防止左右两侧的前缘襟翼出现不对称偏转。如果传感器探测到有偏转不对称的现象，前缘襟翼系统就会报出"FLCS LEF LOCK PFL"（飞控系统锁死前缘襟翼）的故障信息，并且点亮仪表板上的"FLCS"告警灯。当前缘襟翼控制开关拨到"AUTO"挡位时，前缘襟翼会根据预设程序自动偏转。然而，当两侧的主起落架均接地并承重，油门杆处于"慢车"位置，且轮速高于 60 节（地速）时，前缘襟翼就会自动上翘 2 度。

位于机翼后缘的襟副翼既起到普通后缘襟翼的作用，也作为副翼使用。襟副翼作为襟翼使用时，仅可往下偏转，但作为副翼时，可上可下，下偏角极限为 20 度，上偏角极限为 23 度。当飞控系统正常运行时，襟翼和副翼的功能皆有效。

襟翼开关（ALT FLAPS）可将襟翼的控制权交给起落架收放控制手柄，在适当的空速和飞行速度下，后缘襟翼的收放与起落架的收放同步。当飞行员将起落架收放控制手柄扳到"DN"位置或襟翼开关拨到"EXTEND"挡位时，后缘襟副翼就会向下偏转。当空速低于 240 节时，后缘襟翼放下 20 度，高于 240 节时，后缘襟翼将减小偏转角度；

当空速达到 370 节时，襟翼完全收起。

襟翼开关有 "NORM"（后缘襟翼的收放由起落架收放手柄和空速来控制）和 "EXTEND"（放下后缘襟翼，并根据空速调整偏转角度）两个挡位。该开关不会对前缘襟翼的操作产生任何影响，除非飞控系统运行在备用增益模式下。

飞控系统

F-16 的飞控系统是 4 通道的数字式电传操纵系统，通过液压机构使各操纵面按指令偏转。传输给飞控系统的电子信号是由操纵杆和方向舵脚蹬产生的。

飞行控制计算机是飞控系统的核心组件。电子通道（分支）、液压系统、供电和传感系统都有冗余备份。

传输给飞控系统的指令信号是根据飞行员施加在操纵杆和方向舵脚蹬上的控制力产生的。这些信号由飞行控制计算机结合大气数据系统、飞行控制律陀螺仪、加速度计和惯性导航系统的数据与信号进行处理，处理过的信号传输给全动平尾、襟副翼和方向舵的作动机构，并执行飞控系统的指令。

下图：飞机的迎角和过载限制与一系列环境密切相关。巡航增益图所示为正常飞行过程中的过载和迎角限制，包含 CAT I 和 CAT III 的切换点。（美国空军供图）

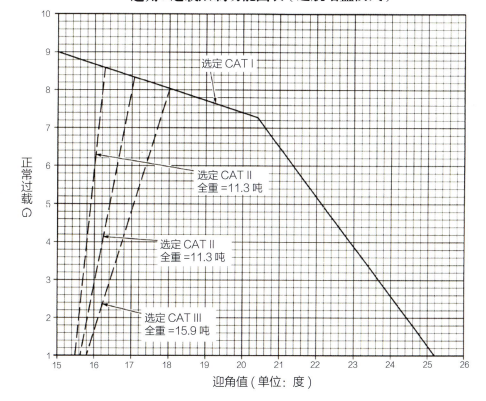

迎角 / 过载限制功能图表（巡航增益模式）

选定 CAT I

选定 CAT II
全重 =11.3 吨

选定 CAT II
全重 =11.3 吨

选定 CAT III
全重 =15.9 吨

正常过载 G

迎角值（单位：度）

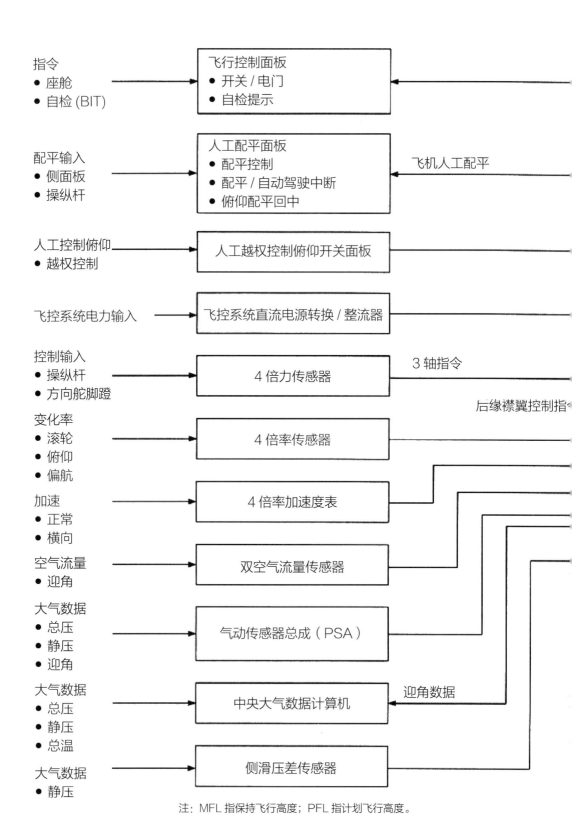

指令
- 座舱
- 自检 (BIT)

飞行控制面板
- 开关 / 电门
- 自检提示

配平输入
- 侧面板
- 操纵杆

人工配平面板
- 配平控制
- 配平 / 自动驾驶中断
- 俯仰配平回中

飞机人工配平

人工控制俯仰
- 越权控制

人工越权控制俯仰开关面板

飞控系统电力输入

飞控系统直流电源转换 / 整流器

控制输入
- 操纵杆
- 方向舵脚蹬

4 倍力传感器

3 轴指令

后缘襟翼控制指令

变化率
- 滚轮
- 俯仰
- 偏航

4 倍率传感器

加速
- 正常
- 横向

4 倍率加速度表

空气流量
- 迎角

双空气流量传感器

大气数据
- 总压
- 静压
- 迎角

气动传感器总成（PSA）

大气数据
- 总压
- 静压
- 总温

中央大气数据计算机

迎角数据

大气数据
- 静压

侧滑压差传感器

注：MFL 指保持飞行高度；PFL 指计划飞行高度。

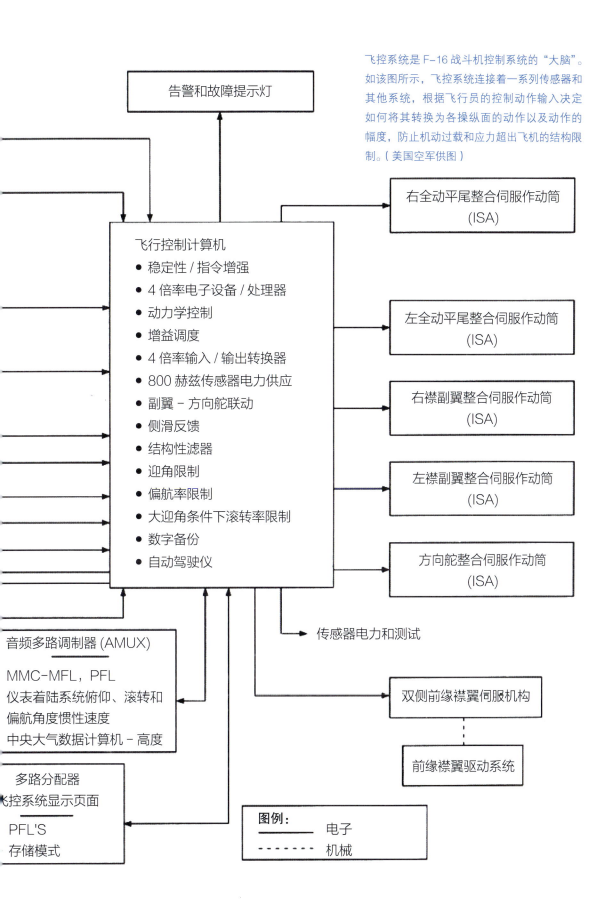

告警和故障提示灯

飞控系统是 F−16 战斗机控制系统的"大脑"。如该图所示，飞控系统连接着一系列传感器和其他系统，根据飞行员的控制动作输入决定如何将其转换为各操纵面的动作以及动作的幅度，防止机动过载和应力超出飞机的结构限制。（美国空军供图）

右全动平尾整合伺服作动筒 (ISA)

飞行控制计算机
- 稳定性 / 指令增强
- 4 倍率电子设备 / 处理器
- 动力学控制
- 增益调度
- 4 倍率输入 / 输出转换器
- 800 赫兹传感器电力供应
- 副翼 – 方向舵联动
- 侧滑反馈
- 结构性滤器
- 迎角限制
- 偏航率限制
- 大迎角条件下滚转率限制
- 数字备份
- 自动驾驶仪

左全动平尾整合伺服作动筒 (ISA)

右襟副翼整合伺服作动筒 (ISA)

左襟副翼整合伺服作动筒 (ISA)

方向舵整合伺服作动筒 (ISA)

传感器电力和测试

音频多路调制器 (AMUX)

MMC-MFL，PFL
仪表着陆系统俯仰、滚转和偏航角度惯性速度
中央大气数据计算机 – 高度

双侧前缘襟翼伺服机构

前缘襟翼驱动系统

多路分配器
飞控系统显示页面

PFL'S
存储模式

图例：
——— 电子
- - - - - - 机械

俯仰动作由两侧全动平尾的同步偏转来实现，横滚动作由两侧襟副翼以及全动平尾的差动来实现，偏航是由方向舵来控制的，而滚转联合控制是由副翼 - 方向舵联动系统（ARI）实现的。当主起落架的轮速高于 60 节或者迎角大于 35 度时，ARI 会自动退出。

飞机起飞后，ARI 会在起落架手柄抬起 2 秒钟内进入工作状态（该延迟是为了等待主起落架机轮阻转装置使机轮停止转动的工作完成）。如果起落架收放手柄依然保持在放下状态，主轮需要 10～20 秒来停止转动，然后激活 ARI 系统。

一套数字备份装置可以在软件系统的主程序出现问题时提供软件备份。DBU 是一套"缩水"的控制装置，可在飞控系统出现软件故障时由备份装置在宕机状态下自动接手操纵。飞行员只有使用"数字备份"（DIGITALBACKUP）开关才可以断开 DBU 的操控。

飞控系统在 3 个轴向设定有操控极限，有助于防止飞机失控。这些限制是：迎角 / 过载限制、滚转率限制、方向舵权级限制以及偏航率限制。

在飞控系统运行在巡航增益模式下时，迎角 / 过载限制装置会降低可用正过载（详见后文的"飞控系统增益"内容）而负 g 过载的限制值取决于飞机当前的空速。当迎角小于 15 度时，最大可用过载为 +9 g。随着迎角的增加，最大可用过载将会降低。过载限制和最大迎角取决于"STORES CONFIG"（外挂配置）开关的挡位。

当外挂配置开关拨到"CAT I"挡位时，在 25 度迎角下的使用过载限制降低到 1g，最大可用迎角大约为 25.5 度。开关拨到"CAT III"时，最大可用迎角根据飞机的总重和使用过载，在 16～18 度范围内变动。在空速高于 250 节时，最大允许负过载为 -3g；低于 250 节时，根据空速、高度和迎角的不同，最大允许负过载在 0～-3g 范围内变动。

在起飞和降落增益模式下，外挂配置开关的位置对限制和增益没有任何影响。最大使用过载取决于空速和迎角，最大负过载是固定值。在过载为 +1g 时，最大可用迎角大约为 21 度。在反向或者在纵向操纵时，迎角 / 过载限制器会在人工越权俯仰操纵没有介入的情况下越过操纵杆的俯仰指令工作。MPO 通常可以越过负过载限制进行工作，而且在迎角大于 35 度时越过迎角限制器发挥作用。

在巡航增益模式下，滚转率限制器会降低可用滚转率，有助于防止出现不可控的滚转率发散。当空速降低、迎角增加或后缘襟翼放下且全动平尾偏转角度增加时，可用滚转率会随之降低。滚转率降低的幅度明显大于方向舵舵效的降低幅度。

对页图：飞行控制面板在飞行员和飞控系统之间搭建了桥梁。该面板还可以直接控制前缘襟翼，并且在地形跟踪模式下飞行时还可以自动拉起飞机，以规避前方障碍，此功能作为自动驾驶模式的补充。（美国空军供图）

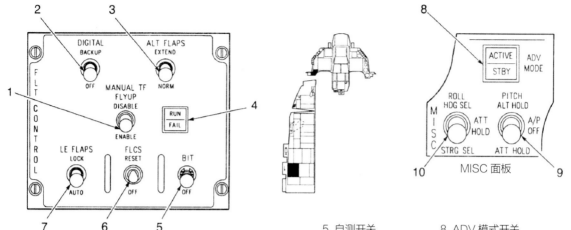

5. 自测开关　　　　　　　8. ADV 模式开关
1. 地形跟踪模式自动拉起人工设定开关　3. 自动襟翼开关　　6. 飞控系统重置开关　　9. 自动驾驶仪自动俯仰开关
2. 数字备份开关　　　　　　　　　　　4. 运行 / 失效提示灯　7. 前缘襟翼开关　　　　10. 自动驾驶仪自动滚转开关

控制开关 / 仪表	位置 / 提示信息	功能
1.地形跟踪模式自动拉起人工设定开关（杆锁）	DISABLE 禁用	开关按下后不会自动复位
	ENABLE 启用	开关按下后不会自动复位
2. 数字备份开关（杆锁）	BACKUP 备份	选择飞控系统中的备份软件程序
	OFF 关闭	正常位置
3. 自动襟翼开关（杆锁）	NORM 正常	后缘襟翼的收放交由起落架收放手柄控制
	EXTEND 放下	后缘襟翼放下与起落架手柄位置无关联
4. 运行 / 失效提示灯	RUN(绿色) 运行状态	表示飞控系统自检正在运行
	FAIL(红色) 失效状态	表示飞控系统自检发现故障
5. 自测开关（电磁线圈将开关定位在"BIT"档位，杆锁将开关锁止在"OFF"档位）	OFF 关闭	正常情况下的档位
	BIT 自测	当主起落架承重且轮速小于 28 节（地速）时执行自测
6. 飞控系统重置开关（弹簧回位到"OFF"档位）	OFF 关闭	正常情况下的档位
	RESET 重置	短暂扳下该开关会使飞控系统的伺服机构或电子设备从失效状态下重置。重置 FLCS 告警灯、CADC、FLCs FAULT 和 MASTER CAUTION 提示灯，并且清除 PFL 故障码（如果故障排除的话）
7. 前缘襟翼开关（杆锁）	AUTO 自动	根据马赫数、高度和迎角自动控制前缘襟翼的偏转
	LOCK 锁定	手动锁定前缘襟翼的偏转角度，并点亮"FLCS"（飞控系统）告警灯和"FLCS LEF LOCK PFL"提示灯
8. ADV 模式开关	—	按下开关后会点亮"ATF NOT ENGAGED"提示灯。（开关位置锁定）
9. 自动驾驶仪　自动俯仰开关	ALT HOLD 高度保持	进入俯仰和滚转轴向的自动驾驶模式。自动驾驶仪根据中央大气数据计算机的设定保持高度，滚转模式由 "ROLL" 开关确定
	A/P OFF 关闭自动驾驶仪	解除俯仰和滚转轴向的自动驾驶模式
	ATT HOLD 姿态保持	进入俯仰和滚转轴向的自动驾驶模式。自动驾驶仪根据惯导系统的设定保持俯仰姿态；滚转模式由 ROLL 开关确定
10. 自动驾驶仪　自动滚转开关 注："PITCH"（俯仰）开关在"A/P OFF"之外的档位时才可以启用滚转自动控制功能。	HDG SEL 航向选择	自动驾驶仪将飞机转向至水平状态指示器上选定的航向，并保持航向
	ATT HOLD 姿态保持	自动驾驶仪将飞机保持在惯导系统上设定的滚转姿态
	STRG SEL 导航路点选择	自动驾驶仪将飞机的航向指向选定的导航路点

在起飞和降落增益模式下，滚转率限制是有效的，但降低幅度是一个固定值，具体取决于迎角、空速或水平尾翼的位置。

方向舵舵效限制降低了对方向舵脚蹬输出指令的响应，具体限制情况由迎角、滚转率和巡航增益模式下的 "STORES CONFIG" 开关的挡位综合确定。然而，副翼方向舵联动的响应、增稳系统以及配平响应不会降低。在起降增益模式下，选择等级 I 时，仅有方向舵响应受到限制。

当迎角增加到 35 度时，偏航率限制器会越过飞行员的滚转和方向舵操纵，控制襟副翼和方向舵的偏转角度，以减少飞机的偏航，直到迎角降低到 32 度以下，这样就提高了抗尾旋性能。在正常飞行状态下（迎角范围为 -5~25 度），偏航率限制对防止偏航发散不起作用。当迎角降低到 -5 度以下且空速低于 170 节时，偏航率限制器发挥作用，但是不影响飞行员的滚转和蹬舵操纵。当 MPO 启用时，飞行员的滚转和蹬舵操纵仅在发生反向发散时才会受到影响。偏航率限制器在迎角恢复到 -5 度以上之前会对方向舵的舵效做出限制，以增强抗尾旋能力。

飞控系统增益

在正常运行时，飞控系统从大气数据转换器（ADC）接收到数据输入（增益），过滤掉高度和空速的影响，根据操纵杆的输入信号给出相对恒定的操纵响应。飞机的响应根据外挂配置产生一系列微小的变化。一旦两套大气数据组件全部失效，飞控系统就会切换到备用增益模式（固定增益）。

当起落架收放手柄在 "UP"（收起）位置，"ALT FLAPS" 开关拨到 "NORM"（正常）或 "EXTEND"（放下）位置且空速大于 400 节；"AIR REFUEL"（空中加油受油口）开关处在 "CLOSE"（关闭）或 "OPEN"（打开）位置且空速大于 400 节，这些时候，飞控系统就会切换到巡航增益模式。在低迎角状态下，飞控系统的俯仰轴向由过载指令调节。随着迎角的增加，飞控系统切换到过载和迎角综合响应模式，在迎角过高且 / 或空速过低时发出告警信号。滚转率限制在空速较低、大迎角和水平尾翼大幅偏转时发挥作用，降低最大滚转率。

当起落架收放手柄在 "DN"（放下）位置，"ALT FLAPS" 开关拨到 "EXTEND" 位置（空速低于 400 节），或者 "AIR REFUEL" 开关处在 "OPEN" 位置（空速低于 400 节）时，飞控系统处于起飞和降落增益模式。在该模式下，飞控系统的俯仰轴向根据俯仰变化率进行响应（迎角不超过 10 度）。当迎角超过 10 度，则根据俯仰变化率和迎角综合响应。滚转率限制也在发挥作用，但限定值是固定的，且与迎角、空速和平尾位置无关。

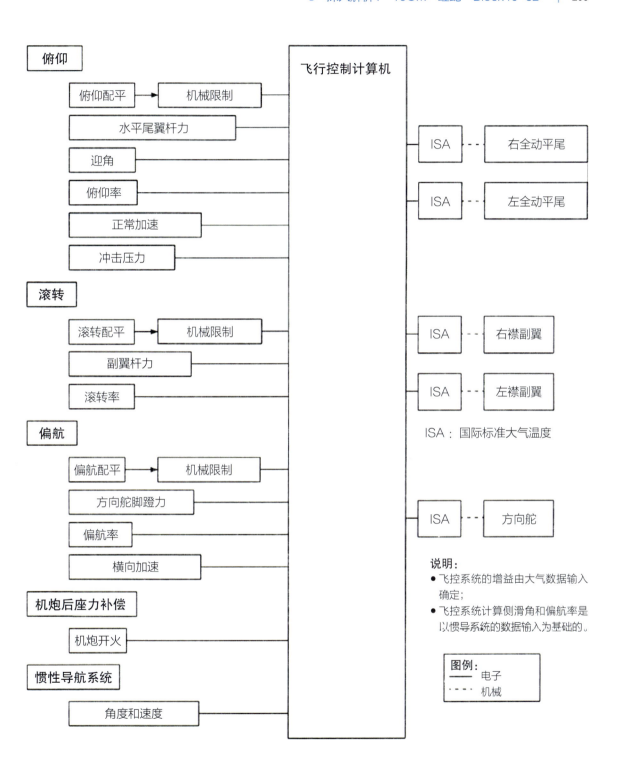

本流程图显示了飞控系统的 3 轴操纵转换为控制面动作之前的各项指令输入。（美国空军供图）

在备份增益模式下，对某些特定的高度（海平面，标准天候）和空速（起落架手柄在"UP"位置时，大约为 600 节；起落架手柄在"DN"位置时，大约为 230 节）有着特定的控制响应，"FLCS"告警灯和"FLCS FAULT"故障灯也会点亮。当飞控系统处于备份增益模式时，起落架收放手柄处于"UP"位置且自动襟翼开关拨到"NORM"位置时，前缘襟翼会保持 0 度位置。当起落架收放手柄放在"DN"位置或自动襟翼开关拨到"EXTEND"位置时，前缘襟翼放下 15 度。

弹射座椅上装有一部飞控系统数据记录仪，上面同步存储了飞控系统的记录数据，包括飞控系统失效数据、空速、高度、真航向和从起飞开始计时的飞行时间等飞行参数。

侧滑角（AoS）反馈功能可以有效防止侧滑发散情况的发生，通过侧滑角和侧滑角变化率反馈来设定各控制面（主要是方向舵）的偏转角度，以减少侧滑。

F-16 的机炮安装在机身左侧，与飞机的中轴线有一定距离。机炮开火时产生的后坐力和硝烟会使飞机偏航，而飞控系统会自动做出补偿，即通过襟副翼和方向舵的小幅偏转来纠正飞机偏航。机炮射击补偿在马赫数 0.7~0.9 的速度范围内有效。

飞控系统控制设备

飞行员座椅右侧的操纵台上装有一个侧置的操纵杆，操纵杆安装在一个力感应组件上，该组件包含有能量转换装置，可以测出飞行员压杆的动作输入在俯仰轴和滚转轴上的分量。操纵杆在各轴向大约有 1/4 英寸的活动量，并且略微按顺时针方向循环摇动。当拉杆和推杆的力量分别达到 25 磅和 16 磅时，生成拉满杆和推满杆的指令。在巡航增益模式下，向两侧压杆的力量达到 17 磅时生成压满杆的指令；在起降增益模式下，只需要 12 磅即可。

在操纵杆后面的侧台上装有可调节的内凹弧形扶手，飞行员的右手肘可放在上面休息，大大提高了驾驶的舒适性。

方向舵脚蹬的底座上配有包含能量转换装置的力感应组件，每个脚蹬在动作时都会产生偏航指令信号，亦可产生制动和前轮转向信号。脚蹬对飞行员鞋底的力回馈由机械弹簧实现。

尽管飞控系统可以在 1 g 的飞行过载范围内对 F-16 自动进行配平，飞行员也可通过"MANUAL TRIM"（人工配平）面板（位于左侧操纵台上）上的控制按钮对俯仰、滚转和偏航进行人工配平。典型应用情况就是飞机在不对称挂载模式下飞行或飞控系统对方向舵配平失误。

　　左侧控制面板上有一个 "MANUAL PITCH"（人工俯仰操纵）越权控制开关，该开关有两个挡位，分别为 "NORM"（正常）和 "OVRD"（越权），并且开关下面的弹簧基座使该开关时常保持在 "NORM" 挡位。如果飞机不幸进入深度尾旋的状态，该开关就会跳到并保持在 "OVRD" 挡位，此时负过载限制器也会断开。如果迎角超过了 35 度，开关拨到 "OVRD" 挡就会越过迎角 / 过载限制器，并且放开俯仰控制限制。

　　"STORES CONFIG" 开关位于起落架控制面板上，飞行员根据外挂物的质量、过载限制以及挂架使用情况来设定这个开关。该开关有两个挡位：CAT I 和 CAT III。当飞机处于 3 类挂载构型时，开关要拨到 CAT III 挡位。CAT III 提供了额外的迎角和过载限制，可防止外挂物和挂架过载超限导致损坏，并且可以降低飞机失控的概率。

下图：人工配平面板上设置了各种旋钮，飞行员可用这些旋钮越过飞控系统进行配平操作。当飞机采用了非对称的外挂方案时，这个功能就显得非常重要了。(美国空军供图)

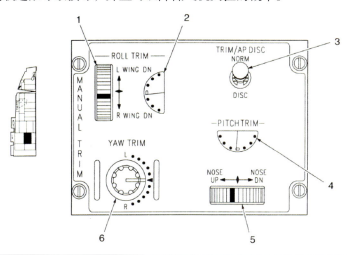

1. 滚转配平滚轮
2. 滚转配平指示器
3. 配平 / 自动驾驶中断开关
4. 俯仰配平指示器
5. 俯仰配平滚轮
6. 偏航配平旋钮

控制机构	位置	功能
1. 滚转配平滚轮	向 L WING DN 方向拨动	向左滚转配平（左翼下沉）
	向 R WING DN 方向拨动	向右滚转配平
2. 滚转配平指示器	目视读数	显示滚转配平值
3. 配平 / 自动驾驶中断开关	NORM 正常	接通操纵杆配平开关，确保自动驾驶仪进入工作状态
	DISC 断开	断开操纵杆配平开关，断开自动驾驶仪，关闭配平马达（人工配平滚轮依然有效）
4. 俯仰配平指示器	目视读数	显示俯仰配平值
5. 俯仰配平滚轮	向 NOSE UP 方向拨动	抬头配平
	向 NOSE DN 方向拨动	低头配平
6. 偏航配平旋钮	逆时针（CCW）旋转	向左配平
	顺时针（CW）旋转	向右配平

	俯仰轴向	滚转轴向	偏航轴向
CAT I	最大迎角 = 25° 当迎角小于等于 15° 时，启用过载指令系统 当迎角大于 15° 时，启用过载 / 迎角指令系统	根据以下条件降低最大滚转率： • 迎角大于 15° • 空速低于 250 节 • 水平尾翼后缘向下偏转超过 5° • 方向舵总受控（飞行员和飞控系统的指令）偏转角度大于 20° • 水平尾翼后缘偏转角度大于 15°，并且迎角大于 22°	方向舵最大偏转角度（方向舵脚蹬指令）根据下列条件降低： • 迎角大于 14°（滚转率为 0） • 滚转率大于 20%/ 秒 说明： 迎角达到 26° 时，方向舵禁止偏转。
CAT III	最大迎角 =16° ~ 18°（根据总重确定） 空速 100 节且迎角小于等于 7° 至空速大于等于 420 节且迎角小于等于 15° 的区间内，启用过载指令系统 当飞行参数大于以上值时，启用过载 / 迎角指令系统	最大滚转率在 CAT I 模式下降低约 40%，受迎角、空速、平尾偏转角度和方向舵综合偏转角度的影响，滚转率还会进一步降低	方向舵最大偏转角度（方向舵脚蹬指令）根据下列条件降低： • 迎角大于 3°（滚转率为 0） • 滚转率大于 20°/ 秒 说明： 迎角达到 15° 时，方向舵禁止偏转
说明	1. 在起降增益模式下，迎角不超过 10° 时，飞控系统根据俯仰变化率的指令进行控制，当迎角大于 10° 时根据俯仰变化率 / 迎角指令系统进行控制。 2. 当飞机的迎角不超过 15° 时，最大可用过载为 +9g，当迎角超过此值时，最大使用过载会根据迎角和空速的变化，有所降低。	1. 在起降增益模式下，最大滚转率限定在巡航增益模式下大约一半的水平，与迎角、空速或水平尾翼的偏转角度无关。 2. 当迎角大于 35° 时，偏航率限制器会断开操纵杆的滚转指令，并在滚转轴向上提供抗尾旋控制输入。	1. 当迎角大于 35° 时，偏航率限制器提供偏航轴向的抗尾旋控制输入。 2. 当迎角低于 –5° 且空速小于 170 节时，偏航率限制器就对方向舵施加指令，防止飞机进入尾旋。当人工越权俯仰启用时，飞行员的滚转和蹬舵指令全部被忽略。 3. 通过副翼方向舵联动机构和增稳系统，方向舵可以时常达到最大偏转角度 (30°)。

人工越权俯仰操纵开关（典型配置）

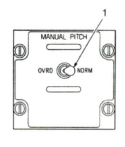

1. MPO 开关

外挂配置开关 C DF（典型配置）

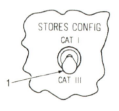

1. 外挂配置开关

上图：CAT 开关所在挡位决定当前俯仰、滚转和偏航轴向的自动控制方式。该开关位于左辅助控制面板上。人工俯仰越权控制开关也在这个面板上，当飞机陷入"深度尾旋"时，飞行员把开关拨到"OVRD"（越权控制）位置，就可以将水平尾翼偏转到极限位置，提高改出尾旋状态的成功率。（美国空军供图）

自动驾驶仪

自动驾驶仪提供了滚转轴向的姿态保持、航向选择和转向选择，以及俯仰轴向的姿态保持和高度保持功能。这些自动驾驶模式可由杂项（MISC）面板上的"PITCH"（俯仰）和"ROLL"（滚转）开关控制。"MANUAL TRIM"（人工配平）面板上的"TRIM/AP DISC"（配平 / 自动驾驶断开）开关用于断开自动驾驶仪。当飞行员压下并按住操纵杆前部的拨片开关时，可中断自动驾驶仪人工接管操纵。

俯仰模式开关有 3 个挡位，电磁线圈可将开关保持在所选择的模式挡位上，在遇到一些情况（如放下起落架手柄）时开关会回到"A/P OFF"（自动驾驶仪关闭）挡位。

当"PITCH"开关从"A/P OFF"挡位移开时，俯仰和滚转轴向上的自动驾驶模式均启用。"ROLL"开关有 3 个挡位，分别对应 3 个滚转轴向自动驾驶模式，当一个俯仰自动驾驶模式选定时生效。

当"PITCH"开关不在"A/P OFF"位置时，自动驾驶仪完全启用。自动驾驶仪的设置是通过选择"PITCH"开关（ALT HOLD 为高度保持，A/P OFF 为关闭自动驾驶，ATT HOLD 为姿态保持）和"ROLL"开关（HDG SEL 为航向选择，ATT HOLD 为姿态保持，STRG SEL 为转向选择）的位置来实现的。

当自动驾驶仪工作时，操纵杆配平失效，但人工配平有效且在自动驾驶仪工作时可用。然而，由于自动驾驶仪的优先级是受限的，在进入任意自动驾驶模式时，开启人工配平会降低自动驾驶仪的性能表现。

飞行控制计算机中的自动驾驶系统以闭环方式从惯导系统和中央大气数据计算机中接收经模拟转换总线编译的数据输入。如果数据有缺失、数据失准或模拟转换信号严重衰减 / 失效的话，自动驾驶仪就会断开并点亮飞控系统的"FAULT"故障灯，并传输给飞控系统"A/P FAIL PFL"信息。如果迎角大于 15 度，自动驾驶仪会断开，并点亮飞控系统故障灯，传递给飞控系统"A/P FAIL PFL"信息。

此外，飞控系统监控着自动驾驶仪的工作状态，如果不存在失效的状况，则维持选定的控制模式；如果没有任何操纵杆指令输入，则在不突破自动驾驶姿态限制的情况下延长自动驾驶仪工作时间。一旦探测到失效，就会点亮飞控系统故障灯并传递给飞控系统"A/P DEGR PFL"信息。

将"PITCH"开关拨到"ALT HOLD"（高度保持）挡位，可以使飞控系统利用中央大气数据计算机中的数据生成对全动平尾的控制指

令，使飞机维持在一个恒定的高度上。飞控系统把俯仰动作的过载限制在 +0.5～+2g。进入高度保持模式前，飞机运动到指定高度的爬升率或下沉率在俯仰过载限制下不可高于 2000 英尺 / 分。虽然升降率大于 2000 英尺 / 分时进入该模式不会引发危险机动，但是飞控系统很可能无法准确地进入预定保持的高度。

在正常巡航状态下，在 40000 英尺高空的气压高度上，控制的精度在 ±100 英尺。需要人工改变高度时，飞行员可以压下并按住操纵杆前端的拨片开关，暂时断开自动驾驶仪，人工接管驾驶。当到达执行高度时，松开拨片开关，将驾驶权交回自动驾驶仪即可。需要指出的是，在跨音速段，高度保持功能可能会出现紊乱。

将 "PITCH" 开关拨到 "ATT HOLD"（姿态保持）挡位，自动驾驶仪就会根据内部导航组件（INU）的姿态信号来保持选定的俯仰姿态。

下图与对页图：大气数据系统通过静压口、大气数据传感器和空速管获取飞行状态数据（空速、气压、侧滑角、迎角等）并输入中央大气数据计算机和飞行控制计算机。照片中的地勤人员正用护罩盖住位于 F-16 前机身右侧的大气总温探头。（美国空军供图）

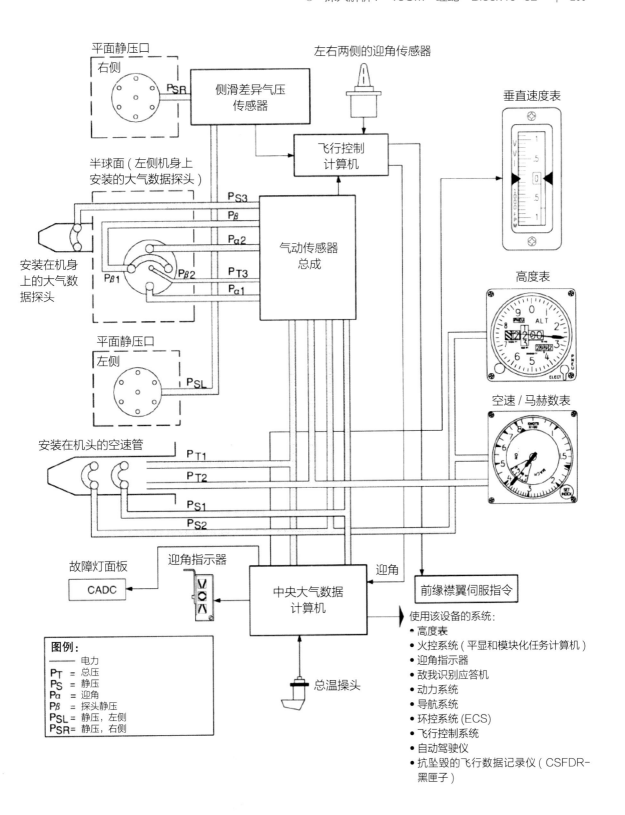

平面静压口
右侧

P_{SR}

侧滑差异气压
传感器

左右两侧的迎角传感器

垂直速度表

半球面（左侧机身上
安装的大气数据探头）

P_{S3}
P_{β}
$P_{\alpha 2}$
P_{T3}
$P_{\alpha 1}$
$P_{\beta 1}$
$P_{\beta 2}$

飞行控制
计算机

气动传感器
总成

安装在机身
上的大气数
据探头

平面静压口
左侧

P_{SL}

高度表

空速/马赫数表

安装在机头的空速管

P_{T1}
P_{T2}
P_{S1}
P_{S2}

故障灯面板

CADC

迎角指示器

中央大气数据
计算机

迎角

前缘襟翼伺服指令

总温操头

使用该设备的系统：
- 高度表
- 火控系统（平显和模块化任务计算机）
- 迎角指示器
- 敌我识别应答机
- 动力系统
- 导航系统
- 环控系统（ECS）
- 飞行控制系统
- 自动驾驶仪
- 抗坠毁的飞行数据记录仪（CSFDR-黑匣子）

图例：
—— 电力
P_T = 总压
P_S = 静压
P_{α} = 迎角
P_{β} = 探头静压
P_{SL} = 静压，左侧
P_{SR} = 静压，右侧

将"ROLL"开关拨到"HDG SEL"（航向选择）挡位，飞控系统可以根据水平状态指示器的信号维持在 HSI 上设定好的航向。如果要调整 HSI 上的航向基准标记，需要在自动驾驶仪保持既定航向之前就在 HSI 上进行操作，否则，当自动驾驶仪已经根据开关挡位进入航向保持状态时，调整 HSI 的基准标记，飞机会跟着改变航向。自动驾驶仪滚转动作的坡度被限制在 30 度以内，滚转率限定在 20 度 / 秒以内。

将"ROLL"开关拨到"ATT HOLD"（姿态保持）挡位，INU 就会向飞控系统发出一个姿态信号，使飞机维持在选定的滚转姿态上。

将"ROLL"开关拨到"STRG SEL"（转向选择）挡位，自动驾驶仪就会通过滚转指令使飞机转向，飞向指定的导航点。此时滚转坡度限制在 30 度以内，滚转率限定在 20 度 / 秒以内。

当飞机的俯仰角度超过 ±60 度时，以上 4 种自动驾驶模式均失效。

在俯仰和滚转姿态保持模式下，操纵杆的动作可以得到响应，飞行员可以通过操纵杆的动作增大或减小估算姿态的幅度，即使在接通自动驾驶仪之后也可以。在高度保持模式下也有类似的功能。

迎角探测系统

迎角探测系统由以下部分组成：雷达罩两侧的迎角探测器、机身上安装的大气数据探头上的迎角探测口、气动传感器总成、中央大气数据计算机中的迎角数据纠错模块、平显左侧的迎角指示器和仪表板下部竖排显示的攻角表。

在飞行过程中，雷达罩两侧的锥形迎角探测器和机身侧面空速管的迎角探测口感知气流的方向，获取迎角数据。迎角信号从这 3 处探测器中获得，并发送到飞控系统 4 个分支各自对应的选择 / 监控模组输入端中。

大气数据系统

大气数据系统通过探头和传感器获取静压和总压力、迎角、侧滑角和气温数据输入。这些大气数据参数经过处理后发送给不同的系统使用。

迎角传感器和机身表面的大气数据探头的正常运转是安全飞行的重要保障。结冰会对大气数据的采集造成严重的干扰，产生错误的数据。这个影响因素非常重要，因为两路错误的高迎角读数会导致飞行

迎角指示

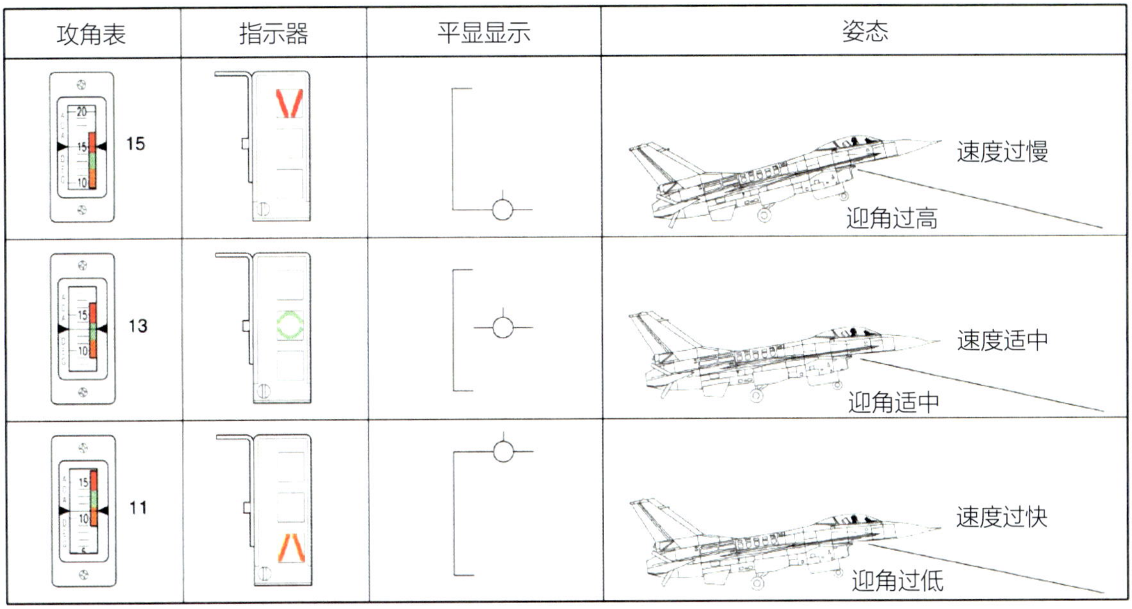

攻角表	指示器	平显显示	姿态
15			速度过慢 迎角过高
13			速度适中 迎角适中
11			速度过快 迎角过低

控制计算机发出完全推杆压机头的指令，而飞行员无法阻止这个操作，失控就在所难免了。出于这个考虑，在地面时，可用护罩盖住探头，防止外来异物和水汽进入传感器，在飞行过程中通过探头和传感器中的加温组件防止结冰。

上图：中央大气数据计算机获得迎角数据后，会将其显示在平显一侧的指示器和中控面板上的攻角表上。（美国空军供图）

中央大气数据计算机

中央大气数据计算机接收总压力、静压、迎角和总温数据输入，然后将这些数据转换成信号数据，发送到所需的系统中去。中央大气数据计算机中有一个内建持续检测进程。

逃生系统和 ACES II 弹射座椅

F-16 单座版的气泡形座舱盖的材质是透明有机玻璃，分为前后两个部分（双座版采用的是更长的单片座舱盖。——译者注）。座舱盖的前半部分是整体无框式的，通过后部的铰链开合，开闭动作通过电子控制的作动筒实现，作动机构有手动备份。后半部分是固定的，尺寸明显比前半部分小，起到与弹射座椅后面的机身之间的整流作用。飞机在空中和地面需要紧急离机 / 弹射时，可通过机内控制机构抛掉座舱盖，地面救援时可通过外部手柄抛盖。

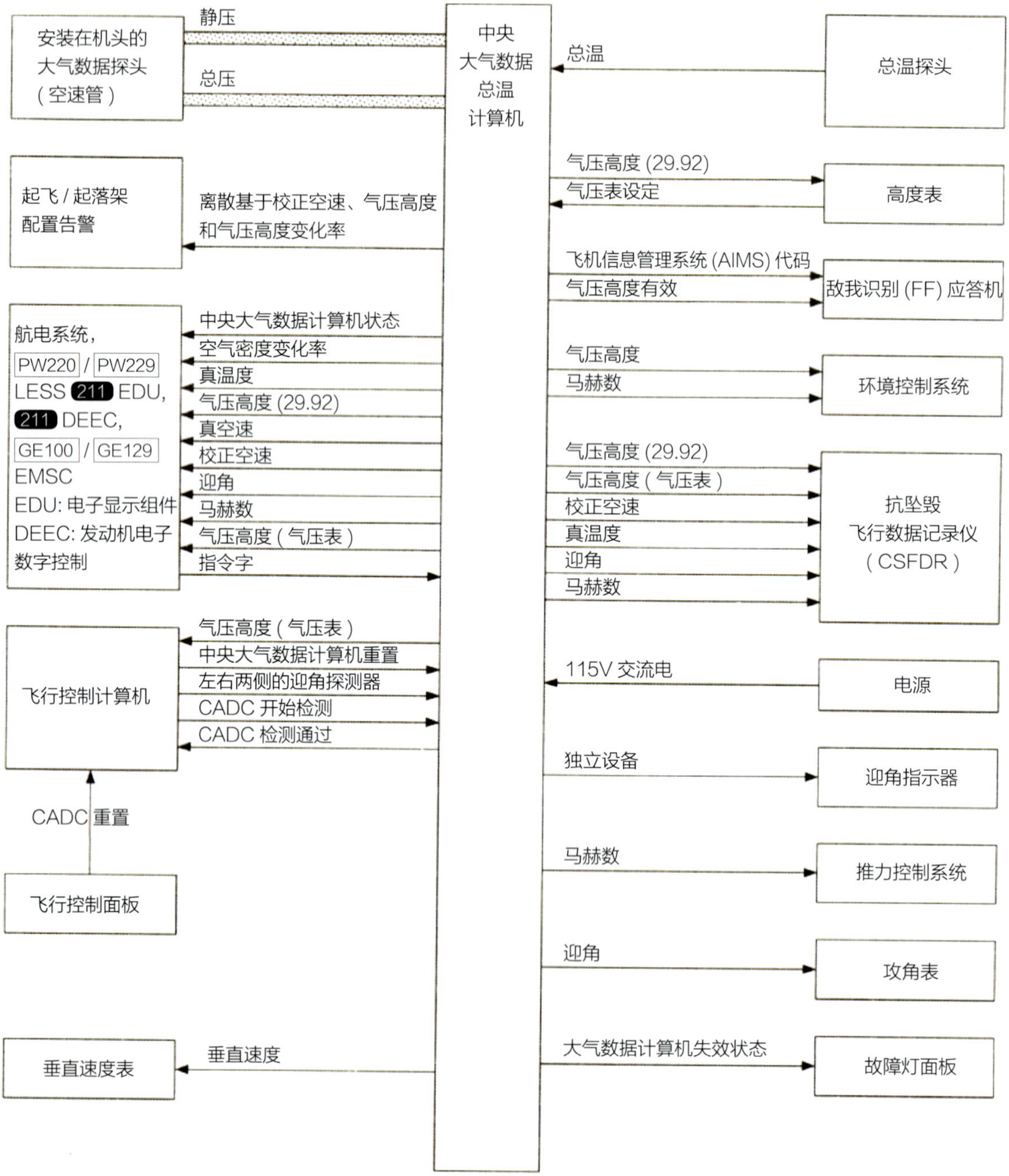

安装在机头的大气数据探头（空速管）	静压 / 总压	中央大气数据总温计算机	

总温 → 总温探头

气压高度 (29.92) / 气压表设定 → 高度表

飞机信息管理系统 (AIMS) 代码 / 气压高度有效 → 敌我识别 (FF) 应答机

起飞／起落架配置告警 ← 离散基于校正空速、气压高度和气压高度变化率

气压高度 / 马赫数 → 环境控制系统

航电系统，PW220 / PW229 LESS 211 EDU, 211 DEEC, GE100 / GE129 EMSC
EDU: 电子显示组件
DEEC: 发动机电子数字控制

中央大气数据计算机状态
空气密度变化率
真温度
气压高度 (29.92)
真空速
校正空速
迎角
马赫数
气压高度（气压表）
指令字

气压高度 (29.92)
气压高度（气压表）
校正空速
真温度
迎角
马赫数
→ 抗坠毁飞行数据记录仪（CSFDR）

飞行控制计算机

气压高度（气压表）
中央大气数据计算机重置
左右两侧的迎角探测器
CADC 开始检测
CADC 检测通过

115V 交流电 ← 电源

独立设备 → 迎角指示器

CADC 重置

飞行控制面板

马赫数 → 推力控制系统

迎角 → 攻角表

垂直速度表 ← 垂直速度

大气数据计算机失效状态 → 故障灯面板

上图：这张信号流程图展现了中央大气数据计算机的数据输入和输出。注意信息是如何从计算机传到一系列子系统和设备中的，包括起落架状态告警灯。（美国空军供图）

如果舱内座舱盖控制
手柄处在开启位置，
座舱盖就不能通过外
部舱盖手柄闭合。

（前座舱左侧
控制面板）

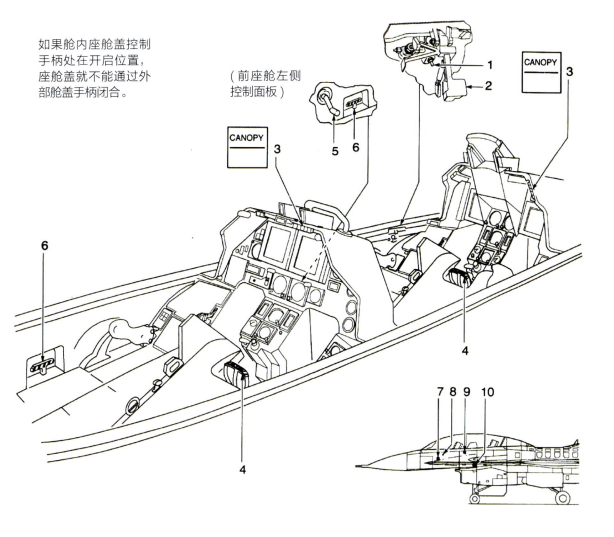

前舱盖边缘有可加压的密封条，而非增压的橡胶密封条可在座舱
未增压时防止雨水进入座舱。

座舱盖本身也有防鸟撞保护作用：在座舱盖的中心线附近，大约
飞行员平视可见的位置，是 HUD 的投射玻璃。该玻璃在发生撞击时会
碎成细小的粉末，有效降低击伤飞行员的风险。在鸟撞试验时，现场
观察发现飞行员头盔附近的座舱盖曲面内凹幅度为 1～2 英寸。这些试
验每次使用一只 4 磅重的鸟，迎面速度为 350 节或 550 节，试验的要
求是撞击时飞行员头盔附近的座舱盖内凹幅度不得大于 $2\frac{1}{4}$ 英寸。然
而，F-16 的飞行员更关心的是调节座椅的高低，尤其是在执行低空飞
行任务且佩戴头盔整合装备的情况下。前舱盖中线以外的部分在受到
撞击时产生的形变会稍微严重一些。

上图：F-16 的座舱盖开闭控制
机构包括常规和应急操作装置。
当座舱盖自动抛弹掉时，ACES
II 弹射座椅点火弹射。在地面
以非弹射方式撤离座舱时，既
可通过人工方式打开座舱盖，
也可在紧急情况下将座舱盖抛
弹出去。（美国空军供图）

弹射座椅的控制装置和指示器（典型配置）

（抬升式皮托管）

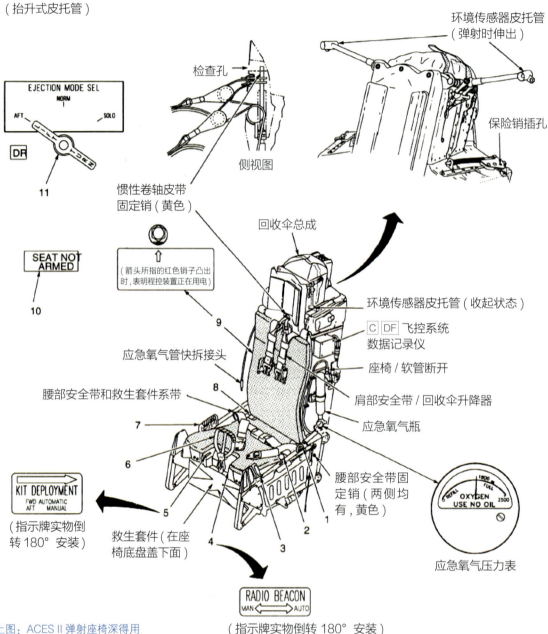

环境传感器皮托管
（弹射时伸出）

检查孔

侧视图

保险销插孔

EJECTION MODE SEL
NORM
AFT   SOLO

DR

11

惯性卷轴皮带
固定销（黄色）

回收伞总成

SEAT NOT
ARMED

（箭头所指的红色销子凸出
时，表明程控装置正在用电）

10

环境传感器皮托管（收起状态）

C DF 飞控系统
数据记录仪

座椅／软管断开

9

应急氧气管快拆接头

肩部安全带／回收伞升降器

腰部安全带和救生套件系带

应急氧气瓶

8

7

6

OXYGEN
USE NO OIL

KIT DEPLOYMENT
FWD AUTOMATIC
AFT   MANUAL

腰部安全带固
定销（两侧均
有，黄色）

（指示牌实物倒
转 180° 安装）

5

救生套件（在座
椅底盘盖下面）

4   3

2

1

应急氧气压力表

RADIO BEACON
MAN   AUTO

（指示牌实物倒转 180° 安装）

上图：ACES Ⅱ弹射座椅深得用
户的信赖，设计非常成功。图
中所示的座椅在弹射时会伸出
两个环境传感器皮托管。F-16
上配备的另一个版本的该型弹
射座椅的传感器处于固定角度
的伸出位置。（美国空军供图）

1. 应急氧气绿色拉环
2. 肩带松紧调节旋钮
3. 弹射保险手柄
4. 无线电信标开关
5. 救生套件展开开关
6. 弹射手柄（拉出触发弹射）

7. 应急手动并伞手柄
8. 救生套件开伞拉绳
9. 电子恢复器程控装置电池余量表
10. 座椅未启用提示灯
11. DR 弹射模式选择手柄

座舱里有一个手摇曲柄，即使在座舱盖控制开关（位于座舱盖下面，油门杆前方）可正常使用的情况下，也可以通过人工转动这个曲柄开启或闭合座舱盖。飞机在地面出现紧急情况需要抛掉座舱盖时，地勤人员只需拉动机身两侧的任意一个外部 D 形座舱盖控制手柄即可。

在紧急情况下，当飞行员拉动弹射座椅前部的弹射手柄（上有"PULL TOEJECT"字样）时，首先启动座舱盖抛弹程序，然后座椅弹射程序就会启动。

ACES II 弹射座椅是一套全自动化的应急逃生系统。3 种弹射模式可根据不同情况自动选择。模式 1 是在低空低速下，座椅弹射离机后立刻展开回收伞总成。模式 2 是在低空中速下，首先打开减速伞将弹射座椅的速度降下来，然后展开回收伞总成。模式 3 是高空高速模式，系统各机构动作顺序和模式 2 相同，只是人／椅自动分离和展开回收伞需要在空速和高度降到安全范围内才会进行。

弹射手柄（上有"PULL TO EJECT"字样）的尺寸适合单手或双手操作，需要 40～50 磅的拉力才能启动弹射。当弹射启动后，弹射手柄依靠一条线缆留在弹射座椅上。

右图：座舱盖抛弹／座椅弹射示意图。ACES II 是高度自动化的弹射座椅，意味着飞行员在弹射时只需简单拉一下弹射手柄以触发后续一系列弹射过程。一旦开始弹射，飞行员只需等待伞盖充气，什么也不需要做。（美国空军供图）

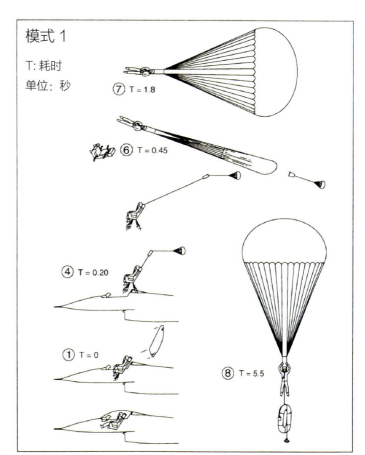

模式 1

T: 耗时
单位：秒

⑦ T = 1.8
⑥ T = 0.45
④ T = 0.20
① T = 0
⑧ T = 5.5

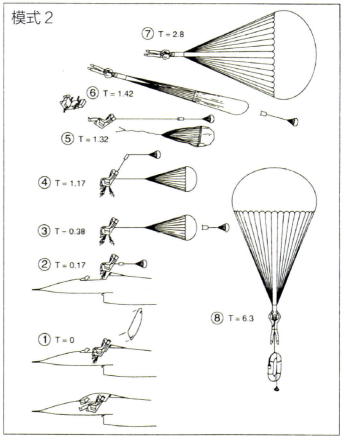

模式 2

⑦ T = 2.8
⑥ T = 1.42
⑤ T = 1.32
④ T = 1.17
③ T = 0.38
② T = 0.17
① T = 0
⑧ T = 6.3

肩带松紧调节旋钮向后旋转时，惯性卷轴解锁，向前旋转时则卷轴锁止。通过同样的调节方式，座椅安全带也可自动调节。当出现纵向强烈负加速或肩带感受到猛烈加速时，惯性卷轴就会自动锁止，牢牢固定住飞行员。

氧气系统

氧气系统由机载制氧系统、备用供氧系统（BOS）和常规的50立方英寸应急供氧系统（EOS）组成。

机载制氧系统是一个分子筛 / 集中器，通过吸附过滤流程将环境控制系统中的氮气滤除，而环境控制系统提供引气和呼吸用的富氧空气。这套系统可提供飞行员所需氧气的 95%。

正常运行时，集中器为供氧调节器提供氧气，调节器将氧气稀释到适合呼吸的浓度。系统为调节器供氧的压力可从调节器表面的压力表上读出。正常操作气压范围是 25 ~ 40 磅力 / 平方英寸。

下图：有 3 种弹射操作模式，采用何种操作模式取决于弹射开始时的高度和空速，它们决定了具体的弹射动作顺序。ACES II 弹射座椅的头枕上安装的环境感应皮托管为座椅弹离飞机时提供环境数据。（美国空军供图）

弹射模式应用包线

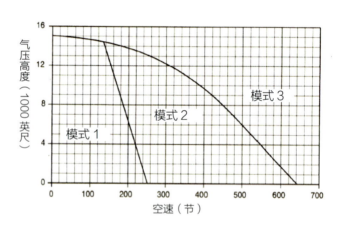

弹射流程用时			
说明	事件	用时（秒）	
		模式 1	模式 2
• 应用模式 3 时，放出减速伞的动作会延迟到进入模式 2 包线时进行。回收伞在进入模式 2 包线 1 秒钟后展开。 • Ⅾ 双座飞机的前后座弹射动作流程会有不同程度的延迟，后座会有 0.33 秒的延时，而前座会有 0.73 秒的延时。单独弹射时，前座会有 0.33 秒的延时。 • 在空速为 0 时，座舱盖抛弹用时为 0.75 秒，空速 600 节时，用时为 0.13 秒。舱盖抛掉后会触发座椅拉索，开始座椅弹射过程。	1. 弹射装置启动 2. 减速伞枪点火 3. 减速伞打开 4. 降落伞放出 5. 座椅 / 减速伞分离 6. 人 / 椅分离 7. 回收伞打开 8. 救生套件展开	0.0 无 无 0.20 无 0.45 1.8 5.5	0.0 0.17 0.38 1.17 1.32 1.42 2.8 6.3

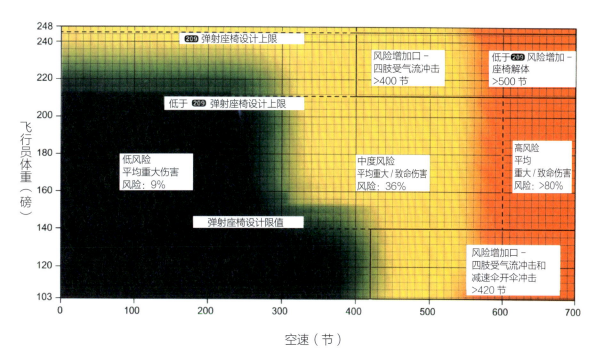

上图：这张彩色编码图表展示了 ACES II 座椅上的飞行员体重和空速的对应关系。右边的红色区域从 500 节的空速开始，表明以该范围内的速度弹射时，弹射座椅有较高的解体风险，飞行员极有可能受到致命伤害，迎面气流也会对飞行员的四肢有强烈的冲击。（美国空军供图）

如果机载制氧系统没有产生氧气，系统就会回过头来从被细筛填充的集气室中调用存储的氧气，这个集气室被称为备用供氧系统。备用供氧系统根据高度和飞行员呼吸频率可供氧 3~5 分钟。重新填满备用供氧系统需要 10 分钟。当 BOS 供氧完毕且系统压力降到 5 磅力 / 平方英寸以下时，右侧仪表板遮光罩下面的 "OXY LOW"（氧气不足）告警灯就会点亮。

应急供氧系统由安装在弹射座椅左侧的高压氧气瓶组成，根据高度和呼吸频率，EOS 可提供 8~12 分钟呼吸用的氧气。氧气管通向座椅右侧。弹射时该系统自动启用，或者由飞行员拉出座椅左侧的应急供氧拉环（绿色）人工启动该系统。

座舱供氧调节器有一个过载补偿压力呼吸（PBG）模式，可在 4 g 以上的过载下加压供氧，增强飞行员对过载的耐受度并减轻疲劳感。来自抗过载活门的加压空气通过氧调节器的控制加压输送到氧气面罩、头盔和抗荷服（需要用到空气的部分）中。

通信、导航和敌我识别系统

座舱中的通信、导航和敌我识别（CNI）设备的控制是通过分别位于仪表板上的操作面板和前上控制面板上的各按钮实现的。操作频率较低的一些功能开关，例如电源开关、音量调节开关以及一些重要

前上控制面板（典型配置）

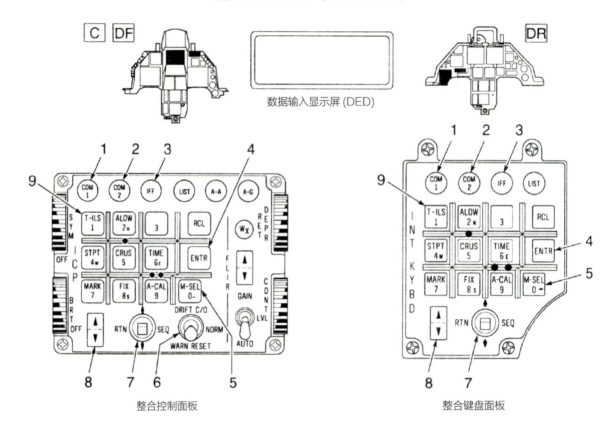

数据输入显示屏 (DED)

整合控制面板　　　　　　　　　　整合键盘面板

1. COM 1 越权操作按钮
2. COM 2 越权操作按钮
3. IFF（敌我识别器）越权操作按钮
4. ENTR（回车）按钮
5. M-SEL（模式选择）按钮
6. WARN RESET（告警重置）开关
7. 数据控制开关 (DCS)
8. 增量 / 减量开关
9. T-ILS 功能按钮

的功能开关（通信备份和警戒开关等）均位于控制面板上。使用频率较高的控制按钮位于前上控制面板上，飞行员在飞行期间控制这些设备可保持平视状态，不必低头查找。

前上控制面板提供了简单化、集成化和平视操作，可以操作使用频率最高的通信系统、导航系统和敌我识别系统。前上控制面板包含了数据输入显示屏、整合控制面板和整合键盘面板。

前上控制面板由 2 号应急直流总线和 2 号应急交流总线供电。DED（数据输入显示器）是前上控制面板的整合部件，可以直观地显示飞行员在该面板上进行了何种操作。通信、导航和敌我识别系统的主要信息读数可通过页面选择的方式显示在 DED 上。UHF、VHF、TACAN、ILS 和 IFF 的信道、频率、模式和代码选项可显示在屏幕的对应页面上。惯性导航系统提供的位置和路点数据可以有选择地显示在 DED 屏幕上。

INS 是反映飞机航速、姿态和航向的首要传感器，也是导航信息

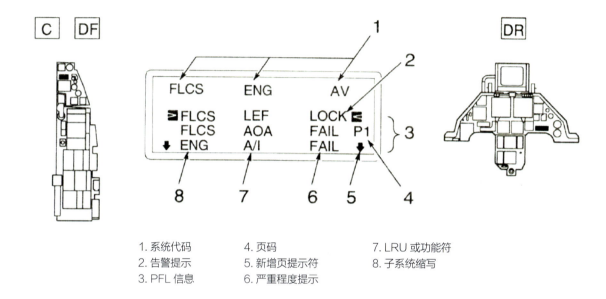

1. 系统代码
2. 告警提示
3. PFL 信息
4. 页码
5. 新增页提示符
6. 严重程度提示
7. LRU 或功能符
8. 子系统缩写

的来源。INS 与前上控制面板、GPS、中央大气数据计算机和模块化任务计算机配合在一起，可以提供以下功能和数据：当前位置的更新和记忆功能、当前风向、地速和偏航角、大圆航路计算，以及将瞬时过载和最大过载数据显示在 HUD 上。

战术空中导航系统（"塔康"）不间断地提供与选定"塔康"导航台的相对方位和距离信息，有效作用距离最高可达 390 英里，根据地形和飞机姿态有所增减。当选择测距仪（DME）导航辅助时，仅提供距离信息。系统有 252 个信道可供选择。"塔康"方位、选定的航路、距离和航路偏差信息显示在垂直状态显示器上（根据 HSI 模式按钮的定义）。当模块化任务计算机出现故障或以降级模式运行时，"塔康"系统则不能使用。DED 显示了"塔康"系统的 4 个参数：运行模式、信道、频段和"塔康"导航台识别符。

先进敌我识别（AIFF）系统提供了可选识别参数（SIF）、自动报告高度和加密模式 4 敌我识别功能。正常运行时以下 6 个模式均可运行。

模式 1：安全识别。

模式 2：个体识别。

模式 3/A：交通识别。

模式 4：加密识别。

模式 C：高度报告。

模式 S：空中交通管制数据链（包括模式 3/A 和 C 的功能）。

上图：飞行员错误提示屏（PFD）安装在右侧多功能面板上，为飞行员显示一系列机载系统的错误信息，飞行员可控制其滚动显示。（美国空军供图）

对页图：F-16 的飞行员使用的机上通信、导航和敌我识别系统的面板在前上控制面板（UFC）上（前座 UFC 在左侧，后座在右侧）。该面板上排列了多个模式和字母按键（排列方式类似于现在按键手机的 T9 键盘。——译者注），按键的逻辑排列顺序便于飞行员快速访问机上系统。在前座舱，UFC 直接安装在平显下面。（美国空军供图）

先进敌我识别系统的应答机仅对校正过的询问传输编码进行回复，可选择人工或自动操作。如果选择自动模式，敌我识别器可根据预置程序在飞机抵达特定位置时启用或关闭某些模式，在特定时间点更换识别代码。IFF 的模式可根据需要，批量进行选择和编程。

先进敌我识别系统的问询机提供可选择的 IFF 系统问询信息，显示在视线范围（LOS）或特定扫描区域。特定扫描区域的问询机可选择与火控雷达交联或解除交联。

下图：敌我识别面板位于左操纵台上，可以快速切换工作模式和代码，也可进入并存储军用加密模式 4 的设置。(美国空军供图）

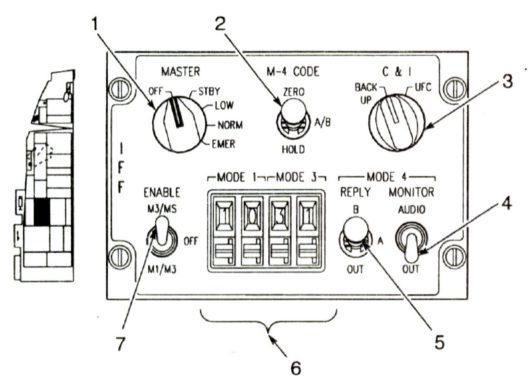

1. 敌我识别器主旋钮 (MASTER)
2. IFF M-4 CODE 开关
3. C&I 旋扭
4. IFF MODE4（模式 4）监控开关
5. IFFMODE4REPLY（应答）开关
6. IFF 模式 1/模式 3 选择滑块
7. IFF ENABLE（启用）开关

仪表模式 (典型)

ILS HUD 显示

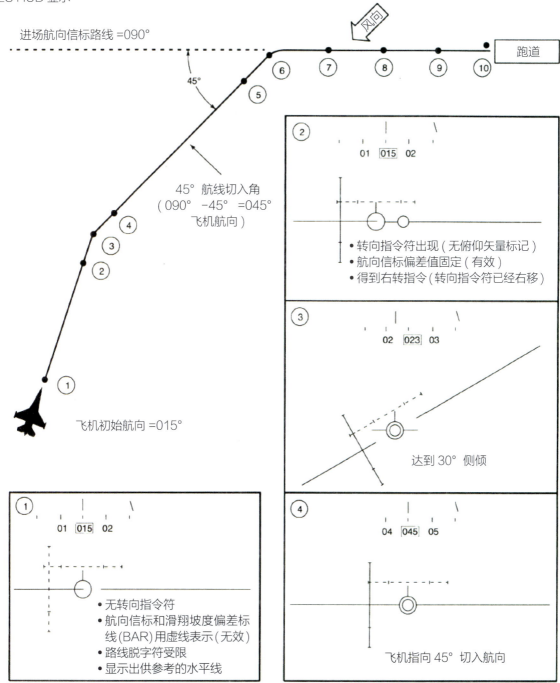

上图与下页图：F-16CM 有一套非常直观的仪表着陆系统 HUD 显示标记，飞行员可以直接按照标记进行操纵。到了最终进近阶段，飞行员只需要简单机动，将飞行路线标记压在环形转向标记上即可进入最佳降落航线。(美国空军供图)

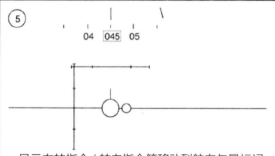

- 显示右转指令（转向指令符移动到航向矢量标记右侧）
- 航向信标偏差标线提示大约偏左 2 点 (DOT)

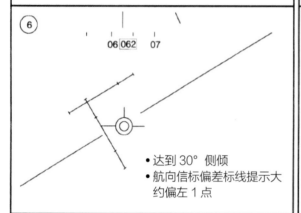

- 达到 30° 侧倾
- 航向信标偏差标线提示大约偏左 1 点

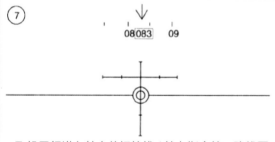

- 飞机已经进入航向信标航线（转向指令符、路线图字符以及航向信标偏差标线重合在一起）
- 路线脱字符提示速度矢量 083°，机头指向 090°（侧风导致机头指向与速度方向不一致）

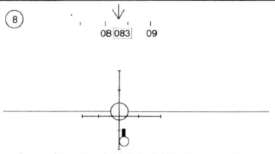

- 当 TIC 标记出现在转向指令符顶端时，俯仰矢量标记可用
- 飞机处在航向信标路线上而且高于滑翔坡度

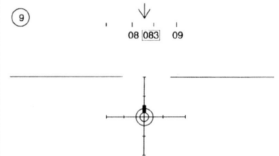

飞机在航向信标路线和滑翔坡度上（所有图标重合在一起）

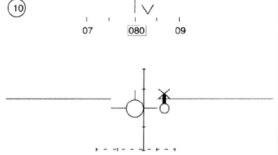

飞机在航向信标路线左侧，滑翔坡度无效（转向指令符上有十叉标记，俯仰矢量标记消失）

武器装备：空战武器

目前 F-16 战斗机的标准空对空导弹是 AIM-9X"响尾蛇"和 AIM-120B/C 先进中距空对空导弹。较老的 AIM-7M"麻雀"半主动雷达制导空对空拦射导弹可以由改进过的 F-16A 和 F-16C 型战斗机发射，但可使用该型导弹的战机数量极其有限。

F-16 系列战斗机还可以使用多种其他型号的导弹。巴基斯坦的"蝰蛇"装备了马特拉"魔术 2"型近距导弹，希腊的"蝰蛇"配备了戴赫尔 BGT 防务公司的 IRIS-T 近距格斗导弹，以色列的 F-16 挂载了本国拉斐尔公司制造的"怪蛇 III/IV"型格斗导弹。

最新一代配备给 F-16 战斗机的近距空对空导弹是 MBDA 公司的 AIM-132 先进近距空对空导弹以及以色列的"怪蛇 V"格斗导弹。

为了应付距离更加接近的空战和对地扫射，F-16 战斗机仍然将机炮作为固定武器，"战隼"装备的机炮是 M61A1"火神"20 毫米机炮。

上图：这架 F-16 在武器试射任务中发射一枚 AIM-9M"响尾蛇"空对空导弹。"响尾蛇"系列导弹自 20 世纪 60 年代问世起一直在进行改进和升级，然而外形变化不是很大（改进的方向是提高击毁率）。其最新型号 AIM-9X 具备优异的大离轴攻击能力。（美国空军供图）

对页上图：AIM-9M"响尾蛇"空对空导弹的导引头是经液态氮致冷的，以增强其探测的灵敏度。照片中的这名 F-16 的飞行员正在检查"响尾蛇"导弹的尾翼。每片尾翼的后缘外侧都有一个陀螺舵，可在导弹飞向目标期间保持弹身的稳定性。（美国空军供图）

对页下图：AIM-120 先进中距空对空导弹赋予"蝰蛇"超视距多目标接战能力。该弹既可挂在机翼外侧挂架上，也可挂在翼尖滑轨上，有着高度的挂架兼容性。（美国空军供图）

左图与下图：据 2007 年美国空军官方报道，F-16 实战中常用的 M56 20 毫米口径高爆燃烧炮弹（下）被初速更高的 PGU 28A/B 20 毫米口径高爆燃烧炮弹代替。对飞行员来讲，PGU-28 炮弹的初速更高，射程也更远，毁伤力也明显增加。炮弹通过机械供弹轨道装填到炮弹箱中，每次任务返航后，还要将炮弹用同样的方式退出来（左），防止发生地面事故。（美国空军供图）

上图：F-16 战斗机可携带多种制导方式的 AGM-65 "小牛" 空对地导弹，包括红外制导和光电制导的版本。这种导弹属于 "发射后不管" 武器，可打击装甲车辆和加固的地面目标。（美国空军供图）

对页图：GBU-12 是在 Mk82 500 磅炸弹的基础上加装一套制导和方向控制组件而成的激光制导炸弹。弹簧加压的尾翼在炸弹脱离挂架后会自动弹出（对页上图），在炸弹前部制导组件激光导引头控制前翼偏转改变飞行方向时，提高了飞行的稳定性。（美国空军供图）

武器装备：对地攻击武器

随着 Block50/52 批次的机体和其携带的 ASQ-213 HARM 目标指示系统的问世，F-16 成为一种有效的防空压制战斗机。在 F-16 装备雷声公司的 AGM-88 HARM 高速反辐射导弹后，不仅可以对敌方的地对空导弹阵地做出反应和规避，而且可以主动猎杀之。2005 年，Block50 批次的 F-16 战斗机整合了 AAQ-28 "利特宁 II" 和 "狙击手" XR 目标指示吊舱后，进一步增强了猎杀地空导弹阵地的作战效能。

F-16 也可使用种类繁多的精确制导武器执行对地攻击任务，近期实战中使用最多的激光制导武器就是 "铺路 IV" 系列滑翔炸弹单元（GBU）。

AGM-65 "小牛" 系列空对地导弹仍然是 F-16CM 战斗机的重要空对地武器。F-16 挂载的最新锐的武器当属卫星制导武器家族，其中上镜率最高的当属 "联合直接攻击弹药" 系列炸弹，新的炸弹尾段内配有惯性导航系统制导组件，根据 GPS 信号和 4 片夹在弹体上的弹翼

本页图与对页图：这些照片展示了加装在 Mk82 500 磅炸弹上的"联合直接攻击弹药"制导组件头部和尾部的细节。这种组合而成的制导炸弹型号为 GBU-38，可在"蝰蛇"的 HTS 吊舱或目标指示吊舱锁定地面目标时投射出去（当然，该弹也能像普通炸弹那样通过雷达计算落点或目视瞄准的方式投射，只是命中率明显低于前述方式）。该弹可以通过双联挂架挂在机腹中线挂架和翼下主挂架下。GBU-38 在打击城市目标时表现出色，不仅命中精度高，而且弹着点周围的附带杀伤也比较小，不会"滥伤无辜"。（美国空军供图）

来修正航向。其他 GPS 制导武器包括 BLU-108B "传感器引信武器"（SFW）、AGM-154 "联合防区外发射武器"、GBU-39 "小直径炸弹"（SDB）、"风修正弹药布撒器"（WCMD）和 GBU-54 双模式激光制导 JDAM。

非制导武器包括 Mk82 和 Mk84 低阻力通用炸弹、CBU-58H/B 和 CBU-87 集束炸弹以及火箭巢。

F-16 也可使用种类繁多的非美式武器，包括法国航太的 AS30L 多用途空对地导弹、挪威康斯贝格公司的 "企鹅" 反舰导弹、以色列拉斐尔公司的 "大力水手" 空对地导弹、戴姆勒－奔驰公司的 DWS39 滑翔布撒器，以及以色列本土研发的一系列武器，包括 Spice 系列制导炸弹。

对页图：F-16 的外挂物中最简单的当属可靠的 Mk82 500 磅通用低阻力 "笨" 炸弹。（美国空军供图）

下图："蝰蛇" 挂载火箭弹的机会相对较少。然而火箭弹是对付软目标和开阔地面上的运输车队的利器，并且配备白磷弹头的发烟火箭可以为其他攻击机指示目标的位置。照片中的火箭弹的弹头是蓝色的，表明这是一枚没有战斗部的教练弹。（美国空军供图）

这架 F-16C Block25 的尾喷管整流片（亦被戏称为"火鸡羽毛"）是平直的，由此可以判断出该机安装的发动机是普拉特和惠特尼发动机。（美国空军供图）

6 普拉特和惠特尼 F100-PW-229 发动机 和通用电气 F110-GE-129 发动机

Block42 和 Block52 批次的 F-16CM 战斗机的动力来自 F100-PW-220/220E（推力均为 25000 磅）、F100-PW-229（推力为 29000 磅）加力式涡轮风扇发动机，而 Block40 和 Block50 批次飞机的动力来自 F110-GE-100（在装有"大嘴"进气口的飞机上推力为 28000 磅，在安装"小嘴"进气口的飞机上推力为 25000 磅）或 F110-GE-129（推力为 29500 磅）加力式涡轮风扇发动机。

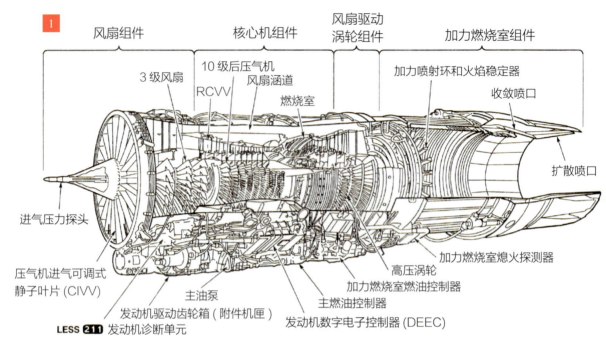

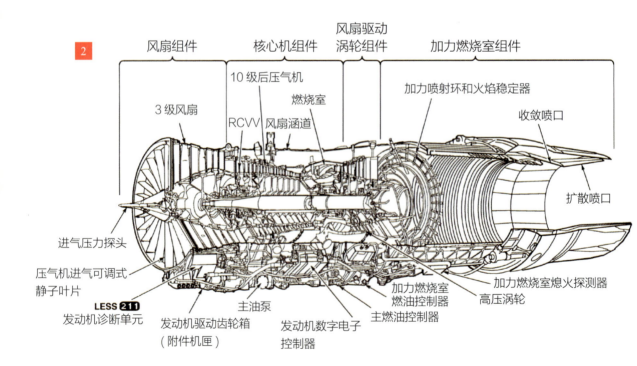

注：RCVV 指后压气机可调静子叶片。

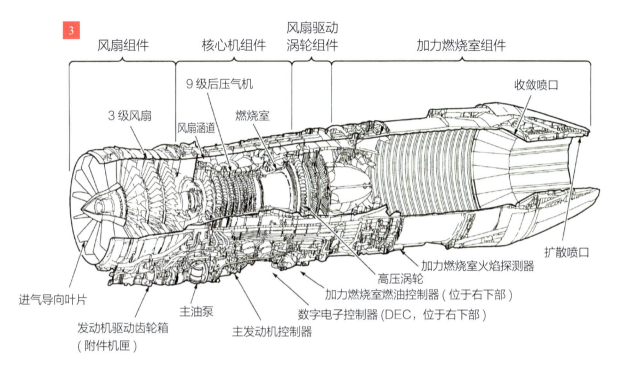

风扇组件　核心机组件　风扇驱动涡轮组件　加力燃烧室组件

9 级后压气机

3 级风扇

风扇涵道

燃烧室

收敛喷口

扩散喷口

加力燃烧室火焰探测器

高压涡轮

加力燃烧室燃油控制器（位于右下部）

数字电子控制器 (DEC，位于右下部)

主发动机控制器

主油泵

发动机驱动齿轮箱
（附件机匣）

进气导向叶片

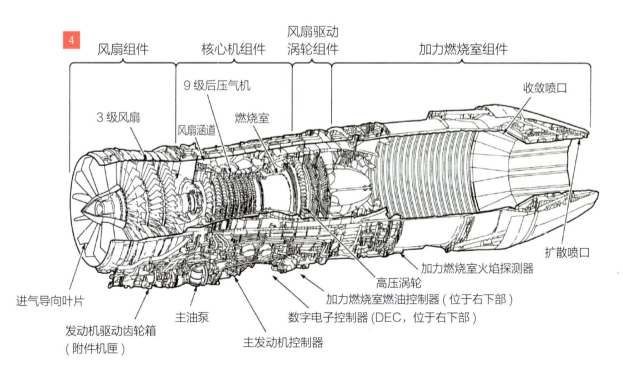

风扇组件　核心机组件　风扇驱动涡轮组件　加力燃烧室组件

9 级后压气机

3 级风扇

风扇涵道

燃烧室

收敛喷口

扩散喷口

加力燃烧室火焰探测器

高压涡轮

加力燃烧室燃油控制器（位于右下部）

数字电子控制器 (DEC，位于右下部)

主发动机控制器

主油泵

发动机驱动齿轮箱
（附件机匣）

进气导向叶片

上图与对页图：F-16CM 主要使用两个大型号（4 个亚型）的发动机，分别为 F100-PW-220（图 1）、F100-PW-229（图 2）、F110-GE-100（图 3）和 F110-GE-129（图 4）。这 4 种发动机的不同点详见对应的剖视图。（美国空军供图）

下图与对页图：GE-110（下图）相对于普拉特和惠特尼F100 系列发动机最明显的外部区别就是圆鼓的尾喷管整流盖板。它的最大推力居 4 种 F-16标准发动机之首，厂商数据达29500 磅！与对页图中的普拉特和惠特尼发动机比较可明显看出两种发动机的外观区别。（美国空军供图）

为简明扼要起见，性能改进型发动机 PW-229 和 GE-129 将在下文中讨论。尽管这两种发动机有各自的使用限制和特性，但二者之间的共同点还是很多的。如果某个部件或子系统是某型特有的，会加括号注释，例如（GE-129）或（PW-229）。

F110-GE-129

通用电气公司声称 F110 系列发动机中"81% 的零件可以和 F110-100 发动机通用"，并且指出"129 型发动机在 F-16 飞行包线内为其任务表现提供了显著的性能优势"。他们的营销文案后来还加入了以下内容：在最新型的 F-16 战斗机中，有 75% 的飞机使用的是 F110 系列发动机！

风扇级数：3；压气机级数：9；高压涡轮 / 低压涡轮级数比：1/2；最大直径：46.5 英寸；长度：182.3 英寸；最大推力时的总压比：30：7。

F100-PW-229

普拉特和惠特尼公司对 PW-229 发动机的评价是："F100 家族最光辉的成就是卓越的飞行安全记录。F100-PW-229 发动机是所有增强性能的改进型发动机中安全记录最好的！"

风扇级数：3；压气机级数：10；质量：3740 磅；长度：191 英寸；进气口最小直径：34.8 英寸；进气口最大直径：46.5 英寸；涵道比：0.36；总压比：32：1。

发动机燃油控制系统

发动机燃油控制系统将所需的燃料输送给发动机燃烧使用，并在发动机面对不同的过载条件时进行调度。

控制系统主要由以下 3 个主要部件组成：数字电子控制器（GE-129）或发动机数字电子控制器（PW-229），加力燃烧室燃油控制器（AFC），以及主发动机控制器（MEC 和 GE-129）或主燃油控制器

右图：进气道将空气引入发动机风扇组件。照片中可见空气在经过 3 级风扇之前会首先到达进气导向叶片（GE 发动机）或压气机进气可调式静子叶片（PW 发动机）。进气道的空间足够机务人员爬进去进行检查。进气口的大小（"大嘴"或"小嘴"）取决于机体安装哪种发动机。（美国空军供图）

（MFC 和 PW-229）。

　　两种发动机都有可供飞行员选择的工作模式：主模式（PRI）和备用模式（SEC）。GE-129 发动机还有一个混合模式，可以弥补 PRI 和 SEC 两种模式之间的"鸿沟"。然而，这种混合模式不是飞行员可选择的：当 DEC 捕捉到一些特定的失效情况时，混合模式自动启用。

　　DEC/DEEC 是发动机主要控制机构中的关键部件，该数字控制器安装在发动机上，通过用航油进行冷却的固态数字计算机，对发动机主体和加力燃烧室（AB）进行控制。

　　加力燃烧室燃油控制器是控制燃油压力的机械—电子—液压控制设备，与 DEC/DEEC 协同工作，调节和控制输往加力燃烧室的燃油流量。在主要工作模式下，加力燃烧室燃油控制器从加力燃烧室油泵中获取燃料，从 DEEC/DEC 中获取电子指令，为加力燃烧室进行点火操作、加力燃烧室分段的时序操作和燃油流量控制。在备用控制模式下，禁止向加力燃烧室内供油。

　　主发动机控制器和主燃油控制器是控制燃油压力的机械—电子—液压控制设备，可在主模式和备用模式下对发动机进行控制。在主控模式下，MFC 接收油门杆的输入信号、来自主油泵的燃油以及 DEEC 的电子指令，控制主要点火操作、初始引气活门位置、主发动机燃油流量和后压气机可调静子叶片（RCVV）角度。

　　MFC 也向压气机进气可调静子叶片的控制作动筒、收敛喷口控制器（CENC）、加力燃烧室燃油控制器以及油泵控制器提供压力。

发动机的主操作模式

　　发动机运行在主模式时，在整个飞行包线内发动机的操作都不会受到限制。DEC/DEEC 在主模式下提供以下控制功能：风扇转速控制、燃油流量调度、涡轮叶片／进气端温度限制、尾喷管动作控制、发动机主体与加力燃烧室启动点火逻辑和自动再点火时序控制，以及发动机超速保护（GE-129 发动机转速达到额定值的 113% 时活门关闭，暂停供油）。

　　尾喷管由发动机液压泵根据 DEC/DEEC 的信号进行控制，液压泵驱动 4 个作动筒调节尾喷管的收敛或扩散程度，以在提供指定级别的推力时维持风扇喘振裕度。与此同时，进气导向叶片（IGV）由 DEC/DEEC 根据预设程序控制偏转角度。

　　在跨音速和超音速飞行阶段，当油门迟滞，达不到军用推力时，DEC 会根据中央大气数据计算机的飞行速度（以马赫为单位）功能限制发动机的最低工作状态，防止进气道喘振和发动机失速。当飞行速

3

度大于马赫数 1.4，将油门杆收回到慢车位置时，发动机的转速会降低到军用推力转速的 15%。随着飞行速度的降低，发动机的慢车转速也会降低，直到飞行速度降低到马赫数 1.1，此时发动机的转速与正常飞行时的慢车转速相同。

发动机的备用操作模式

　　当飞行员将发动机控制开关（ENGCONT）拨到"SEC"挡时，可人工转换到备用模式；在 DEC 探测到特定失效信号时，也自动转换到备用模式。在备用模式下，主发动机控制器 / 主燃油控制器进行燃油流量调度和计量，但是关闭了尾喷管调节功能并影响到加力燃烧室的工作。当尾喷管收缩时，军用推力会降到主模式下的 70%~95%，而慢车推力会高一些。

发动机组件和附件

发动机燃油增压泵（GE-129）

　　附件机匣上安装的发动机燃油增压泵向主油泵和加力燃烧室油泵提供加压的燃油。

上图与对页图：加力燃烧室分段包含了扩散喷口（图 1 中最接近照相机镜头的部分）、收敛喷口（图 2 中面向后方的喷口）和加力燃烧室喷射环及火焰稳定器（图 3 中最靠近镜头的环状物体）。喷射环向炽热的尾喷口方向喷射未经处理的燃油。与此同时，尾喷管进行调节，控制加力燃烧室内的压力。（美国空军供图）

主油泵

GE-129 发动机上安装了一台齿轮式主油泵，接收来自发动机加压燃油泵输送过来的加压燃油，并将额外的压力传输给主发动机控制器。在 PW-229 发动机上，主油泵主燃油控制器提供加压燃油，并给加力燃烧室燃油泵加压。

加力燃烧室燃油泵

加力燃烧室燃油泵安装在发动机附件机匣上，从发动机燃油增压泵中接收加压燃油。

进气导向叶片（GE-129）

每片进气导向叶片的翼型剖面分为两个部分。导向叶片前面的部分是固定的，起到结构支撑作用。叶片后半部分的角度可变，可以调节空气进入风扇的角度。进气导向叶片大大提高了风扇的进气效率，并且提高了喘振裕度。

可调式静子叶片（GE-129）

压气机可调式静子叶片（VSV）系统控制着核心机进气导向叶片和前 3 级核心变距静子叶片的角度。通过调整叶片角度，可以控制发动机的转速。通过调节叶片的角度，系统自动改变气流进入压气机叶轮的有效攻角，以维持整个飞行包线内最优的气流和压气机上佳的性能表现。为了提高防喘振能力，在油门杆滑到 "IDEL"（慢车）位置时，可调叶片会重置到略微接近正常位置的角度。重置状态会持续两分钟，之后叶片会回到正常工作时序，发动机的转速也会下降约 2%。

进气可调式静子叶片控制器（PW-229）

PW-229 发动机配备了压气机进气可调式静子叶片控制器，其功能与 GE-129 发动机上的进气导向叶片和可调静子叶片相同。在主控模式下，控制器通过主 DEEC 的电子信号调节燃油控制器的油压，进而调整压气机叶片的角度。在备用模式下，控制器将叶片保持在一个固定角度。

后压气机可调式静子叶片（PW-229）

后压气机的前 3 级叶盘上配备了可变几何形状的叶片。在主控模式下，这些叶片由 DEEC 控制，并将主油泵的加压燃油作为液压用油

来调节叶片的角度。在备用模式下，叶片由主燃油控制器中的液压机构进行控制，根据油门杆的位置直接调节。

压气机引气（GE-129）

引气来自压气机的两个独立分级，供发动机和机载设备使用。低压（第 5 级风扇）空气用于涡轮的冷却和发动机除冰系统。机载设备使用的空气来自低压和高压（第 9 级风扇）压气机单元。低压引气供给环控系统，但当气压不足时，高压引气就会及时补充过来。高压引气一般用于发动机舱的各喷射泵，也用于驱动应急动力单元。

压气机引气（PW-229）

低压引气从引气搭板导入风扇涵道，以在发动机启动时提高压气机的喘振裕度。来自主油泵的加压燃油用来驱动引气作动机构。在发动机工作在主控模式下时，DEEC 的发动机转速控制器会调度引气活门的工作；在备用模式下，发动机进气压力和时序控制系统会对引气活门进行调度。

高压引气供 EPU 和发动机舱内的喷射泵使用，也提供给发动机进气防冰系统，驱动加力燃烧室燃油泵。低压引气和高压引气都会提供给环境控制系统，具体使用哪种引气取决于发动机引气压力水平。

加压和放油活门（PW-229）

加压和放油活门位于燃油 / 滑油冷却装置和燃油喷嘴之间的发动机燃油总管线上。该活门在发动机处于低转速时为主燃油控制器提供最低限度的油压。当油门杆移动到"OFF"（关车）位置时，放油口被盖住，以防燃油从发动机燃油总管中泄出。

尾喷管

尾喷管是可变截面积的、具备收敛 / 扩散功能的半浮式机构，主 / 辅盖板和密封装置通过机械结构连接在一起。尾喷组件的动作是通过发动机液压泵驱动的液压作动筒实现的，其液压油就是发动机滑油。作动筒的动作电子指令是由 DEC/DEEC 发出的。

尾喷系统的主要功能是通过调节尾喷口的截面积来维持风扇的喘振裕度，并且在整个飞行包线范围内控制发动机的推力，取得最优的性能。

PW-229 发动机也配备了尾喷收缩控制机构，该机构有多种功能，

总而言之就是通过 DEEC 的指令来调整尾喷管的收放，以适应工况的变化。

加力燃烧室火焰探测器（GE-110）和熄火探测器（PW-229）

加力燃烧室火焰探测器向 DEC 提供了加力燃烧室中点火 / 熄火的信号，供其在主控模式下对加力燃烧室的工作时序和自动重点火进行控制。PW-229 发动机上的熄火探测器的功能与之类似。

发动机监控系统（GE-110）和发动机诊断单元（PW-229）

发动机监控系统（EMS）运行在所有发动机控制模式下，进行发动机状态诊断并存储发动机故障数据，用于航后检测分析。EMS 由两个主要部分构成：安装在发动机上的数字电子控制组件，以及位于前机身分段的前缘襟翼驱动设备舱中的发动机监控系统。

当探测到错误信息时，事件数据会被自动捕捉存储。此外，飞行员将 "AB RESET"（加力燃烧室重置）开关旋至 "ENG DATA"（发动机数据）挡位时，飞行员可在任何时候手动存储数据。

PW-229 发动机的诊断单元与 DEEC 协同运行，其功能与 GE 发动机的 EMS 系统基本相同。

发动机滑油系统

发动机配备了自带的干机匣全压滑油系统，为发动机的主轴承、油封、机匣和附件提供润滑和冷却所需的、经过过滤的滑油，亦向尾喷作动机构的液压泵提供滑油，充当液压油使用。

"FUEL HOT"（燃油过热）故障提示灯

"FUEL HOT"（燃油过热）故障提示灯位于故障灯面板上，当 GE-129 发动机的滑油温度过高（高于 149 摄氏度）或探测到燃油温度过高时，该灯点亮。在配备 PW-229 发动机的飞机上，该故障提示灯不起作用。

发动机机匣

GE-129 发动机的机匣驱动着主燃油泵、燃油增压泵、加力燃烧室燃油泵、回油泵、发动机同步发电机、液压泵、监控系统以及附件驱

动机匣的驱动轴。在 PW-229 发动机上，机匣驱动着主燃油泵、滑油泵总成、发动机同步发电机和 ADG 的驱动轴。

ADG 通过恒速驱动机构（CSD）、液压系统 A 和 B 的液压泵、备用发电机和飞控系统永磁发电机驱动着主发电机。喷气燃油启动机也安装在 ADG 上。

喷气燃油启动机

喷气燃油启动机本质上是一台小型燃气轮机。该设备使用的燃料就是飞机的航油，通过 ADG 来驱动发动机。JFS 通过离合器与 ADG 连接，只在需要维持发动机转速的时候才向发动机输出扭矩。不论 "FUEL MASTER"（燃油管理）开关拨到什么位置，JFS 都会得到源源不断的燃油供应，由两个制动 /JFS 液压蓄能器（既可单独使用，也可同时使用）中的动力来启动。

JFS 用于发动机的地面启动和辅助空中再启动。

地面启动发动机时，制动 /JFS 蓄能器在发动机转速增加到额定转速的 12% 后开始蓄压。当发动机转速增加到额定转速的 55% 以上时，传感器会自动将 JFS 关车。

燃油系统

机上燃油系统分为 7 个功能类别，分别是油箱系统、燃油传输系统、油箱通风和加压系统、发动机供油系统、燃油流量 / 燃油液面高度传感系统、油箱抑爆系统和加油 / 放油系统。

F-16CM 的机身和机翼内共有 7 个内部油箱，这些油箱与机体结构是整合在一起的。其中 5 个油箱是储油油箱：左右两个翼内油箱、两个前机身油箱（F-1 和 F-2）以及后机身油箱（A-1）。其余两个油箱（前后各一）是供油油箱，直接向发动机供油。在双座的 F-16D 上，F-1 油箱的体积缩小，给后座舱腾出空间。

燃油通过两种独立的供油方式进行传输。主供油方式利用虹吸原理通过连接各个油箱的竖管将油吸过来，而虹吸作用靠的是接收燃油的舱室接近真空状态。每个供油油箱的抽气装置都会自动排出油箱内的空气，以便将燃油吸入。如果虹吸系统失效，备用方式就会启用，燃油泵持续工作，将内部油箱中的燃油泵入供油油箱。外源输送系统也会使用电动泵或由发动机总管的引气压力驱动的油泵进行回油操作，以减少供油油箱中不必要的油量。两种供油方式既会同时运转，也会独立运转，将燃油在系统之间进行传输。

F110-GE-100 发动机

1. 备用发电机和飞控系统永磁发电机
2. 液压系统 A 的液压泵
3. 恒速驱动装置
4. 主发电机
5. 加力燃烧室燃油泵
6. 塔轴（发动机伸出）
7. 加压燃油泵
8. 发动机同步发电机
9. 主发动机控制器
10. 主燃油泵
11. 发动机机匣
12. 发动机滑油泵
13. 发动机液压泵
14. JFS 排气管
15. 喷气燃油起动机
16. 动力输出 (PTO) 轴
17. 液压系统 B 的液压泵
18. 附件驱动机匣

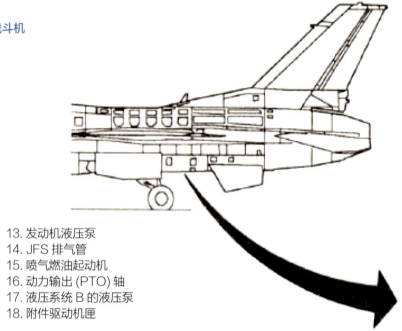

F100-PW-229 发动机

1. 备用发电机和飞控系统永磁发电机
2. 液压系统 A 的液压泵
3. 恒速驱动装置
4. 主发电机
5. 发动机滑油泵
6. 塔轴（发动机伸出）
7. 主燃油泵
8. 发动机机匣
9. 发动机同步发电机
10. JFS 排气管
11. 喷气燃油起动机
12. 动力输出轴
13. 液压系统 B 的液压泵
14. 附件驱动机匣

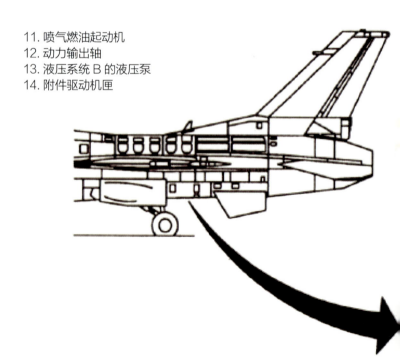

发动机附件驱动机匣（上为 GE 发动机，下为 PW 发动机）连接着发动机，用于驱动飞机的其他系统。PW 和 GE 发动机的机匣在设计上略有不同。（美国空军供图）

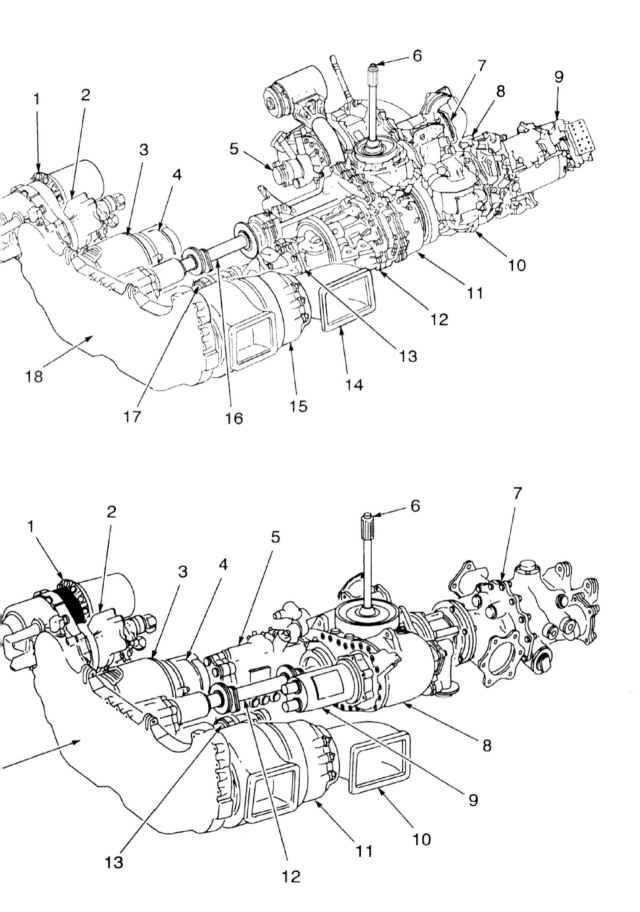

燃油系统 C（典型配置）

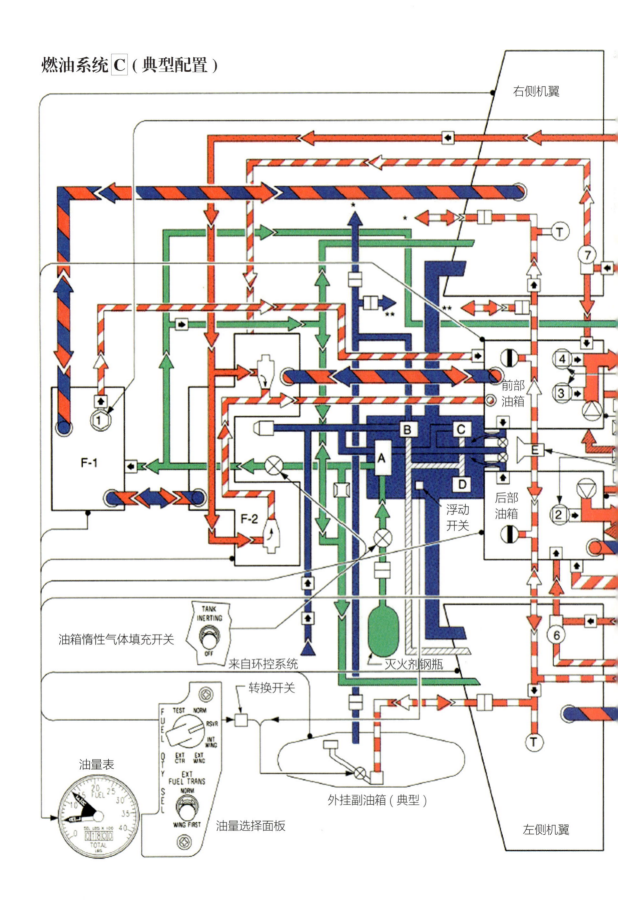

右侧机翼

前部油箱

后部油箱

B

C

A

D

E

F-1

F-2

浮动开关

1

2

3

4

6

7

T

T

TANK INERTING

OFF

油箱惰性气体填充开关

来自环控系统

灭火剂钢瓶

转换开关

FUEL QTY SEL

TEST   NORM

RSVR

INT WING

EXT CTR   EXT WING

EXT FUEL TRANS

NORM

WING FIRST

油量表

SEL LBS X 100

TOTAL LBS

外挂副油箱（典型）

油量选择面板

左侧机翼

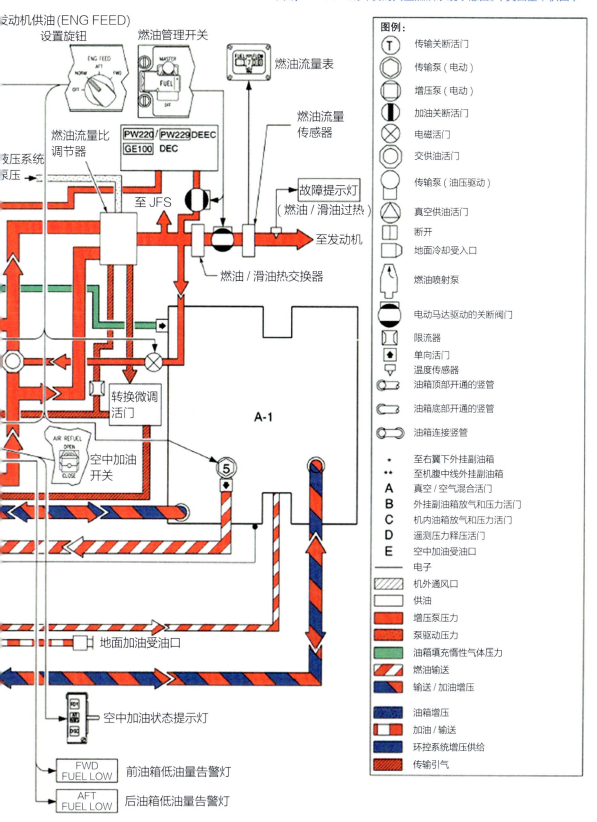

下图：F–16CM 战斗机的典型燃油系统示意图。（美国空军供图）

发动机供油(ENG FEED)
设置旋钮

燃油管理开关

燃油流量表

燃油流量
传感器

燃油流量比
调节器

液压系统
泵压

PW220 / PW229 DEEC
GE100 DEC

至 JFS

故障提示灯
（燃油 / 滑油过热）

至发动机

燃油 / 滑油热交换器

转换微调
活门

A-1

空中加油
开关

5

地面加油受油口

空中加油状态提示灯

FWD
FUEL LOW 前油箱低油量告警灯

AFT
FUEL LOW 后油箱低油量告警灯

图例：

- T 传输关断活门
- 传输泵（电动）
- 增压泵（电动）
- 加油关断活门
- 电磁活门
- 交供油活门
- 传输泵（油压驱动）
- 真空供油活门
- 断开
- 地面冷却受入口
- 燃油喷射泵
- 电动马达驱动的关断阀门
- 限流器
- 单向活门
- 温度传感器
- 油箱顶部开通的竖管
- 油箱底部开通的竖管
- 油箱连接竖管

- · 至右翼下外挂副油箱
- ·· 至机腹中线外挂副油箱
- A 真空 / 空气混合活门
- B 外挂副油箱放气和压力活门
- C 机内油箱放气和压力活门
- D 遥测压力释压活门
- E 空中加油受油口
- —— 电子
- 机外通风口
- 供油
- 增压泵压力
- 泵驱动压力
- 油箱填充惰性气体压力
- 燃油输送
- 输送 / 加油增压
- 油箱增压
- 加油 / 输送
- 环控系统增压供给
- 传输引气

发动机燃油／控制系统示意图（典型配置）

F110-GE-100 发动机

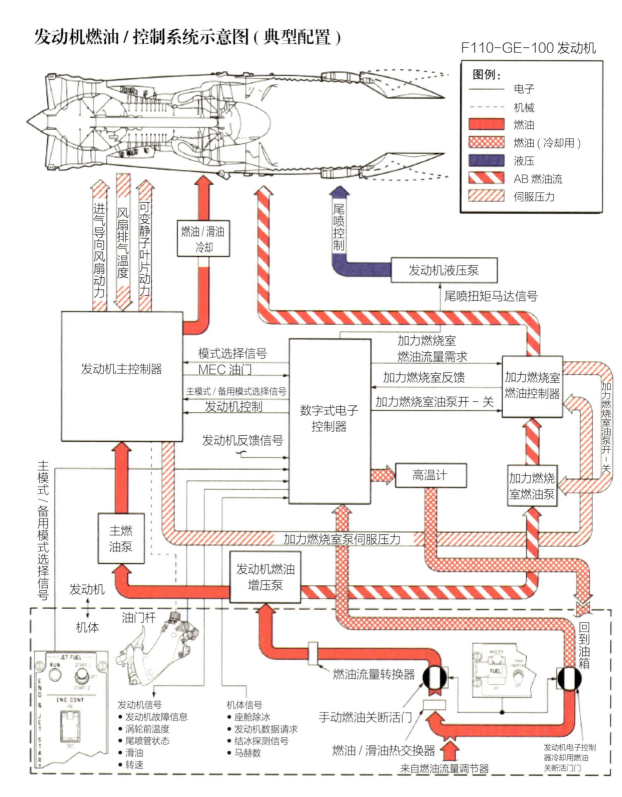

图例：
- —— 电子
- - - 机械
- 燃油
- 燃油（冷却用）
- 液压
- AB 燃油流
- 伺服压力

进气导向风扇动力
风扇排气温度
可变静子叶片动力
燃油／滑油冷却
尾喷控制

发动机液压泵
尾喷扭矩马达信号

发动机主控制器

模式选择信号
MEC 油门
主模式／备用模式选择信号
发动机控制
发动机反馈信号

数字式电子控制器

加力燃烧室燃油流量需求
加力燃烧室反馈
加力燃烧室油泵开 - 关

加力燃烧室燃油控制器

加力燃烧室油泵开 - 关

高温计

加力燃烧室燃油泵

主模式／备用模式选择信号

主燃油泵

加力燃烧室泵伺服压力

发动机燃油增压泵

发动机
机体

油门杆

JET FUEL
RUN   START 1
OFF
START 2

ENG CONT
PRI

SEC

E N G & J E T S T A R T

发动机信号
- 发动机故障信息
- 涡轮前温度
- 尾喷管状态
- 滑油
- 转速

机体信号
- 座舱除冰
- 发动机数据请求
- 结冰探测信号
- 马赫数

燃油流量转换器

手动燃油关断活门

燃油／滑油热交换器

来自燃油流量调节器

MASTER
TANK INERTING
FUEL
OFF

回到油箱

发动机电子控制器冷却用燃油关断活门

上图与对页图：发动机的燃油流向示意图中展示了两种发动机的燃油流入／流出发动机与其他机载系统在流向上的细微但非常重要的差别。（美国空军供图）

发动机燃油 / 控制系统示意图（典型配置）

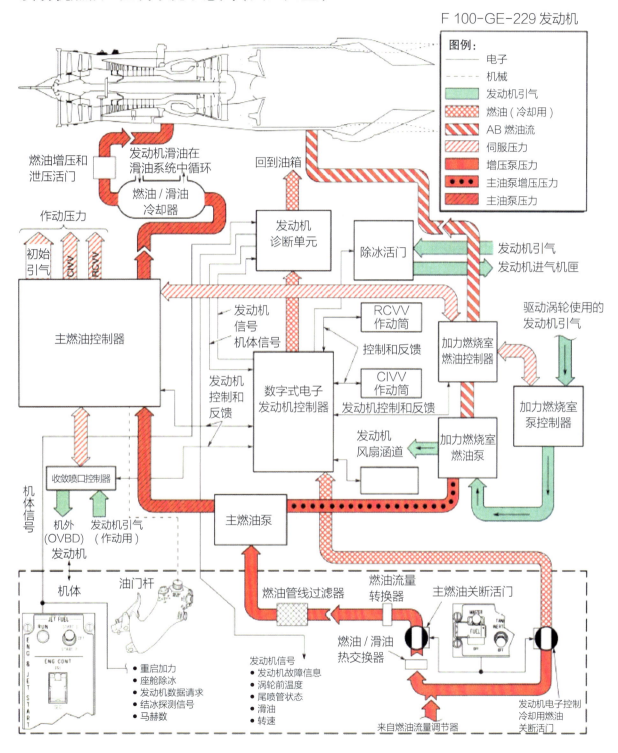

F 100-GE-229 发动机

图例：
- —— 电子
- ---- 机械
- 发动机引气
- 燃油（冷却用）
- AB 燃油流
- 伺服压力
- 增压泵压力
- 主油泵增压压力
- 主油泵压力

燃油增压和泄压活门

发动机滑油在滑油系统中循环

回到油箱

燃油 / 滑油冷却器

发动机诊断单元

除冰活门

发动机引气
发动机进气机匣

作动压力

初始引气   CIVV   RCVV

主燃油控制器

发动机信号
机体信号

RCVV 作动筒

控制和反馈

CIVV 作动筒

驱动涡轮使用的发动机引气

加力燃烧室燃油控制器

发动机控制和反馈

数字式电子发动机控制器

发动机控制和反馈

加力燃烧室泵控制器

发动机控制和反馈

收敛喷口控制器

发动机风扇涵道

加力燃烧室燃油泵

加力燃烧室燃油泵

机体信号

机外(OVBD)（作动用）
发动机引气
发动机

机体

油门杆

主燃油泵

燃油管线过滤器

燃油流量转换器

主燃油关断活门

燃油 / 滑油热交换器

JET FUEL
RUN   START
ENG CONT

- 重启加力
- 座舱除冰
- 发动机数据请求
- 结冰探测信号
- 马赫数

发动机信号
- 发动机故障信息
- 涡轮前温度
- 尾喷管状态
- 滑油
- 转速

来自燃油流量调节器

发动机电子控制冷却用燃油关断活门

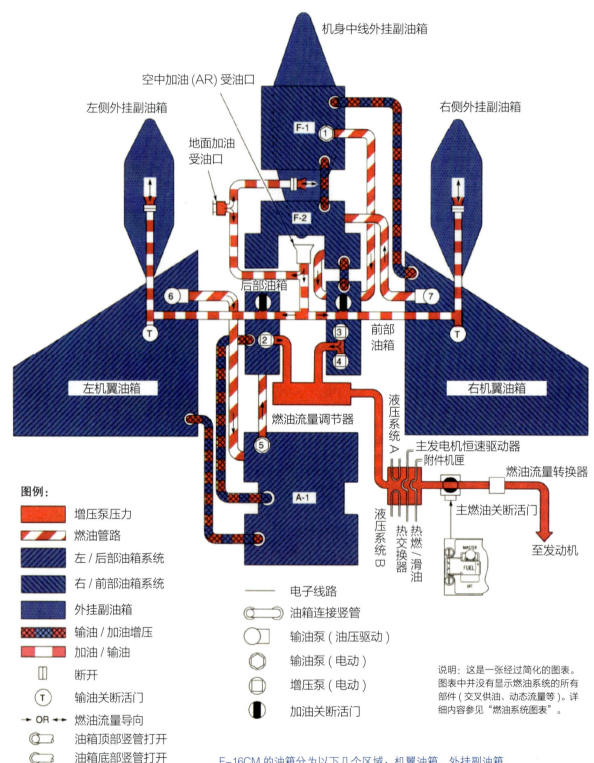

机身中线外挂副油箱

空中加油 (AR) 受油口

地面加油
受油口

左侧外挂副油箱

右侧外挂副油箱

F-1

F-2

后部油箱

前部油箱

左机翼油箱

右机翼油箱

燃油流量调节器

液压系统 A

主发电机恒速驱动器
附件机匣

燃油流量转换器

主燃油关断活门

液压系统 B

热燃 / 滑油
热交换器

至发动机

A-1

图例：

增压泵压力

燃油管路

左 / 后部油箱系统

右 / 前部油箱系统

外挂副油箱

输油 / 加油增压

加油 / 输油

断开

输油关断活门

OR 燃油流量导向

油箱顶部竖管打开

油箱底部竖管打开

电子线路

油箱连接竖管

输油泵（油压驱动）

输油泵（电动）

增压泵（电动）

加油关断活门

说明：这是一张经过简化的图表。
图表中并没有显示燃油系统的所有
部件（交叉供油、动态流量等）。详
细内容参见"燃油系统图表"。

F-16CM 的油箱分为以下几个区域：机翼油箱、外挂副油箱、
后部油箱系统和前部油箱系统。（美国空军供图）

油量表和油箱布置示意图（典型配置）

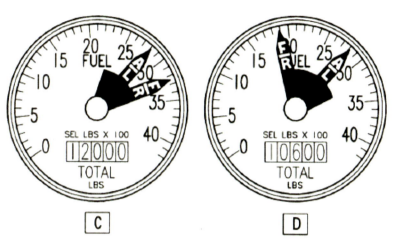

C
D

飞行员扫视一眼油量表（图上为 C 型和 D 型"蝰蛇"使用的样式）便可获知总油量。总油量计（显示为数字）显示了总油量，不同的指针指向的油量刻度代表了前 / 后和左 / 右油箱的具体油量。（美国空军供图）

油量表在常规模式下显示的油量（JP-8 航空煤油）包含所有内部油箱以及两个 370 英制加仑外挂副油箱中的总油量。

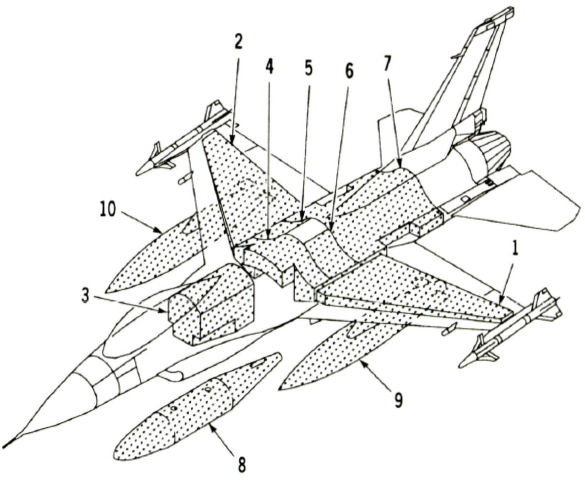

油量表和选择面板（典型配置）

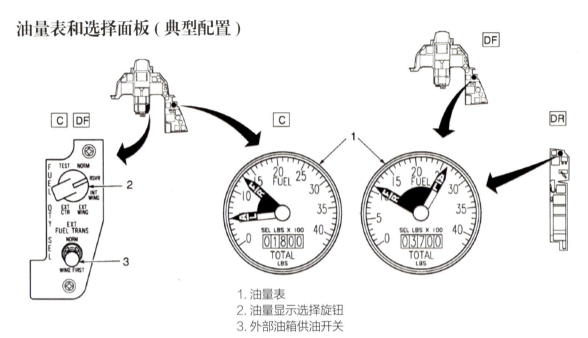

1. 油量表
2. 油量显示选择旋钮
3. 外部油箱供油开关

控制 / 仪表显示	开关 / 旋钮位置	功能
1. 油量表	"AL"和"FR"指针	根据油量显示选择旋钮的位置显示指定油箱的油量
	总油量计	显示所有油箱（机身、机翼和外挂副油箱）中的总油量。总油量计和"DED BINGO"页面上显示的油量值的单位为 100 磅
	"AL"指针的红色部分所示	表示前后机身油箱中的燃油分布不平衡。
2. 油量显示选择按钮	"TEST"（测试）	"AL"/"FR"指针偏转到 2000(+100) 磅的位置
		总油量计显示为 6000(+100) 磅
		两个低油量告警灯均点亮
	"NORM"（常规）	"AL"指针指向的读数为后（左）供油油箱和 A-1 机身油箱的总油量
		"FR"指针指向的读数为前（右）供油油箱和 F-1、F-2 机身油箱的总油量
3. 发动机供油旋钮	"OFF"（关）	关闭所有电动油泵。发动机的供油由燃油流量调节器完成
	"NORM"（常规）	开启所有油泵，并自动维持飞机重心 (CG)
	"AFT"（后）	开启后部机身油箱的燃油泵并打开交叉供油活门。燃油从后机身油箱中输出，向发动机和前机身油箱供油，飞机重心前移
	"FWD"（前）	开启前部机身油箱的燃油泵并打开交叉供油活门。燃油从前机身油箱中输出，向发动机和后机身油箱供油，飞机重心后移
4. 空中加油受油口开关	"OPEN"（打开）	打开受油口盖滑动门。在空速低于 400 节时，飞控系统进入"起降增益"模式
		点亮"AR"（空中加油）指示灯
		降低内部油箱压力，外挂副油箱减压，在挂载机腹中线副油箱且施加加油压力时，打开每个供油油箱的加油活门
	"CLOSE"（关闭）	将"打开"受油口的动作流程反向运作

输油系统划分为两个单独的油箱系统，即前部油箱系统和后部油箱系统。前部油箱系统包括右侧外挂副油箱（如果挂载的话）、右侧机翼内部油箱、F-1 油箱、F-2 油箱和前部供油油箱。后部油箱系统包括左侧外挂副油箱（如果挂载的话）、左侧机翼内部油箱、A-1 油箱和后部供油油箱。如果挂载了机身中线副油箱，那么该副油箱就为前后油箱系统所共有。每侧翼下的副油箱中的燃油首先注入对应的翼内油箱，直到副油箱中的油用光。

燃油首先从机翼油箱流向机身各油箱，然后流入前 / 后供油油箱，接着油泵将燃油从供油油箱中抽出，输送至发动机。为了自动保持飞机的重心，燃油会同时在前油箱和后油箱系统中传输。

如果外挂了副油箱，气压供油系统会首先把燃油压入机翼油箱。如果 "EXT FUEL TRANS"（外部油箱供油）开关置于 "NORM"（常规）挡位上，燃油流向就是从中线副油箱流向机翼内部油箱。当中线副油箱抽空后，翼下副油箱的燃油就注入对应的机翼内部油箱，每个翼内油箱中的外部油箱传输活门可以关闭，以防内部油箱过充。如果这些活门中的一部分失效，浮动开关传感器就会感知油量并在燃油流量过载前关断所有外部油箱传输活门。当把 "EXT FUEL TRANS" 开关拨到 "WING FIRST"（机翼优先）位置时，翼下副油箱会比机身中线副油箱中的燃油更早用光。然而，即使传输活门失效，浮动开关也不会再阻止机内油箱燃油过充。

前部油箱自动传输系统可防止因机内各油箱燃油分配不均导致重心后移而产生严重后果，该系统仅在 "FUEL QTYSEL"（油量选择）旋钮旋至 "NORM" 位置且前机身油箱的油量表读数低于 2800 磅时工作。当前机身油箱的配重油量低于 300 磅时，传输系统开始运转。当配重油量达到 450 磅时停止运行。在 F-16D 上，由于配重方式和单座机不同，当后机身油箱比前机身油箱的油量多 900 磅以上时，开始向前机身输油；当后机身油量与前机身油量正差值减少到 750 磅时，停止向前机身输油。这套系统在后机身油箱单向向前机身油箱转移燃油时不会纠正前机身各油箱的油量不均衡问题。

对页图：飞行员可以通过模式选择开关来循环查看前、后、左、右、外挂副油箱的油量以及总油量。飞行员也可切换使用内部油箱和外部油箱中的燃油。一般来讲，外挂副油箱中的燃油是首先使用的，这样可以减轻外挂副油箱的质量，减少作战机动时副油箱的应力（不抛掉副油箱的话）。（美国空军供图）

飞行员所坐的座椅后倾 30 度，手臂自然摆放，肘部以上的部分被大型气泡形座舱盖包围着，没有前风挡边框阻挡视线。"蝰蛇"的飞行员拥有绝佳的视野，目视搜索目标时占尽先机，同时享受着舒适性在全世界范围内数一数二且人机工效最佳的战斗机座舱。（美国空军供图）

FLYIN
THE F

ADCC Sgt Howard Sacuzzo DCC SSgt.

DANGER
ECTION
EAT

1. PUSH BUTTON TO OPEN DOOR
2. PULL RING OUT 6 FEET TO
   JETTISON CANOPY

7 驾 "隼" 出击：飞行员的视角

　　迈克·"鲁勃"·坎菲尔德少校向我们讲述了如何发挥出 F-16CM 多用途战斗机的最大潜力："F-16'战隼'战斗机，我们飞行员称之为'蝰蛇'，是一种线条流畅、性感迷人的飞机。我在 F-16 上有超过 1000 小时的飞行记录，先后担任过僚机飞行员、飞行队长、教练飞行员和评测飞行员。在'持久自由'行动期间，我在阿富汗上空共进行了 275 小时的作战飞行。"

"**蝰**蛇"是一种真正为战斗机飞行员研发的飞机，一切设计围绕着飞行员的需求。在后面的篇幅里我将为大家简单讲述坐在"蝰蛇"座舱中的体验。

F-16 是多用途战斗机，可以称得上"多面手"。我们驾着它深入敌后，扫除敌方空中力量，使用精确制导武器或者非制导武器压制并摧毁敌人的防空设施，消灭敌方地面部队，炸飞敌人的车辆，轰炸敌方的基地，然后返航，并在途中干掉零星出现的敌机。要做好这些事情，我们需要长期的理论学习、地面模拟和训练飞行……不是在训练，就是在去训练的路上。战斗机飞行员的目标是成为王牌中的王牌，而在"蝰蛇"的座舱中，你得掌握众多门类的技能，并做到最好。

下图：F-16C Block50/52 的座舱设计十分人性化，飞行员面前是平视显示仪，下面的仪表板上是两个多功能显示器，飞行操纵装置布置在后倾的弹射座椅两侧双手自然摆放就能触及的位置。（希腊空军供图）

任务计划

任务计划的用时取决于训练任务的复杂程度。如果仅仅是基本战斗机动（BFM）——空中格斗训练，那只需对该航次做出简短的计划。如果是大部队演训（LFE，投入 69 架以上的不同型号飞机、假想敌部队、地面部队和保障装备等），任务计划的时间恐怕就要按月计算了，每架飞机的行动细节会在实际飞行前 24~48 小时内计划好。

通常来说，参训飞行员会在讨论训练计划的前一天就集合在一起待命了。以 4 机编队为例，飞行队长（1 号机）会给编队成员按其在编队中的位置安排任务。飞行队长和带队长机机长或副队长（3 号机）会一起商讨战术和任务的全部流程。

僚机（2 号机和 4 号机）则准备一叠任务卡片（小卡片上打印着任务关键信息，如呼号、无线电频率和代号、应答机代码等）、地图、目标照片、承载任务相关数据（如无线电频道、导航路点、Link-16 数据链设定值、外挂武器信息和引信设置、空域和飞行路线，以及其他可以下载到机载任务计算机中的数据）的传送磁带（DTC）。

1 号机负责安排飞行和编队的战术运用，并且在飞行前发布任务简报。以上为任务计划的概述，所有计划事宜都取决于预先安排的任务类型。

上图：在弗吉尼亚州桑斯顿，弗吉尼亚空中国民警卫队第 192 战斗机中队（FS）的飞行员正在走向各自的座机（Block30C 批次的"蝰蛇"）。该中队后来被整编入第 1 战斗机联队，"座驾"从 F-16 战斗机改成了 F-22A"猛禽"战斗机，这也意味着他们要和 F-16 说再见了。（美国空军供图）

上图：这张照片拍摄于 20 世纪 80 年代中期，"蝰蛇"的飞行员们正在研究任务计划。后来计算机应用于该领域，这个工作变得更加快速和高效。现在，软件工具可以让飞行员自动变身为"武器专家"（针对计划目标确定使用的武器种类、投射方式以及引信设定，以取得最佳打击效果），创建飞行计划，自动检测威胁和鸟类密集区域，以及一系列其他相关事项。（美国空军供图）

任务简报

任务简报一般在起飞前 30 分钟、最长两个多小时前发放，时长根据任务类型调整。在简报发放前，飞行队长（即本文中的我）会布置好简报白板，僚机飞行员会给编队中的每个成员准备好任务资料。所有人员必须在开始前 5 分钟在简报室集合完毕。我关上大门并当众给出一个"原子"时间，大家照此对表，同步飞行手表的时间，并且定下执行任务的精度标准。从大门关上的那一刻，室内就不存在各种军衔的高低，只有一个是老板，其余人除了被问到问题以外不准发言。一人讲话，其余人都会专心致志地听讲。

飞行员讲解任务总览，然后就是"妈妈的唠叨"，也就是飞行任务的基本要点：气象、改航状态、空勤人员注意事项（NOTAM，主要是空域信息和机场限制等）、当天可能遇到的紧急情况、地面操作、起飞、特情处置、前往 / 离开指定空域、空情描述、降落、训练规则（TRs）和特别事项等。简报中提到的最多的词就是"标准"（意味着这些事项包含在书面发布的称为"翼上标准"的详细文件中）。如果我在讲解要点时有与大纲不同的事项，就需要在此时让编队人员了解清楚。

训练规则是规章的表述，更是用鲜血书写的安全规范。我会在简报中特别提示此次任务使用的训练规则。所有成员要求了解每条训练规则。特别事项是队长要求大家在飞行前讨论的事宜。过载的 g 值通常在 F-16 圈子里是一个特别话题，这是因为"蝰蛇"有高达 9 g 的最大使用过载。这个过载足以导致毫无防范或骄傲自满的飞行员遭遇致命事故。

战术管理是接下来的内容，包括了针对此任务的管理事项，例如导弹设定、炸弹引信设定、飞行设定、预期的威胁、敌方战术等。在今天的任务里，假设我们处在战争开始后的第二天，我们的任务是摧毁敌方的指挥控制（C2）中心大楼和炼油（POL）设施。已知的敌方地对空导弹阵地已被摧毁，但目标区域周围可能还有残存的防空导弹，而且目标区域上空还有敌机进行战斗空中巡逻（CAP），少数几个机场上还有 F-16 和 F-5E "虎"式战斗机扮演的、处于一级战备状态中的"敌机"。我方编队前往目标区域和返航时是没有护航的，只能靠我们自己。空中有一架 KC-135 空中加油机在我们进入目标区域前为编队的飞机空中加油，还有一架 E-3 预警指挥机（AWACS）提供雷达情报支援。编队的飞机会挂载 AIM-120 先进中距空对空导弹、AIM-9X "响尾蛇"格斗导弹，装载 20 毫米口径机炮炮弹等作为空战武器。计划使用的对地武器如下：1 号机和 2 号机每架飞机挂载两枚 GBU-12 "铺路II"激光制导炸弹，3 号机和 4 号机每架飞机挂载两枚 GBU-38 "联合直接攻击弹药"。

为了实现主要作战目标，我负责战术和编队成员联络事项（例如谁负责做什么），在行动中我们既会进行空战也会对地面目标进行打击。我还负责雷达和目视搜索，对空中目标进行确认和攻击，决定自卫反应。我会向队员详细解释我们的航线、时间和攻击窗口。我察看目标的照片，从大至小，并寻找目标周围明显的地标或吸引我们视线、便于找到目标的物体。

一张远焦照片显示我们的目标区域是位于沙漠中的一处偏远基地，具体位置在山丘和一条干河床之间的山谷中。切换到目标区近景照片，我看到目标是一幢 L 形的大楼，该楼像钉子一样钉在干河床西边的一个十字路口南部。我将这些照片递给编队的各个飞行员进行传阅，确保所有人都能目视辨认目标，然后再进行提问。

总而言之，简报时间充分提示了任务的复杂性及飞行员在后续飞行中将要积累的经验。简报时间过后，所有人都得对任务达成共识，并且在登机前消除所有疑问。最好在地面零速度零过载时解决掉疑惑，如果在以 510 节的速度，拉出 6～9g 的高过载时，HUD 上出现了一个理论性问题的标记，就坏大事了！

登机

大约在登机前 10 分钟，我们在空勤人员飞行装具库完成"着装"。飞行装具库更像一个更衣室，每个飞行员都有自己的更衣柜，用来储存自己的飞行装具。当你拉上抗荷服的拉链并扣上背带的金属卡扣时，耳边就能听见队友的声音。大家着装完毕后打趣地谈论接下来的任务、气象以及家庭生活等。

检查完头盔的功能后，将其放入头盔收纳包。检查清单也都逐项核对完毕。我确认带齐了所有的任务资料，包括数据传送磁带和数字视频记录仪（DVR，用来记录任务视频）。最后，将手套和尿液收集袋放入抗荷服的口袋中。

机组人员在任务桌前集合，听取飞机安排事宜和机场情况、气象或改航的变化简报。这是检查安排给自己的座机的"飞鸟病历本"的绝佳时机，可以看到那架飞机是否存在"捣蛋鬼"（航电设备或机械系统中是否有"痼疾"，尽管不会威胁到飞行安全），以及减轻这些问题困扰的可行技术措施。飞行员会在"病历本"上记录以往飞行中遇到的诸如"雷达在前两次开机时没有反应，但关机 30 秒后再开机就没事了"之类的问题。结束了任务桌前的准备工作，我们根据飞机停放位置距离中队队部的距离选择步行或搭乘车前往停机位。

地面操作

靠近飞机对我来讲通常让我感到谦卑。在我面前的是一件如此漂亮的兵器，我为自己能够优先驾驶它飞上蓝天而感到自豪。当我走近飞机时，机械师在"蝰蛇"战机前立正站好，等待我接收。这些伙计和中队成员为了保证飞机在交给我时处于良好的适航状态，付出了血泪和汗水。没有他们辛勤的奉献、高超的技术和职业荣誉感，我只是一个穿着飞行服的普通人而已。

机械师立正向我敬礼，我同样向他还礼。在我们握手致意的同时，机械师递给我机务表格。我浏览表格确保所有检查项目都画勾确认，确认有无需要增加记载的内容，并确认我的飞机的外挂武器正确无误。然后我和机械师肩并肩绕行飞机进行目视检查，机械师随时回答我可能提出的与座机相关的疑问。

当目视检查开始的时候，我被检查探头、进气口、面板、仪表、支柱和飞行控制机构的一系列仪式般的过程弄得晕头转向；熟悉的场景和声音把我拉回现实世界，帮助我跟上任务的节奏，迎接后面的飞

对页图：虽然目视检查列表的项目繁多，但飞行员最终必须牢记这些项目，并放开手册这根"拐杖"。检查工作要求飞行员观察有无爆裂声响、凹陷或渗漏，还要检验特定的部件有无异常。（美国空军供图）

外部检查(典型流程)

说明：检查飞机是否有未关好的口盖和松动的紧固件，是否存在裂纹、凹陷、渗漏和其他异常情况。

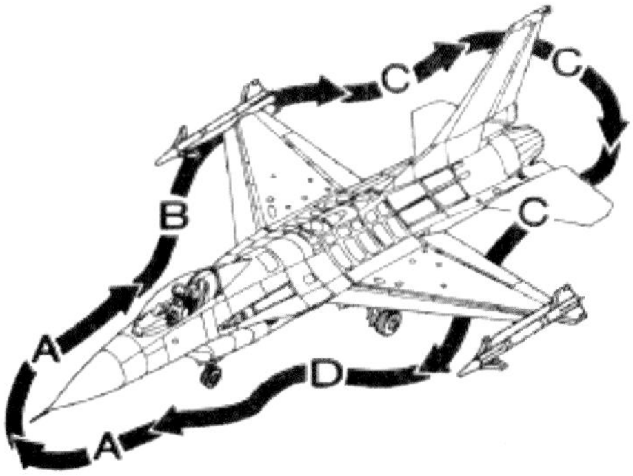

机头–A

1. 前机身：
   - A. 外部座舱盖抛弹D形手柄(2)——检查口盖是否正确关闭
   - B. 空速管——静压管(2)——保护罩已移除；
   - C. 迎角传感器(2)——保护罩已移除；槽内杂物已清除；活动部件检查完毕，无卡滞；校准检查(将探头向机头方向旋转到底［机身左侧的探头逆时针旋转，右侧的顺时针旋转］并察看底部的滑槽略微偏向6点钟方向和顶部滑槽前部是否有异物)；置于回中位置(底部滑槽位置：右侧4点钟方向，左侧8点钟方向)
   - D. 静压口(2)——情况
   - E. 雷达罩——确认关闭良好
   - F. 发动机进气道——无异物
   - G. 吊舱和挂架——确认无松动异常(航前检查规范T.O.1F-16CM-34-1-1)
   - H. EPU触发指示器——检查
   - I. ECS进气道——无异物

右侧机翼和对应的中机身–B

1. 右侧主起落架：
   - A. 轮胎、轮毂和起落架支柱——状态是否良好
   - B. 起落架保险销——插装到位
   - C. 阻力杆和偏心锁、螺栓、螺母和键销——检查有否松动
   - D. 上锁滚轮——检查
   - E. 舱门和铰链——检查有否异常
2. 右侧机翼：
   - A. 肼燃料箱——渗漏探测器——检查
   - B. EPU氮气瓶——是否充满(参见图示2-5)
   - C. EPU油量——检查
   - D. 液压系统A的液压油量和蓄能器检查
   - E. 机炮炮管旋转计数器和转速限制器——设置
   - F. 语音安全提示处理器——检查
   - G. EPU排气口——状态是否良好
   - H. 前缘襟翼——状态是否良好
   - I. 外挂物及挂架——确认无松动异常（航前检查规范T.O.1F-16CM-34-1-1)
   - J. 航行灯和编队灯——状态
   - K. 襟副翼——状态

后机身–C

1. 机尾：
   - A. 附件机匣——检查
   - B. 恒速驱动装置滑油液面高度——检查
   - C. 刹车/JFS蓄能器——充满(3000(+/-100)PSI)
   - D. 拦阻钩——状态以及拔出保险销后能否活动自如
   - E. 腹鳍、减速板、全动平尾和方向舵——状态
   - F. 发动机尾喷管区域——状态
   - G. 航行灯和编队灯——状态
   - H. 垂尾航行灯——状态
   - I. 飞控系统蓄能器——是否充满
   - J. JFS口盖——是否关闭

左侧机翼及对应的中机身–D

1. 左侧机翼：
   - A. 襟副翼——状态是否良好
   - B. 航行灯和编队灯——状态
   - C. 外挂物及挂架——确认无松动异常(航前检查规范T.O.1F-16CM-34-1-1)
   - D. 前缘襟翼——状态是否良好
   - E. 燃油通风放气口——无异物
   - F. 液压系统B的液压油量和蓄能器——检查
2. 左侧主起落架：
   - A. 轮胎、轮毂和起落架支柱——状态是否良好
   - B. 起落架保险销——插装到位
   - C. 阻力杆和偏心锁、螺栓、螺母和键销——检查是否松动
   - D. 上锁滚轮——检查
   - E. 舱门和铰链——检查有否异常
   - F. 起落架保险销收纳袋——检查状态
3. 机身：
   - A. 机炮口——状态
   - B. 敌我识别器——检查
   - C. AVTR——检查
   - D. 2317号舱门发动机和发动机监控系统运行/非运行状态指示器——检查
4. 机腹：
   - A. 前起落架的轮胎、轮毂和支柱——状态
   - B. 前起落架保险销——检查是否已摘除
   - C. 前起落架扭力臂——连接良好,保险销插装到位
   - D. 前起落架舱门和舱门铰链——确认无异常
   - E. 滑行灯——状态
   - F. 起落架/拦阻钩应急放下气瓶的压力——在标牌指示的范围内

上图:"蝰蛇"的机械师在飞行员到达之前就会对飞机进行仔细的目视检查,但是,尽管如此,他还是会和飞行员一起对飞机进行最终的彻底检查,保证万无一失。(美国空军供图)

行。目视检查是战斗机飞行员在 F-16 上进行初始训练中的基本内容。首先飞行教官用一份检查清单给学员演示最初几次目视检查的流程,将"徒弟"们领进"门"。最终,时间长了,复杂的流程也就"习惯成自然"了。随着飞行时数的增长,目视检查也会更加顺畅、更加快速,而检查单的内容已烂熟于心,很少再去翻看清单了。

"习惯动作"的养成是成为一名单座战斗机飞行员的基本要素。所有的飞机都有自己的检查清单,但是大多数飞机都配有副驾驶和随机工程师帮助飞行员一起完成这步工作。到了单座战斗机上,进入座舱后就只有飞行员独自完成了。最初是按照检查列表逐条进行的,后来经过长时间的练习,战斗机飞行员已经形成"习惯动作",通过不同的技术流程(包括座舱流程、缩写、将要开启的开关的数量等)匹配不同的检查列表或飞行的正常阶段。我之所以强调飞行中的"正常"阶段,是因为当紧急情况发生时,飞行员靠回忆执行完应急处置程序(CAPs)并恢复对飞机的控制后,要严格参照检查列表对飞机重新进行检查。

完成目视检查之后,我爬上登机梯并放好我的装具。我每次都把

每件东西放在固定位置，那样我就可以靠习惯拿取而不必寻找。"蝰蛇"的飞行员们戏称这个过程是"收拾他们的鸟窝"。飞行员把头盔套在弹射座椅滑轨上，将数据传送磁带插入卡槽，把头盔收纳包压扁并卷起来收好，检查单放到抗荷服腿部的口袋里，任务资料插入膝盖处的绑带内。

　　在座舱里稍加放松后，我将背后的安全带系在身上，仿佛把飞机绑在身后。驾驶"蝰蛇"时心中要树立这么一个重要的概念，飞行员是被捆绑在飞机上的，受控于飞机，没有其他道路可选。当我把抗荷服的管线连接好，座椅组件和安全带扣在一起，系好腰部安全带并调节到合适的长短，确认降落伞包和肩带连接到位，氧气面罩连接良好，联合头盔瞄准系统的线缆正确连接，头盔戴好，机内通话系统线缆插好，系紧领带，调整好方向舵脚蹬，整备好后，我快速扫视四周，确认没有落下什么东西。机械师会跟着我爬上梯子，并协助我进行整备。简短的握手和感谢后，机械师爬下飞机并将登机梯撤除。我复核了任务卡上的开始时间和我的飞行手表，并等待着发动机开车的准点时刻。

上图：当外部检查完成后，飞行员爬上梯子，检查 ACES II 弹射座椅，然后将他的头盔、氧气面罩以及所有任务计划资料放进座舱内。接近座舱范围意味着对其进行航前检查（除了首次检查开关位置以外的环视检查），站在梯子上时，视野更好，更加便利。（史蒂夫·戴维斯供图）

266—271 页图：F-16 战斗机的仪表板和控制面板的集成控制与仪表的逻辑分组示意图。主要飞行仪表安装在中间仪表板上，一旦 HUD 失效或者出现其他需要低头扫视仪表板的情况时，飞行员仍旧可以读出飞机的飞行姿态、空速、导航和高度信息。左侧辅助控制面板上安排了起落架收放、电子对抗装置和应急外挂投弃控制装置；右侧面板上配备了故障提示灯面板、错误信息显示列表，以及氧气、EPU、燃油和液压指针仪表。左侧操纵台上配有无线电、飞控系统、灯光和电子设备设定机构。右侧操纵台上装有全机的传感器和氧气系统的控制面板。（美国空军供图）

飞行仪表（典型配置）

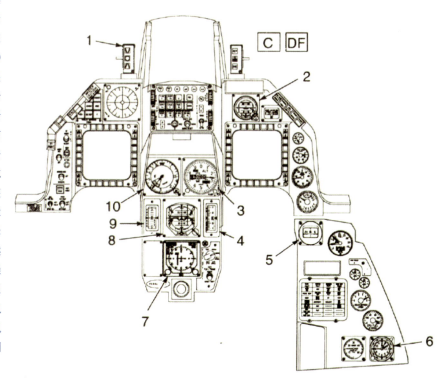

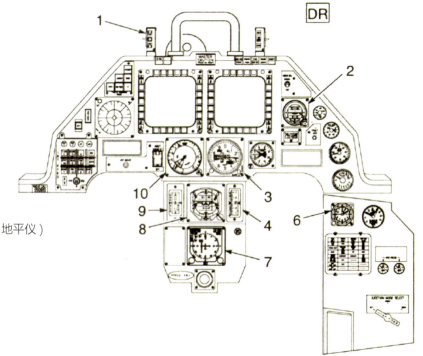

1. 迎角指示器
2. 备用飞行姿态指示器（地平仪）
3. 高度表
4. 垂直速度表
5. 磁罗盘
6. 飞行时钟
7. 水平态势显示器
8. 地平仪
9. 迎角表
10. 空速／马赫表

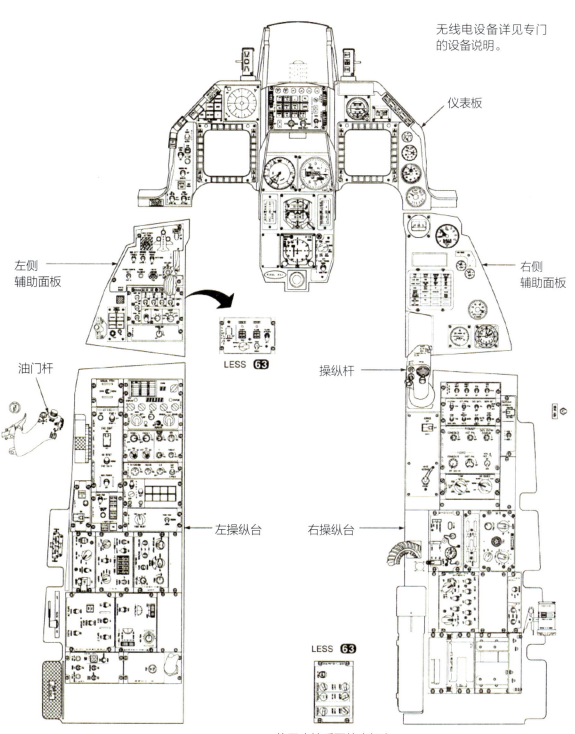

无线电设备详见专门
的设备说明。

仪表板

左侧
辅助面板

右侧
辅助面板

油门杆

操纵杆

LESS **63**

左操纵台

右操纵台

LESS **63**

位于座椅后面的支架上

仪表板

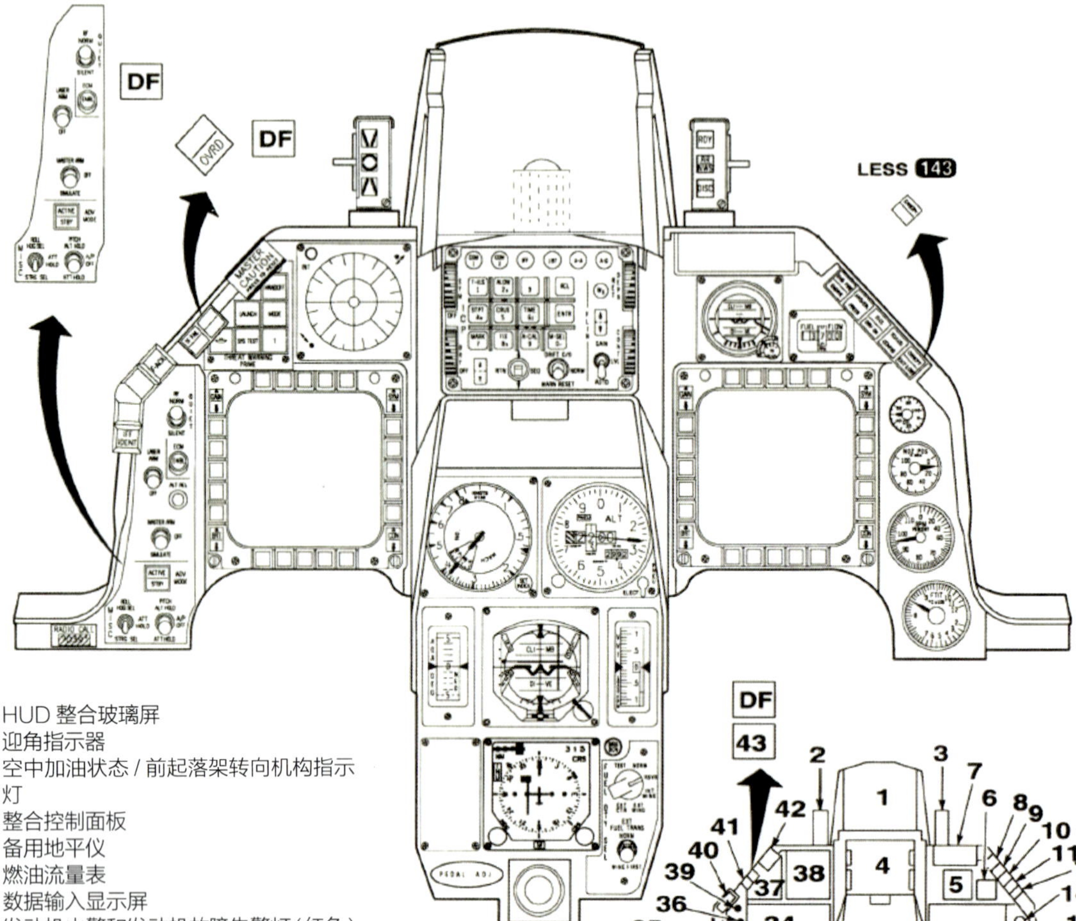

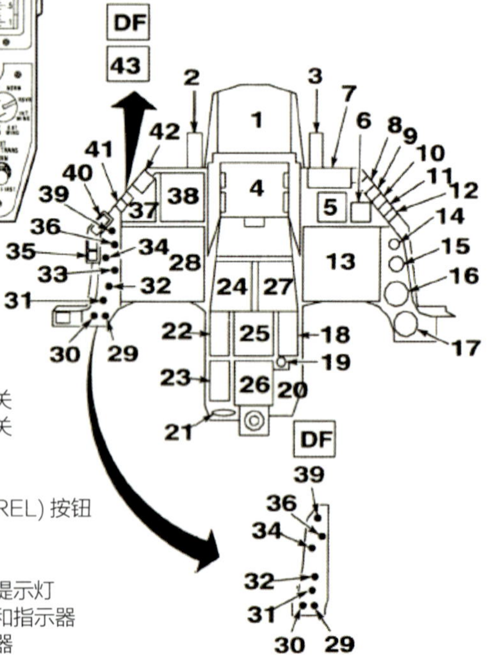

1. HUD 整合玻璃屏
2. 迎角指示器
3. 空中加油状态 / 前起落架转向机构指示灯
4. 整合控制面板
5. 备用地平仪
6. 燃油流量表
7. 数据输入显示屏
8. 发动机火警和发动机故障告警灯 (红色)
9. 液压 / 滑油压力告警灯 (红色)
10. 飞控系统和数据库系统开启 (DBU ON) 告警灯 (红色)
11. 起飞 / 降落配置告警灯 (红色)
12. 座舱盖机构 143 和氧气低储量告警灯 (红色)
13. 右侧多功能显示器
14. 滑油压力表
15. 尾喷状态指示器
16. 发动机转速表
17. 涡轮前温度表
18. 垂直速度表
19. 标记信标 (MRK BCN) 灯
20. 油量选择面板
21. 方向舵脚蹬调节钮
22. 迎角表
23. 仪表 (INSTR) 模式选择面板
24. 空速 / 马赫表
25. 飞行姿态显示器 (地平仪)
26. 水平态势显示器
27. 高度表
28. 左多功能显示器
29. 自动驾驶仪俯仰开关
30. 自动驾驶仪滚转开关
31. ADV 模式开关
32. 主武器开关
33. C 高度释放 (ALT REL) 按钮
34. 激光瞄准照射开关
35. 敌我识别器按钮
36. 电子对抗装置启用提示灯
37. 威胁告警控制面板和指示器
38. 威胁方位告警指示器
39. RF 开关
40. F-ACK 按钮
41. 地形跟踪 (TF) 失效告警灯 (红色)
42. 重大故障提示灯 (琥珀色)
43. DF 超负荷提示灯 (琥珀色)

左辅助面板

右辅助面板

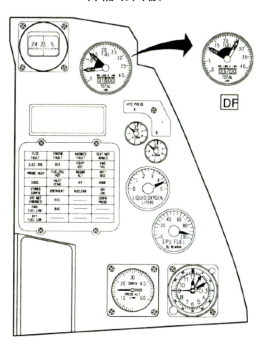

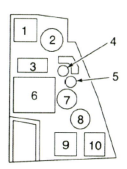

LESS 63

1. 外挂应急投弃按钮（覆盖有保险盖）
2. 起落架放下指示灯（绿色）
3. 拦阻钩开关（杆锁）
4. 防侧滑开关
5. 起落架放下锁止释放按钮
6. 起落架收放手柄允许放下按钮
7. 起落架收放手柄
8. 起落架收放手柄告警灯（黄色）
9. 降落滑行灯开关
10. 63 命令 (CMD) 控制面板，LESS 63 箔条 / 红外诱饵弹控制面板
11. 头盔瞄准系统控制面板
12. 威胁告警音量（调低）旋钮
13. 威胁告警旋钮控制和指示器
14. 起落架应急放下手柄
15. 起落架应急重置按钮
16. 减速板位置指示器
17. 外挂配置开关
18. 静音按钮
19. 地面弹射允许开关（杆锁）
20. 刹车通道开关

1. 磁罗盘
2. 油量表
3. 飞行员错误列表显示器
4. 液压系统 A 压力表
5. 液压系统 B 压力表
6. 故障提示灯面板
7. 液氧余量表
8. EPU 油量表
9. 座舱气压高度表
10. 飞行时钟

左侧操纵台

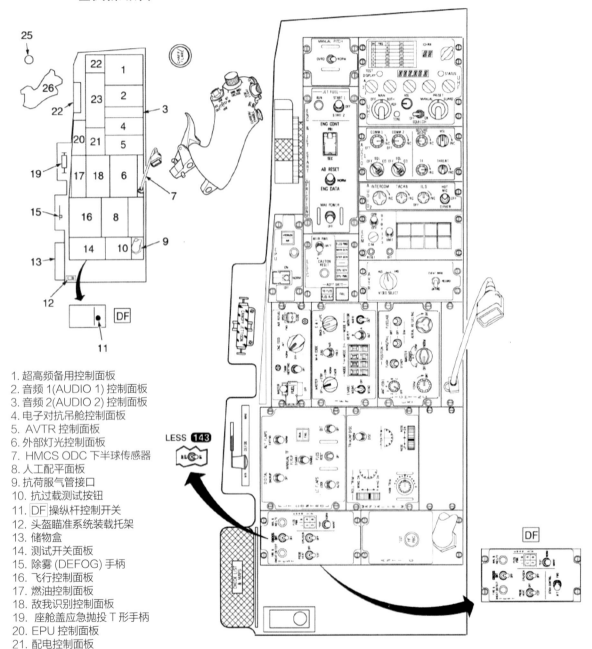

1. 超高频备用控制面板
2. 音频 1(AUDIO 1) 控制面板
3. 音频 2(AUDIO 2) 控制面板
4. 电子对抗吊舱控制面板
5. AVTR 控制面板
6. 外部灯光控制面板
7. HMCS ODC 下半球传感器
8. 人工配平面板
9. 抗荷服气管接口
10. 抗过载测试按钮
11. DF 操纵杆控制开关
12. 头盔瞄准系统装载托架
13. 储物盒
14. 测试开关面板
15. 除雾 (DEFOG) 手柄
16. 飞行控制面板
17. 燃油控制面板
18. 敌我识别控制面板
19. 座舱盖应急抛投 T 形手柄
20. EPU 控制面板
21. 配电控制面板
22. 油门杆阻尼控制机构
23. 发动机和喷气燃油起动机控制面板
24. 人工俯仰越权开关
25. 箔条 / 红外诱饵弹发射按钮
26. 油门杆

右侧操纵台

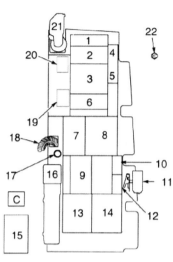

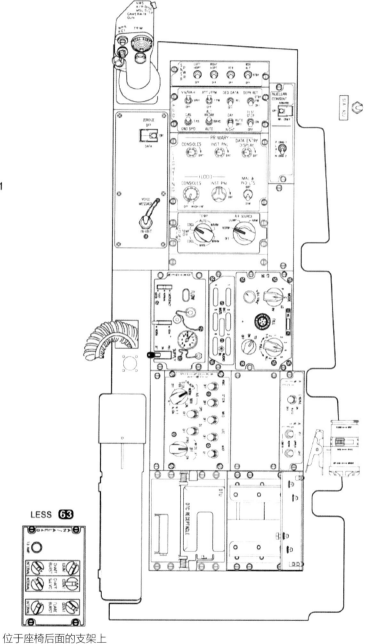

1. 传感器 (SNSR) 电源控制面板
2. HUD 控制面板
3. 舱内灯光控制面板
4. 核武器设定开关 (覆盖有保险盖)
5. 简易密码开关
6. 空调控制面板
7. 氧气调节控制面板
8. 保密语音通信控制面板
9. 航电设备电源控制面板
10. 发动机防冰开关
11. 应用灯
12. 天线选择面板
13. 数据传输组件 (DTU)
14. AERP 安装点
15. LESS 🔞 箔条 / 红外诱饵弹程控机
16. 储物盒
17. AERP 接口
18. 氧气管 / 通信线缆接头
19. 语音消息开关
20. 归零开关
21. 操纵杆
22. 座椅调节开关

LESS 🔞

位于座椅后面的支架上

外部灯光设备（典型配置）

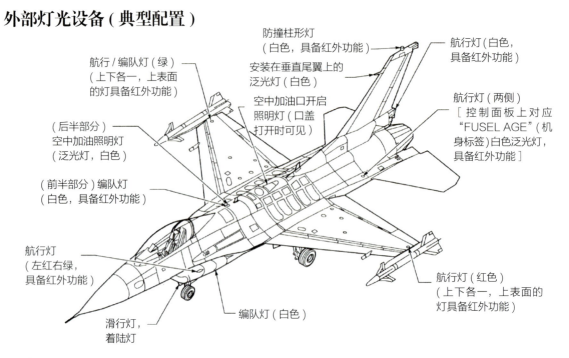

防撞柱形灯
（白色，具备红外功能）

航行灯（白色，具备红外功能）

航行/编队灯（绿）
（上下各一，上表面的灯具备红外功能）

安装在垂直尾翼上的泛光灯（白色）

空中加油口开启照明灯（口盖打开时可见）

航行灯（两侧）
[控制面板上对应"FUSEL AGE"（机身标签）白色泛光灯，具备红外功能]

（后半部分）
空中加油照明灯
（泛光灯，白色）

（前半部分）编队灯
（白色，具备红外功能）

航行灯
（左红右绿，具备红外功能）

航行灯（红色）
（上下各一，上表面的灯具备红外功能）

滑行灯，着陆灯

编队灯（白色）

上图：F-16 的外部灯光系统不但为地面人员提供了目视识别特征，表明这架飞机已经处于工作状态，而且提示了编队的其他成员，该机正准备滑出或起飞。（美国空军供图）

F110-GE-100 发动机

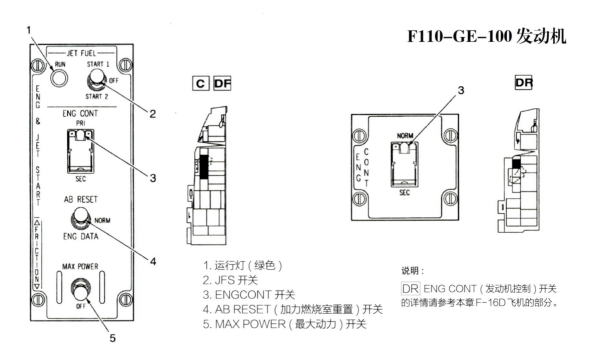

JET FUEL
RUN   START 1
OFF
START 2

ENG CONT
PRI
SEC

AB RESET
NORM
ENG DATA

MAX POWER
OFF

C DF

NORM
SEC

DR

1. 运行灯（绿色）
2. JFS 开关
3. ENGCONT 开关
4. AB RESET（加力燃烧室重置）开关
5. MAX POWER（最大动力）开关

说明：
DR ENG CONT（发动机控制）开关的详情请参考本章 F-16D 飞机的部分。

上图：F110 发动机的启动面板与 F100 发动机的非常相似。注意图中两种 JFS 启动模式和绿色的 JFS 运行指示灯。（美国空军供图）

我接通了机载蓄电池，检查相关指示灯点亮的情况，并将电源开关拨到"MAIN POWER"（主电源）挡位。我与地面上的机械师进行通话，确认机内通信设备工作良好，得到允许后启动飞机，并关闭座舱盖。我将喷气燃油启动机的开关拨到"START 2"挡位，发动机随即开始加速旋转，然后我将油门推到"IDLE"位置（刚好推过油门杆圆弧轨迹的最高点）。当燃油点火、发动机开车时，我感觉到轻微的噪声，监控发动机的仪表的指针随着发动机转速和涡轮前温度的上升而转动。当我的手向前推油门杆时，我必须做好准备，如果开车过程中出现问题，就立即关车！

当发动机隆隆作响运转起来后，我感觉到控制机构在液压压力上升后瞬间就位，JFS 自动关闭，主发电机和备用发电机也都上线运转了。我在调节座椅高低的同时检查座舱内各面板上是否有告警灯、故障灯和其他提示灯点亮，并确认发动机仪表可以正常读数。在执行剩余的地面操作时，机械师低头钻到机腹下，在飞机周围穿行检查，还要避开由 3000 磅力 / 平方英寸液压驱动的飞行控制面的活动范围。进行仪表检查、飞控系统和其他杂项检查时，我的手指从各按钮和开关上拂过，噼里啪啦地完成各项设定，整个过程就像习惯成自然的舞蹈一样，这是数以千计的重复训练学习的结果。经过 5~10 分钟的检查，机上所有系统均已开启并正常可靠地运行。

我对航电设备的导航（NAV）、空空（A/A）和空地（A/G）模式进行设置，每个飞行员都有自己的一套航电设置方法。这些模式是通过含有 3 个挡位的近距格斗 / 导弹攻击越权开关进行切换的。

我将挂在翼下外侧挂架上的 AIM-9X 设定为主用空对空导弹（使用近距格斗模式），设定了机炮参数，将左侧 MFD 的默认显示内容设定为外挂管理系统（SMS）界面，雷达显示内容设置到水平态势显示器上，并在右侧 MFD 上显示了系统测试结果。我习惯在格斗过程中将两个 MFD 设定为显示相同内容，并通过外挂管理系统的导弹越权操作（内侧挂架）来唤醒 AIM-120 导弹。

飞行员可以在前上控制面板上对当前的主模式进行设定，包括导航、空地和空空模式。我在空空主模式下设定了 AIM-120 中距空对空导弹，将右侧 MFD 设定为目标显示，用于在较远的距离上识别目标飞机。空地模式设定左侧 MFD 显示外挂管理页面和水平态势页面，目标和雷达信息则显示在右侧 MFD 上。将水平态势显示在对侧的 MFD 上有助于我将注意力集中在投弹操作上。

我通常将导航模式下的雷达信息（RDR）、数据传输组件（DTE）和系统测试信息（TST）放在左侧 MFD 和 HSD 上，目标信息和外挂

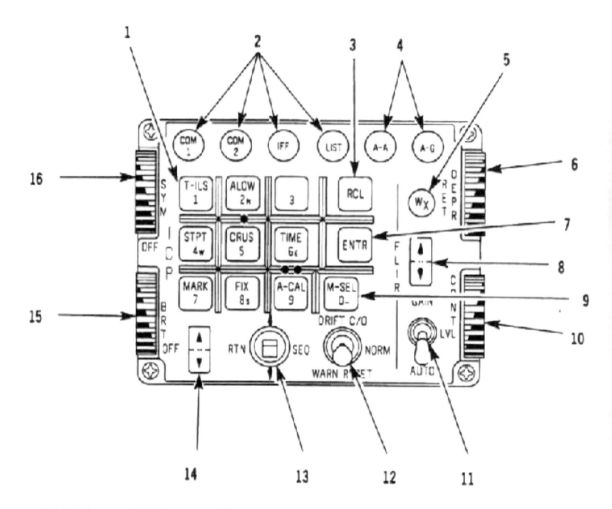

1. 主要功能键 (1-9) 和数字键盘 (1-9)
2. 越权按钮
3. 重现 (RCL) 按钮
4. 主模式按钮
5. 气象模式 (WX) 按钮
6. 十字标线控制钮
7. 回车键
8. 前视红外调亮 / 调暗开关
9. 模式选择键和 "0" 数字键
10. 光栅对比度调节钮
11. 前视红外增益 / 级别开关
12. 偏流断路 / 告警重置开关
13. 数据控制开关
14. 数据录入显示器亮度调节开关
15. 光栅亮度调节钮
16. HUD 标记亮度调节钮

管理页面放在右侧 MFD 上。这些页面在左右两个 MFD 上都可以通过显示管理开关切换显示，具体显示在哪个显示器上就取决于飞行员的偏好了。设定过程听上去很烦琐，但是这个过程重复数百次之后，你就会像驾车前调整自己的爱车一样熟悉机载设备的设置了。

到了简报上要求的完成检查的时刻，我对编队成员的自检情况进行点检。"蝰蛇 1 号，检查完毕！"之后耳机里就传来整齐有力的应答声，"2 号完毕！""3 号完毕！""4 号完毕！"我向地面控制中心请求滑出。得到滑出准许后，我向我的机械师举手示意。他引导我滑出，干脆利索地敬了一个礼，然后友好地摆出了中队的标志性动作（举起一只手，并将手卷曲成利爪的样子，代表着中队的吉祥物——一只凶猛并且善于猎杀恐怖分子的秃鹫）。

"蝰蛇"的地面方向控制是通过可选的前轮转向机构进行

的，按下操纵杆上的"MISSILE STEP"（导弹设定）按钮即可启用NWS，这时我就可以通过方向舵脚蹬来控制飞机的地面转向了。我在操纵飞机进行地面滑行时，发动机的转速从来不会超过额定转速的80%，并且油门杆始终在"慢车"位置上，在飞机转向之前，尾喷口处于扩散状态，以防止座机的尾喷气流过猛，扫倒飞机附近的车辆和人员。

4架飞机组成的编队按照飞行简报的预案滑出停机位，各机之间保持着精确的距离间隔。我们排成锤头队形进行跑道头（EOR）检查。一名机械师将我们引导就位，EOR检查组成员（由地勤军械组和几位机械师组成）对我们的飞机进行起飞前的最后一次检查，以及解除外挂武器的保险。我的双手离开操纵杆和油门杆，并且让站在飞机前方的机械师看到我的手，使他们确认我不会触动任何飞行控制面，以免对在翼下工作的军械组人员造成碰撞伤害。当检查结束后，我们滑向跑道待命，准备起飞。

上图与对页图：飞行员在滑出和起飞前可以在前上控制面板的键盘上输入数据。注意照片中的数字录入显示屏，即UFC右边的黑底绿字的小屏幕。飞行员输入的字符可以显示在上面，这些信息亦可原样显示在HUD显示内容的底部。注意彩色显示的MFD（雷达信息显示在左侧MFD上，水平态势信息显示在右侧MFD上）设计时考虑了光扰，即使在强烈阳光的照射下，飞行员也能清楚地读取屏幕上的内容。（希腊空军/美国空军供图）

辐射和温度

说明：
- 雷达天线至雷达罩最前端的距离为 5 英尺。
- 电子对抗吊舱的辐射范围是吊舱前后两个扇形区域。
- 先进敌我识别系统天线阵列辐射方向为正前方。

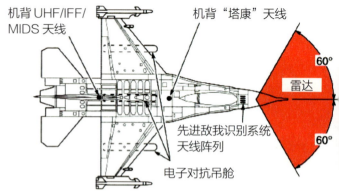

机背 UHF/IFF/MIDS 天线

机背"塔康"天线

雷达

60°

60°

先进敌我识别系统天线阵列

电子对抗吊舱

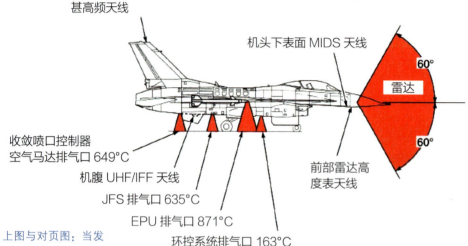

甚高频天线

机头下表面 MIDS 天线

雷达

60°

60°

前部雷达高度表天线

收敛喷口控制器空气马达排气口 649°C

机腹 UHF/IFF 天线

JFS 排气口 635°C

EPU 排气口 871°C

环控系统排气口 163°C

上图与对页图：当发动机启动、全机系统开始运转后，飞机本身会对在周围忙碌的地勤人员产生巨大的安全隐患。以下两个图展示了 Block42/52 批次"蝰蛇"的危险区域。当机务人员在飞机周围匆匆穿行进行跑道头检查时，飞行员必须确保手脚离开操纵杆和脚蹬，严禁任何控制舵面活动，以免撞击或拍打到地面人员。（美国空军供图）

运行中的发射机	距离天线的最小安全距离（单位：英尺）		
	易挥发液体	人员	EED
机背和机腹的 UHF/IFF 天线	—	1	—
先进敌我识别系统阵列	1	2	1
机背和机腹的"塔康"/MIDS 天线	—	1	2
甚高频天线	—	1	—
雷达高度表	—	1	—
火控雷达	30	120	120
AN/ALQ-119 电子对抗吊舱	—	6	6
AN/ALQ-131 电子对抗吊舱	—	15	15
ANIALQ-176 电子对抗吊舱	—	6	6
AN/ALQ-184 电子对抗吊舱	—	31	6
AN/ALQ-188 电子对抗吊舱	—	6	6
QRC-80-01 吊舱	—	6	6

注：EED：电子爆炸器件

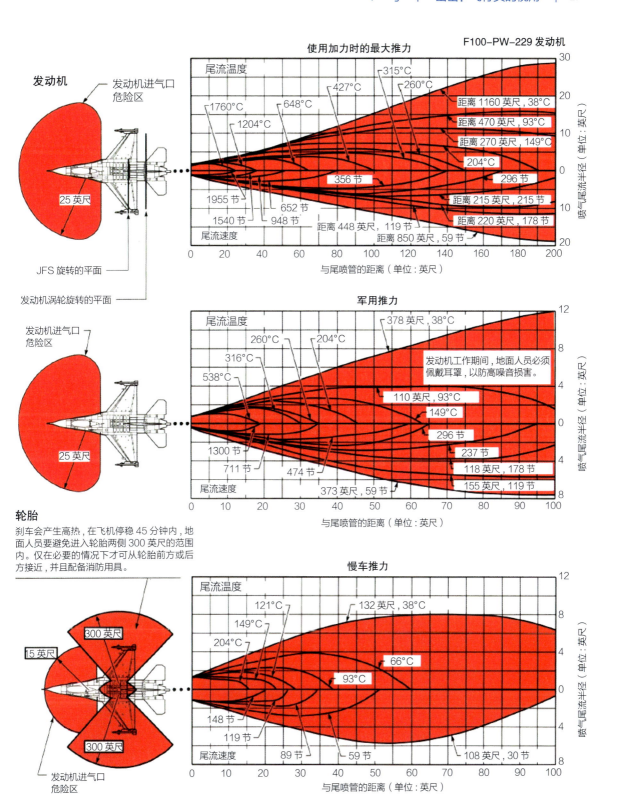

发动机

发动机进气口危险区

25 英尺

JFS 旋转的平面

发动机涡轮旋转的平面

发动机进气口危险区

25 英尺

轮胎

刹车会产生高热，在飞机停稳 45 分钟内，地面人员要避免进入轮胎两侧 300 英尺的范围内。仅在必要的情况下才可从轮胎前方或后方接近，并且配备消防用具。

300 英尺

15 英尺

300 英尺

发动机进气口危险区

使用加力时的最大推力

F100-PW-229 发动机

尾流温度

315°C
427°C   260°C
1760°C   648°C
1204°C
距离 1160 英尺，38°C
距离 470 英尺，93°C
距离 270 英尺，149°C
204°C
356 节
296 节
1955 节
652 节
1540 节   948 节
距离 215 英尺，215 节
距离 220 英尺，178 节
距离 448 英尺，119 节
距离 850 英尺，59 节
尾流速度

与尾喷管的距离（单位：英尺）

喷气尾流半径（单位：英尺）

军用推力

尾流温度

378 英尺，38°C
260°C   204°C
316°C
发动机工作期间，地面人员必须佩戴耳罩，以防高噪音损害。
538°C
110 英尺，93°C
149°C
296 节
1300 节
237 节
711 节   474 节
118 英尺，178 节
155 英尺，119 节
尾流速度
373 英尺，59 节

与尾喷管的距离（单位：英尺）

喷气尾流半径（单位：英尺）

慢车推力

尾流温度

121°C
149°C   132 英尺，38°C
204°C
66°C
93°C
148 节
119 节
108 英尺，30 节
尾流速度   89 节   59 节

与尾喷管的距离（单位：英尺）

喷气尾流半径（单位：英尺）

起飞

终于等到了驾驶"蝰蛇"升空的时刻。任何飞机都要涉及众多空速数值，这些数值又是起降数据（TOLD）的重要组成部分，"蝰蛇"也不例外。不仅如此，我每天每个架次的飞行都要设定不同的配置方案：干净无外挂（无副油箱和炸弹）、单副油箱（副油箱挂在机身中线挂架上）、双副油箱（副油箱挂在翼下 4 号和 6 号挂架上），等等。不论是军用推力起飞还是加力起飞，起飞方式都与飞机的外挂配置、跑道长度、气压高度和温度等要素息息相关。

我将飞机停在跑道一侧，我的僚机也照着我的样子，将飞机停在另一侧，与我在跑道上形成并排，3 号机和 4 号机并排停在我俩身后。经过快速手势交流和确认回复后，整个编队按顺序轮流进行起飞前发动机试车。我们将油门杆推到 80%，我扫视编队所有的飞机，由于带着制动，所有飞机都保持原地不动；然后低头瞟了一眼发动机组合仪表，确认一切正常。我朝僚机那里看，飞行员正在看着 3 号并等待准备就绪的"大幅度的点头示意"（3 号机飞行员会在得到 4 号机飞行

下图：驾驶 F-16C/D 开加力起飞是一件节奏飞快且令人眼花缭乱的事情：一切情况都在瞬间发生，飞行员必须要确认发动机处于正常工况并像手册介绍的那样运转。与此同时，强大的推背感令飞行员永生难忘。照片中这架内利斯空军基地的假想敌 F-16 开着加力，怒吼着离开跑道，刺向天空，炽热的尾流使其后面的景物变得模糊。（美国空军供图）

员点头示意之后向我的僚机飞行员点头）。

僚机飞行员收到示意并向我点头，我向他回敬了一个军礼（此时我们将要进行4机间隔起飞），然后松开制动并将油门杆推至"加"位置。我又看了一眼发动机组合仪表，确认打开加力时，尾喷口动作良好，并感到仿佛有一只大脚将我和飞机踢出去。飞机猛地加速，从座椅传来了难以置信的推背感！随着飞机在跑道上飞驰，HUD上的空速显示开始变化（在60节左右）。我关闭了前轮转向机构并使用方向舵进行方向控制，虽然不需要多少方向修正。

在燃油流量表获取单位时间实际注入燃烧室的油量时，我能听到里面机械机构运转的声音。当飞机加速到"决断速度"（达到该速度时，如放弃起飞，剩余跑道长度足够将飞机停住）时，我又朝发动机组合仪表处（那里还有紧贴仪表板遮光罩下表面的告警/故障提示灯面板，被飞行员戏称为"眉毛"面板）瞥了一眼，没有看到影响飞机升空的告警信号。一切情况良好，到了抬前轮速度的时候，我向操纵杆略微施加压力，将机头拉起到10度。速度增加15节后，飞机就升空了。从松开制动到离地，飞机总共在我脚下的跑道上滑跑了约半英里，用时约12秒。

下图：来自犹他州希尔空军基地第421战斗机中队的F-16战斗机4机编队正在爬升至巡航高度，向目标区域飞行。距离镜头最近的是编队长机，负责领航工作。在整个飞行过程中，长机的飞行员还要负责查看编队前方和后方是否存在敌方威胁。（美国空军供图）

上图：即使在双座版"蝰蛇"的后舱，飞行员的视野也是相当出众的。F-16 一开始是作为一种轻型战斗机来设计的，进入目视格斗距离后，视野就像飞机和飞行员的生命一样重要。"失去了视野，就意味着战败"，这句话是用鲜血书写出来的。（希腊空军供图）

我收起起落架，继续保持爬升状态。F-16 在加力起飞的过程中会发出相当"爆裂"的噪声，但是座舱内仍然相对"安静"。说实话，我很少去看垂直速度表，只偶尔瞟一眼，爬升率在 6000 英尺 / 分。当空速达到 300 节，我慢慢收回油门，脱离加力状态。持续加速到 350 节后，我重复检查了发动机的相关仪表。平心而论，我也不清楚每次飞行时我查看发动机仪表的频率，但是我确信非常频繁，因为一旦升空，我的身家性命全都维系在这唯一的一台发动机上了！

我继续爬升到预定的高度，并在无线电中按照条令进行呼叫。我扫视了一眼肩膀两旁，查看僚机是否已经跟上了我的编队。僚机飞行员松开制动比我要晚 15 秒钟，这个时间间隔是良好天候下加力起飞的标准间隔。3 号机和 4 号机也保持着这样的间隔。如果赶上了坏天气，我们就得在雷达的辅助下起飞离场了。在那种情况下，2 号机飞行员就得把松制动的间隔延长到 20 秒了。他离地收起起落架并爬升到安全高度后，得用雷达锁定我，在保持安全距离的前提下跟在我身后，直到爬升到复杂气象区域以上并能目视发现我的时候加入编队。还有个预案就是双机编队起飞，3 号、4 号机编队在我和僚机松开制动滑跑 15 秒钟后再起飞。

作为飞行队长，我为整个编队开路，密切注视雷达屏上的情况，防范前方空域可能突然出现的敌情（被飞行员们戏称为"远处的绊脚石"），而且还要环视座机周围的空情，对迫在眉睫的威胁（"近处的绊脚石"）做出反应。除此以外，还要提防飞鸟以及空中相撞的风险。

在整个飞行过程中，我需要持续进行交叉检查，不能有一丝懈怠。不同设备的检查优先次序取决于本次飞行的任务类型。我们的头盔上装有摄像头，可实时记录飞行的视频和图像，供飞行后讲评时调取观看。但是，在飞行期间我们要频繁查看舱内仪表设备，头是扭来扭去的，画面自然也是天旋地转的，观看视频的观众看多了会出现各种不适……

先前我提到过"蝮蛇"是专为飞行员量身定制的飞机，也许这话不是 100% 准确，但是坐在飞行的"蝮蛇"的座舱内，确实能感受在设计阶段就考虑到了我的需求。弹射座椅的后倾角在令人舒服的 30 度；油门杆的位置让我的左手握起来非常自然舒服；我的右手握住操纵杆时，胳膊正好搭在支撑垫上。坐在座舱里的感觉仿佛卧在皮沙发里，一手握着啤酒瓶，另外一手拿着电视遥控器，惬意得很！

下图：第 510 中队的 Block40 批次"蝮蛇"双机编队迎着明媚的阳光爬升到云层之上。编队飞行的"蝮蛇"动作调整很小，飞行员只要移动很小的杆距量就可以保持队形。当飞行员在操纵杆上轻微施加压力时，飞机移动的幅度要小于实际的杆距量。（史蒂夫·戴维斯供图）

下图与对页图："蝰蛇"座舱内的 ACES II 弹射座椅呈 30 度的后倾角，在高过载时的舒适性极佳。这个图显示了由于座舱盖的下边框低于飞行员肩膀高度，飞行员在座舱内的视野得到大大改善。(美国空军供图)

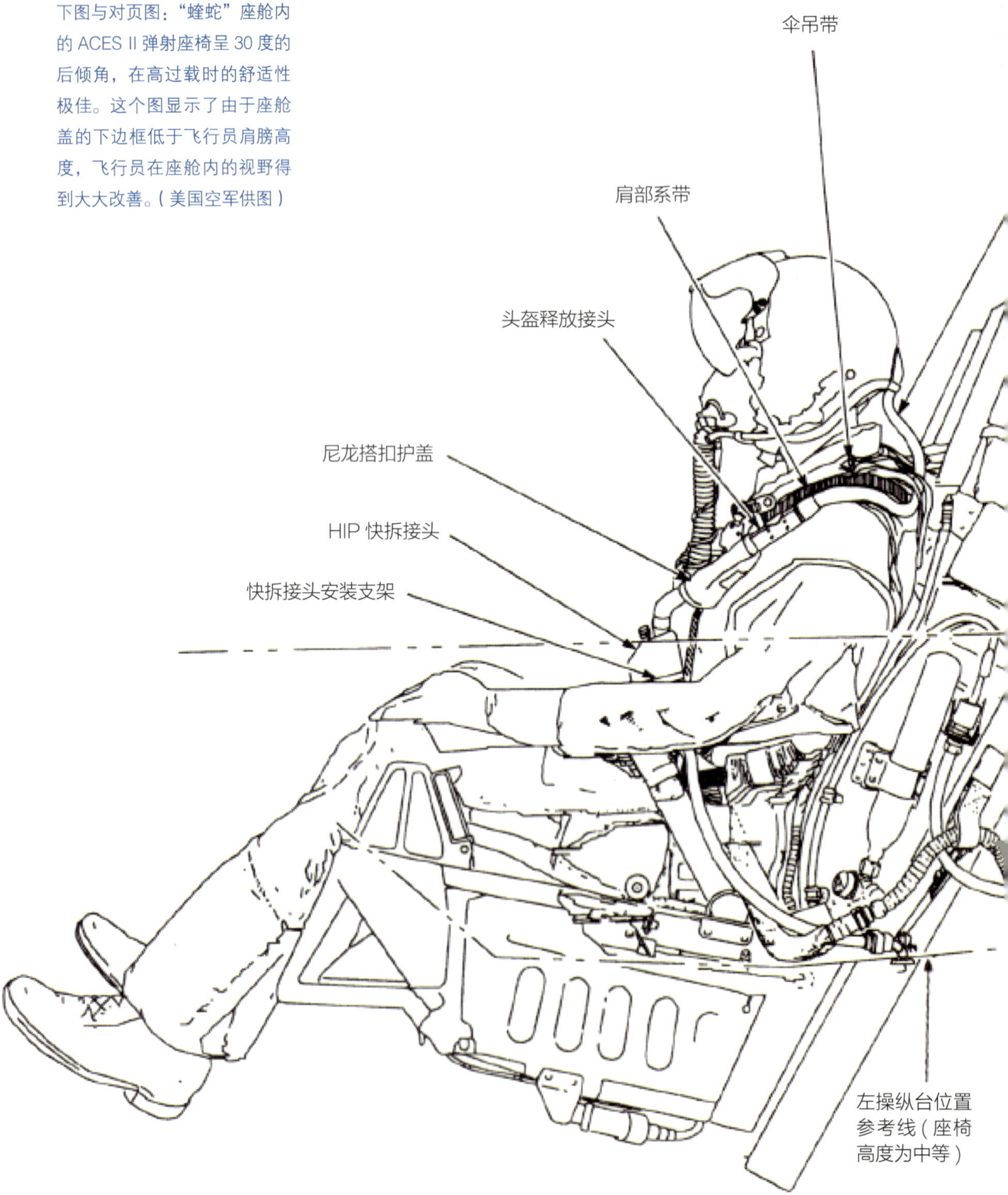

伞吊带

肩部系带

头盔释放接头

尼龙搭扣护盖

HIP 快拆接头

快拆接头安装支架

左操纵台位置参考线 (座椅高度为中等)

HVI 线缆沿着肩带和 LPU(如果使用的话) 布设，压在伞吊带下面

座舱盖下边框位置参考线

气泡形的座舱盖里是我所体验过的最佳的"观景办公室"，有着难以置信的能见度和令人赞叹的良好视野。座舱盖的底部边框刚好高过我的腰际，舱盖的透明部分从前到后构成完整的气泡形状，视野遍及飞机周边绝大部分区域，甚至能看到飞机下方！座舱几乎位于飞机最前端，因此进气道和机翼完全不会遮挡我正下方的视野。

不同于以往的多数型号飞机，F-16 没有对视野造成阻碍的前风挡框架（被称为"座舱盖弓"）。连接电传操纵系统的侧置操纵杆是一个配置亮点，操纵杆的行程只有 $\frac{1}{4}$ 英寸，根据我施加在操纵杆上的力量决定控制面的偏转量，这与传统的根据操纵杆移动量来决定偏转量的"钢缆 + 滑轮"的机械操纵系统有着根本性的区别。我检查了发动机状态和剩余油量，并在编队公用无线电频率上命令僚机飞行员做同样的检查，确认此时机上系统工作正常。我在常规飞行中会多检查几次剩余油量，确保我们不会把飞机飞过"bingo"红线（在不使用应急储备余油的情况下，仅够飞机安全返回基地的剩余油量）。

2 号机到现在已和我完成集结，重新编队飞行。我驾机做出海豚动作（快速上下运动，就像海豚游泳时的动作），向 2 号机飞行员发出信号，和我组成战

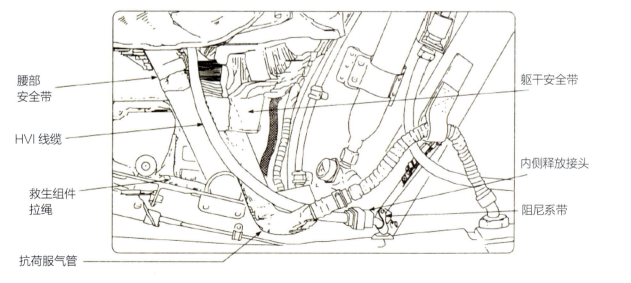

腰部安全带

HVI 线缆

救生组件拉绳

抗荷服气管

躯干安全带

内侧释放接头

阻尼系带

术松散编队（间隔 1 英里并排飞行）。在情况允许的时候，我会让僚机飞行员和我保持足够远的距离，能让他监控本机系统的工作状态，使用机载雷达以及目视察看空中的威胁（在和平时期主要是飞鸟和其他飞行器）。这时，3 号机飞行员发来呼叫："马鞍套好了（Saddled）!"这意味着他已经按简报预设队形跟在我后面了（距离大约 1 英里），4 号机亦与它组成战术松散编队。

在航途中

为了保持飞机姿态稳定，我收油门时极其轻微地推了一下操纵杆。我对燃油流量进行了设定，以保证我们以 350 节的航速巡航至预定空域。"蝮蛇"可以在过载为 1g 的水平飞行中自动配平。这意味着飞机姿态稳定后，在理论上我什么都不用做，飞控系统会自动保持平飞状态。我需要做的是注意飞机的空速，微调操纵杆和油门杆，以保持水平飞行和空速。这比驾驶大多数型号的飞机时反复进行配平和重新配平的工作量要少多了。我们座机上的自动驾驶仪具备高度保持和姿态保持的功能，但是我在往返预定空域时很少使用，除了在我用尿袋小便、摆弄仪表进场图和其他需要我集中精力处理事情的时候。

"蝮蛇"是一种相对好开的飞机，实际上我们的飞行学员在第 4 个架次就可以放单飞了。驾驶"蝮蛇"的技术难点不在传统的"两杆一舵"上。研发工程师做了一项伟大的工作，造就了这种操控稳定的、对飞行员相当友好的飞机。考验飞行员技术的地方是成功发挥该机作为攻击武器的作战效能。

驾驶"蝮蛇"飞行是我经历过的最心无旁骛的时刻，需要我全神贯注、没空理会花了多少钱、参加什么会议、工程截止日期和其他烦心事。我的思维完全集中在如何带领 4 机编队完成任务上。

当我驾驶着 T-37 "啾啾鸟"教练机（该机的官方绰号为"蜻蜓"，现已退役）开始空军服役生涯时，我就经常要一心二用，例如在保持飞机平飞的同时维持正确的空速。在"伟大教官"的督导下，并辅以大量的训练，后来我能够同时对 6~9 项事务进行交叉检查了。

最终，我被准许驾驶"啾啾鸟"放单飞。这项交叉检查的技能在 T-38 "禽爪"高级教练机上得到锻炼，最终在"蝮蛇"上得心应手。

若飞机经过了改装，交叉检查的内容就会增加一些，或者采用不同的方法和流程。

在学习飞行的数百个小时里，我一直很有耐心地学习教员传授我的标准流程和他们的独门绝活儿。功夫不负有心人，我现在能在飞机

中高效地操作设备并带领其他飞机进行作战了。

空中加油

　　离开基地并爬升至 24000 英尺时，我们得到准许进入预定空域。我目视检查了僚机所在位置，将编队的无线电调至加油机使用的频率，然后沿着已经建立好的航线，去与 KC-135 空中加油机会合。

　　我的编队的位置显示在水平态势显示仪上，同时也投射在我佩戴的"联合头盔瞄准系统"的护目镜上。从头盔里看，表示编队飞机的光点上叠加显示了一个绿色的圆环，显示了他们的距离和编号。确定加油机的位置后，我用拇指移动游标控制钮，将我的雷达游标放到加油机的可能位置上，在向前或向上的方向上按下目标管理开关，将其锁定，标注其高度、空速、距离和航向，然后设定会合航线。

　　锁定加油机后，我的 HUD 和头盔显示器上在加油机的位置上显示了一个方块图标，帮助我目视找到加油机。我命令编队开始各自的空中加油前的各项检查工作，命令 2 号机和 4 号机分别回到各自长机的编队。我对拦截角度进行了微调，使角度更加柔和，便于我的僚机和我保持编队阵前。

下图：空中加油几乎是每次任务都涉及的关键环节。F-16 的体形较小，相对来讲载油量也较少，能否成功完成空中加油意味着是继续执行任务还是返航。照片中来自施潘达勒姆基地第 22 和第 23 中队的两架 F-16 Block50 战斗机在飞向伊拉克之前进行空中加油作业。（美国空军供图）

1

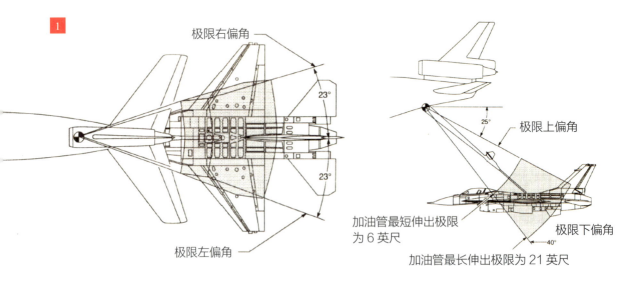

极限右偏角

23°

23°

极限左偏角

极限上偏角

25°

加油管最短伸出极限为 6 英尺

极限下偏角

40°

加油管最长伸出极限为 21 英尺

2

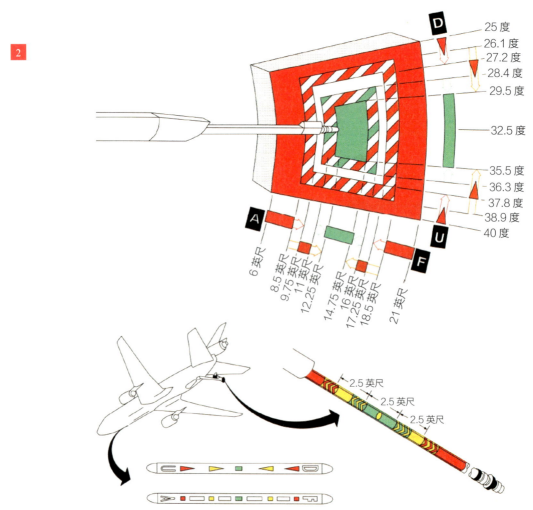

D

25 度
26.1 度
27.2 度
28.4 度
29.5 度

32.5 度

35.5 度
36.3 度
37.8 度
38.9 度
40 度

A

U

F

6 英尺
8.5 英尺
9.75 英尺
11 英尺
12.25 英尺
14.75 英尺
16 英尺
17.25 英尺
18.5 英尺
21 英尺

2.5 英尺
2.5 英尺
2.5 英尺

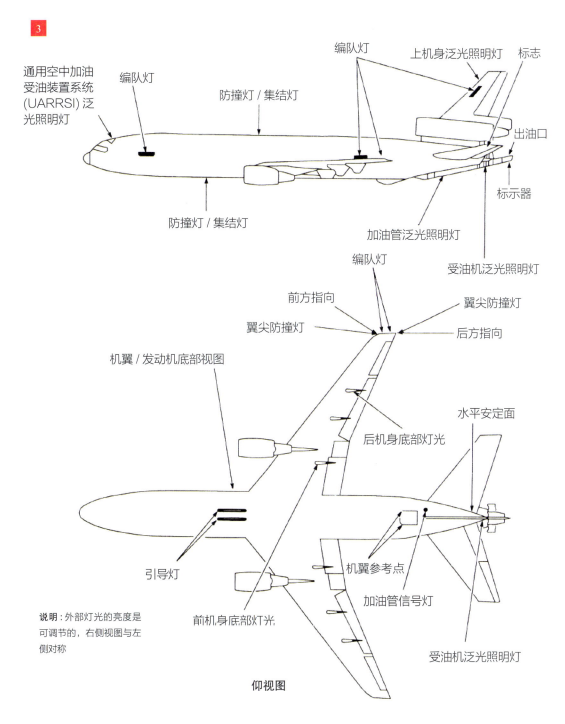

3

通用空中加油
受油装置系统
(UARRSI) 泛
光照明灯

编队灯

编队灯

防撞灯 / 集结灯

上机身泛光照明灯

标志

出油口

标示器

防撞灯 / 集结灯

加油管泛光照明灯

受油机泛光照明灯

编队灯

机翼 / 发动机底部视图

前方指向

翼尖防撞灯

翼尖防撞灯

后方指向

水平安定面

后机身底部灯光

引导灯

机翼参考点

加油管信号灯

前机身底部灯光

受油机泛光照明灯

说明：外部灯光的亮度是
可调节的，右侧视图与左
侧对称

仰视图

对页图与上图：F-16 可使用 KC-10 或 KC-135 的硬管加油系统进行空中加油。这 3 幅示意图中的加油机是 KC-10。加油硬管两旁绘制的阴影区域（图 1）表示加油管水平和垂直面上的摆动极限：中心线左右两侧各 23 度，自水平线向下 25 度开始，摆动行程 40 度。注意条状标记带上的引导灯（图 2）和 KC-10 加油机上的标记图案（图 3），这些灯光和标记可引导受油机飞行员将飞机调整到便于空中加油作业的位置。（美国空军供图）

下图：迅速接近和脱离加油机是保证编队中每架飞机都能及时加油并按时一起抵达敌方区域的基本技能。受油机编队会根据图示的位置顺序从加油机右翼进入空中加油位置，完成加油后，从左翼脱离。（美国空军供图）

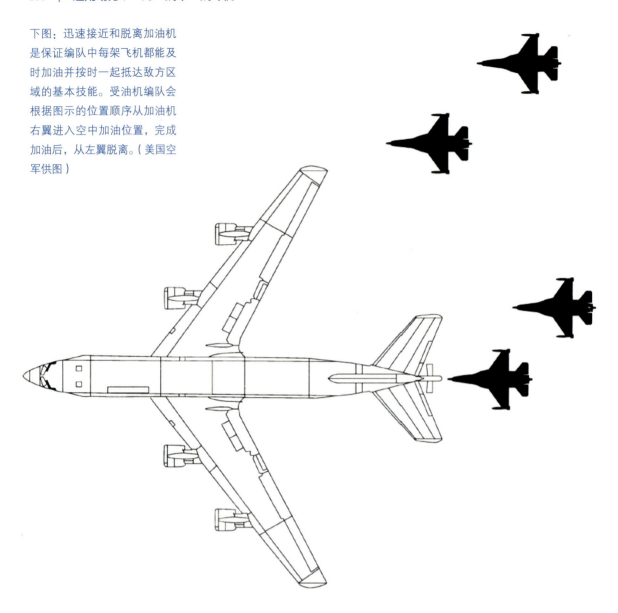

我目视发现了加油机，距离大约有 10 英里。在明亮的蓝天背景下，加油机就是一个忽隐忽现的黑点儿，位于表示雷达锁定的绿色方块形图标的正中间。我请求会合并继续将集结位置设定在等待区域后 1000 英尺的地方。当会合接近完成且编队各机的位置稳定后，我告诉 3 个僚机的飞行员重新编队，进入各自的观察位置。观察位置在加油机左侧机翼 15 英尺左右，比加油机高出足够的相对高度，以能看到对侧机翼的最外侧发动机为准，这样可以避免待机飞机对正在进行空中加油作业的受油机的航路造成影响。

我保持在 KC-135 加油机后方 50 英尺的稳定位置，保持合适的空速（310 节）并请求"接触"。加油机加油系统控制舱中的空中加油操作员可透过舱室后面的小窗观察我的位置，并控制加油硬管进行加油作业。空中加油操作员准许了我的请求，命令我移动到作业位置。我轻微推动油门杆，飞机相应地慢慢加速向前，直到加油硬管处在座机的 HUD 中心位置。

加油硬管长约 30 英尺，连同控制翼在内的最大宽度约为 10 英尺。接近加油管的最佳相对速度大约和"疾走"差不多。我的双眼并没有紧盯着加油硬管，但我的目光也没离开它多远。我确保自己的操纵动作是非常轻微的，以免飞机动作过大，影响和加油管的对接。飞机在俯仰轴向上的反应是极其灵敏的，而且我正紧贴在一架质量达 136 吨的庞然大物身后！我仅仅通过指尖在操纵杆上施加操纵力，主动绷紧每一块肌肉，这样我能迫使自己快速放松下来。

当我接近加油硬管时，我的座机的机翼被加油机发动机的尾流冲刷着，整架飞机被轻微向下推。我相应地做出一些调整动作，保持向前接近，通过尾流带。当我更加接近时，耳边充斥着加油机翼下 4 台涡轮风扇发动机的怒吼声。就在我觉得机头要和加油管相撞时，操作员将

上图：在实际进入敌方空域之前，飞行员要进行过载检查，在确认抗荷服工作正常的同时，也让自己进行了"热身运动"。"蝰蛇"高过载拉起时会产生漂亮的光幕和涡流。（美国空军供图）

加油管向我的左侧移动了一下，避免了碰撞。当空中加油操作员将加油管右移回来时，我的眼皮习惯性地张大了一下，虽然这没造成什么影响，但我还是慎重对待，以免"误动"飞机，造成碰撞。

加油硬管已经越过我的视野中座舱两侧的范围了，我继续向前接近，轻轻调节我的前冲速度，使相对速度达到缓慢步行的级别。我不会扭头去看加油硬管，否则可能会导致我误动作，反而飞向它。当加油管完全越过座舱盖后，操作员让加油管沿着我的机身直线运动，并将其插入机背的空中加油受油口。

在加油硬管连接到飞机的瞬间，我感到一股轻微的推挤力量，加油机充满我的视野时，眼前的场景像快照一样深深印刻在我的脑海中。通过"思维快照"的方法，让眼前的景物保持"快照"中的样子，便于维持稳定的、持续的相对位置。加油机的机腹也安装有引导灯，在我面前显示各方向的箭头（前、后、上、下），辅助我保持相对位置。当我们并驾齐驱时，加油机的机腹是不会亮起左右两个方向的箭头指示灯的。

现在我可以通过加油管与加油口连接后接通的"热线"直接与加油机上的人员联系了。通常我会问他们从哪儿来以及航行是否顺利。当燃油注入油箱时，我会目视检查仪表板角落上的油表，确认座机的油量正在增加。我尽量克制身体的移动，幅度尽可能小，以免误碰操纵装置改变飞机姿态和相对位置。我仍旧用手指操作操纵杆来调整飞机姿态，并克制移动油门杆的冲动。显然，油门杆的调整是必要的，但我会尽量微调它。

当加足需要的油量后，我会向加油操作员致谢，然后收油门，减速向后脱离，脱开加油硬管，向右侧滑并加速向前重新加入编队，移动至加油机右翼观察位置。然后各僚机按顺序进行空中加油作业，我对加油过程进行监护。当 4 号机连接上加油硬管时，我会在无线电中告知加油机飞行员我们将在该机加油作业结束后脱离空中加油航线，前往预定空域执行任务。

战斗开始

进入预定空域后，我呼叫道："'蝰蛇'铁丝网收拢（Viper Fence-in）！"编队进入战备状态。"篱笆检查"（Fence Check）是一份飞行员熟记于心的检查列表，可开启座机上的进攻和防御用的各项武器系统：雷达设置为空对空模式，导弹接电准备，箔条/红外诱饵弹设备上电，氧气面罩佩戴好，雷达告警接收机的威胁警告音量调大，其他战术装备也开机运行。

对页图：在深入虎穴的同时，"蝰蛇"的飞行员正快速地完成和切换多种复杂的工作：观察敌情，检查传感器状态，找到和识别目标，与空中预警机联络，保持展开的编队队形，等等。F-16CM 的彩色显示器在很大程度上能帮助飞行员像耍杂技一样玩转这些"盘子"，帮助飞行员保持灵敏的态势感知能力。（史蒂夫·戴维斯供图）

我命令编队组成战术队形并进行"过载检查"。在做这个检查时驾机做一个 90 度拉起转弯，过载 4 ~ 5g，然后拉出一个 6 ~ 7g 的 180 度转弯（在未挂炸弹的情况下，因为外挂炸弹的过载限制为 5.5g）。这项检查可确保你的抗荷服和头盔内部能够及时充气鼓胀，氧气面罩能够增压，使你的身体在大过载下可以得到足够的氧气。

这也是一个考验你身体素质的机会，能看出你在良好环境下能承受多少 g 的过载。你可不会乐意在与敌机混战在一起时才意识到自己或飞机没有做好应对机动过载的准备。当处于正过载时，身体里的血液会向下肢流动，你的大脑就会缺血缺氧。如果没有应对措施，你就会在机动时丧失意识（过载诱发意识丧失），极可能引发飞行事故。

下图与对页图：手不离杆操纵系统具备一系列飞机导航、传感器、武器和飞行控制功能，飞行员只需要动动握在两杆上的手指和拇指尖就能实现操控。图中标示出了操纵杆上的各开关按钮，并讲解了其功能。（美国空军供图）

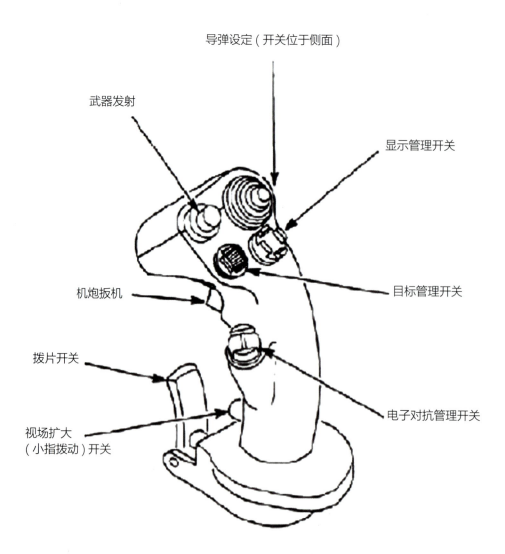

导弹设定（开关位于侧面）

武器发射

显示管理开关

机炮扳机

目标管理开关

拨片开关

电子对抗管理开关

视场扩大
（小指拨动）开关

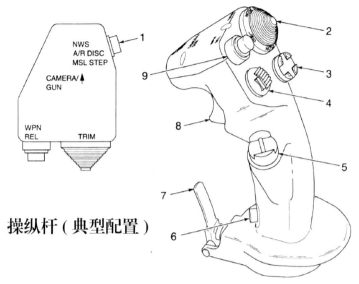

操纵杆（典型配置）

1. 前轮转向机构 / 空中加油断开 (A/R DISC)/
导弹设定 (MSL STEP) 按钮
2. 配平按钮 (4 方向移动，自动复位)
3. 显示管理开关 (4 方向移动，自动复位)
4. 目标管理开关 (4 方向移动，自动复位)
5. 电子对抗管理开关 (4 方向移动，自动复位)
6. 视场扩展按钮
7. 拨片开关
8. 照相枪 / 机炮扳机 (2 个档位)
9. 武器发射 (WPN REL) 按钮

控制机构	档位	功能
1. 前轮转向机构 / 空中加油断开 (A/R DISC)/ 导弹设定 (MSL STEP) 按钮；	按下 (地面上)	启用前轮转向机构
	按下 (两次)	停用前轮转向机构
	按下 (飞行中)	断开空中加油硬管闭锁。"AIR REFUEL"（空中加油）开关必须处在"OPEN"（开）档位，此功能才能生效
	按下 (飞行中)	启用导弹设定功能。参见手册 1F-16CM-34-1-1 章节，了解开关功能的详细描述
2. 配平按钮 (4 方向移动， 自动复位)	（机头下压）前	机头下俯配平
	（机头上仰）后	机头上仰配平
	（向左）左	左翼下压配平
	（向右）右	右翼下压配平
3. 显示管理开关 (4 方向移动，自动复位)	上	
	下	
	左	
	右	
4. 目标管理开关 (4 方向移动，自动复位)	上	参见手册 1F-16CM-34-1-1 章节，了解开关功能的详细描述
	下	
	左	
	右	
5. 电子对抗管理开关 (4 方向移动，自动复位)	前	
	后	
	左	
	右	
6. 视场扩展按钮	按下	连续按下开关会在 DOI 屏幕上的传感器 / 系统模式的视场 (FOV) 选项中循环切换
7. 拨片开关	按下	按下开关后中止自动驾驶模式
		Ｄ 按住激活驾驶杆越权操作功能，参见本章节"F-16D 飞机"部分
8. 照相枪 / 机炮扳机 (2 个档位)	扣压至制动器	提供激光持续照射功能 (如果选择并使用该类设备)
	扣压到底	机炮开火 (如果选择并激活)，开火期间准许激光持续进行照射
9. 武器发射 (WPN REL) 按钮	按下	发出信号，准许模块化任务计算机触发武器发射

抗过载应力动作（AGSM）是另一种在战斗机飞行员早期训练中学到的技能。一组正确的 AGSM 是深吸一口气，闭紧声带，绷紧下半身所有的肌肉（脚、小腿、大腿、臀、腹肌），迫使血液流回大脑。当胸腔内产生压力时，你可通过短促呼吸来缓解这个压力。抗荷服通过充气鼓胀来挤压腿部和下腹部，从而促使飞行员身体中的血液向大脑回流。

拉出过载是一种乐趣——到达可承受上限。对我来讲，我的上限是 7.5g；任何超过 7.5g 的过载都会伤身和造成过度疲劳。但是，如果将过载拉到 9g 能让我在空中格斗中取得优势，那我宁愿挺过去赢得开火时机，而不是成为敌机的靶子。

我前进到我们的任务切入点（地理坐标从数据传送磁带中读出）

下图：油门杆上大部分 HOTAS 的开关是用来控制雷达、目标指示吊舱、目标锁定、武器选择和 MFD 游标指向的。（美国空军供图）

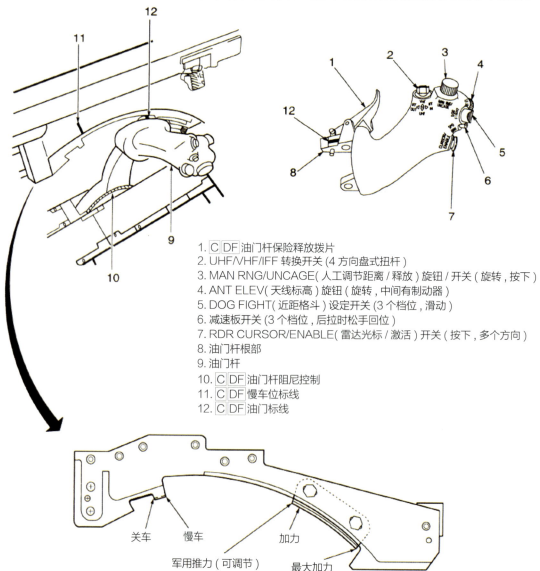

1. C DF 油门杆保险释放拨片
2. UHF/VHF/IFF 转换开关（4 方向盘式扭杆）
3. MAN RNG/UNCAGE(人工调节距离 / 释放) 旋钮 / 开关（旋转，按下）
4. ANT ELEV(天线标高) 旋钮（旋转，中间有制动器）
5. DOG FIGHT(近距格斗) 设定开关 (3 个档位，滑动)
6. 减速板开关 (3 个档位，后拉时松手回位)
7. RDR CURSOR/ENABLE(雷达光标 / 激活) 开关（按下，多个方向）
8. 油门杆根部
9. 油门杆
10. C DF 油门杆阻尼控制
11. C DF 慢车位标线
12. C DF 油门标线

关车　慢车　加力

军用推力 (可调节)　最大加力

后，使用相关航电设备监控我们的任务进程，确认我们将在作战计划的预定时间进入作战空域。编队的所有成员都"亮出了獠牙"，准备大开杀戒。我在查看雷达屏的同时也进行着交叉检查，同时也没忘了查看机载系统和僚机们的状态。我向预警机报到并让他们知道我们已经"就位"，意味着我们已经按计划抵达任务区域。如果有任何变动，我得让他们知道，而且他们收到司令部传来的攻击计划变动信息后，也要及时通知我。他们也会让我们知道在雷达上已经发现我们，并告诉我们友军或敌方行动变化的相关情况。

抵达我们的切入点，我命令编队组成战术展开队形，或称"墙形"编队。我们边爬升边加速，尽可能地积累能量，并用雷达探测敌方威胁。此时此刻，我充满斗志，身体在座位上坐直并往前探，求战心切！

预警机发出警告，称多架敌机发现了我们，并将在目标空域与我方遭遇。我方编队的机载雷达已锁定目标，头盔显示器上充满了代表目标的绿色方框。当我们在视距外向敌机发射 AIM-120 先进中距空对空导弹的同时，我的耳机里传来了多个"Fox 3"（发射主动雷达制导中远程空对空导弹的代号）的呼叫。我通过机载航电显示和收听无线电呼叫确定所有飞机都已向自己的猎物射出了导弹。根据演习预案，所有的飞机不会进行任何实际发射，然而，我们的机载电子系统和程序会帮助我们确定有效"毁伤"。我们的导弹飞行计时结束（意味着它们在射程内与目标相遇），系统判定第一波次敌机全部被击落。

我们的雷达对目标区域进行持续探测，在预警机的帮助下，确认目标空域没有敌情。尽管超视距空战不如传统的目视格斗刺激，但在较远的距离上清除敌方威胁，使我们不必在敌占区上空浪费宝贵的时间和燃料。

双手握在油门杆和操纵杆上的"手不离杆操作"可使我们便捷地使用"蝰蛇"的全部机载武器。飞行操纵杆上有 9 个开关，油门杆上有 6 个。使用手不离杆操纵系统需要一个学习的过程，但该系统的设计思路是很直观的，非常人性化。现在，我可以不假思索地将手指游走在各开关之间，就像熟练操作电脑键盘一样，更加贴切地讲，更像握着游戏机的手柄。

在沿着计划航线前进的途中，我们抛掉燃油用光的副油箱（我们在训练期间是不会抛副油箱的，毕竟那东西价格不菲）并加速。我们进入敌人的防空圈了，大部分地空导弹阵地已被先前的空袭行动摧毁，但是演练设定中仍有部分幸存下来。现在，我的交叉检查列表中需要加上频繁查看雷达告警接收机和相关设备的项目，这些检查是在我查看雷达屏幕、目视搜索机外空中和地面敌情时顺带进行的。

速度就是生命！向目标上仰投弹前，飞机接近音速并拉出过载，这架 F-16C 的机翼后缘拉出了不规则形状的凝结尾流。当炸弹脱离飞机时，CAT 开关就会跳到 CAT I 模式，飞行员的意识就和机载雷达一起切换到空对空模式。（史蒂夫·戴维斯供图）

上图："蝰蛇"较小的视觉投影面积使其难以被及时发现。很多参与空战对抗演练的"鹰"和"大黄蜂"飞行员常遭"溶化在蓝天里"的 F-16 的"毒手"。（美国空军供图）

对页图：F-16CM 的天线分布示意图。先进敌我识别装置阵列也被戏称为"切鸟器"天线组，位于座舱盖前方，可识别友机预设敌我识别代码的电子信号。雷达告警接收机天线的位置比较分散，便于通过三角定位的方式确定其他雷达辐射源的位置，可通过视觉和音响信号向飞行员发出提示。（美国空军供图）

2 号机保持编队状态良好，我也确认了 3 号机和我保持了合适的距离。在我们达到预定的空地转换距离（AGTR）时，3 号机自主进行战术机动飞行，4 号机在其后拉开预定距离。和目标的预定距离是我们为关闭机上的 A/A（空对空模式）"帽子开关"，打开 A/G（空对地模式）开关，准备向敌人扔炸弹预留的。

我对目标区域进行最后一次目视搜索，视距外的范围通过雷达扫描，然后我将"近距格斗 / 导弹优先"开关拨到中间位置，并按下前上控制面板上的"A/G"模式开关。我将水平态势和雷达显示放在对侧的 MFD 上，这样设定有助于我从任务思维模式向投弹操作转变。我按动 MFD 上的显示管理开关向左翻页，对 SMS 页面进行重复检查，确认选择了合适的炸弹以及正确的引信设定。然后我继续按动 DMS 开关将屏幕内容翻回水平态势显示页面。

我查看了右侧 MFD 上显示的目标管理系统页面，看看是否能辨认出自己的目标，而目标的具体形态已在任务前的地图讲解上了解过。我找到了那条干河床以及十字路口旁边的楼群。

我拨动油门杆上的手动增益（HOG）旋钮来放大显示器上的十字路口图像。与此同时，拇指控制着游标，将吊舱镜头指向路口南侧的 L 形大楼。右手小指扣动操纵杆上的开关切换吊舱中的摄影机镜头，使用窄视场模式（NFOV），使显示器上的目标更加清晰。我再次拉近镜头，并把光标压在屋顶的一个通风井上。

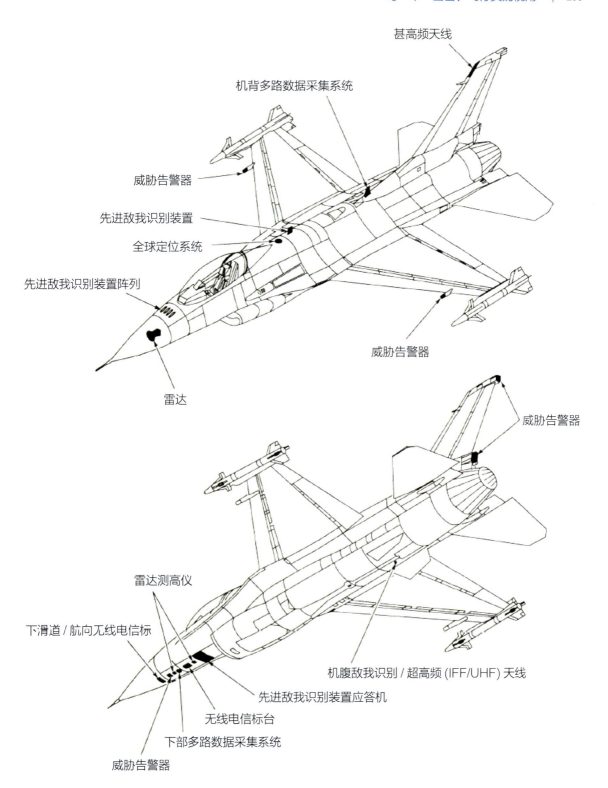

甚高频天线

机背多路数据采集系统

威胁告警器

先进敌我识别装置

全球定位系统

先进敌我识别装置阵列

雷达

威胁告警器

威胁告警器

雷达测高仪

下滑道/航向无线电信标

机腹敌我识别/超高频(IFF/UHF)天线

先进敌我识别装置应答机

无线电信标台

下部多路数据采集系统

威胁告警器

　　我确认 TGP 屏幕上的现实内容与我腿上放着的任务资料中的目标照片相符，然后目标管理系统将目标指示吊舱切换到跟踪模式。

　　我检查了座机的空速、高度、计时器和僚机的位置，目视查看座机的 6 点钟方向（正后方）是否存在敌方威胁。一切看上去比较正常，直到我注意到我的座舱内有一个提示灯发出闪亮的光，耳边响起刺耳的警报声。我仔细查看了雷达告警接收机屏幕上的威胁提示，本能地警觉了起来。我驾机进行防御机动飞行，并且按下对抗装置开关（CMS）施放干扰弹。

　　当我在座舱中被甩得到处乱撞时，我在座椅中扭动着身体，努力观察座舱外是否有导弹向我飞来，并且告知编队成员我遭到地空导弹攻击。挪动与推动身体的样子和你在倒车时移动身体观察车外的姿势非常类似。考虑到我的身体在过载下受到的重力相当于平时的 5 倍，我必须用一只手牢牢抓住舱盖边框上的"扶手"来推或拉动我的身体在座舱中移动。紧张飞行后胳膊肘上出现肿胀和淤青是再平常不过的事情了，这些都是身体在被甩来甩去的过程中和座舱盖或扶手磕碰的结果。

　　2 号机机动到掩护位置并尝试确认导弹的来向。与此同时，3 号和 4 号机继续扑向它们的目标。我持续进行着机动飞行，直到导弹失的或者我被击中阵亡。谢天谢地，我的 RWR 终于不再提示那个威胁了，而且我没有"被击落"。我重新和编队集结，跟在 3 号和 4 号机的后面，2 号机也返回来继续和我保持战术编队。我强迫自己放慢呼吸的节奏并静下心来进行交叉检查。

　　3 号和 4 号完成了投弹并脱离目标区域。我的计时器现在有点儿偏差，紧接着我查看了一下，我们仍然处在投弹窗口内。我将航速增加到预定速度，目标吊舱重新截获了目标，再次将目标图像和照片进行比对，TMS 也将吊舱切换到跟踪模式，并做好投弹准备。耳机中传来了机组对话，听上去好像是 3 号和 4 号机遭遇了敌机。我检查了一下，看到航向矢量表标记位于 HUD 的正中央，武器投放标记也沿着投放线缓慢下降。接近投弹时点了，我在无线电中倒数："3……2……1，投弹！"

　　我按下了发射按钮并感觉到两枚 GBU-12 "铺路 II" 500 磅激光制导炸弹离开挂架，飞机的气动阻力立即显著降低。

　　我检查并转向进入我的"激光引导路线"（lase leg，在这个阶段我必须开启目标指示吊舱中的激光器来引导我刚刚投下的激光制导炸弹），然后向外扫视了一眼我的僚机。此时，僚机飞行员投下的激光制导炸弹刚刚离开他的飞机，然后他也像我刚才一样进行机动，进入他自己的"lase leg"。我将目光转回座舱内，确认目标的图像仍然在

TGP 显示画面内，然后使用目标指示吊舱中的激光器照射目标，对我投出的制导炸弹进行引导。我目视观察舱外是否有敌情，检查 RWR 上是否有告警信息，然后将目光重新放在吊舱显示器上。我在显示器上目睹了炸弹飞向目标的最后几秒的过程。当炸弹与目标相遇时，炸出的烟火让我感到非常满意。我扫视了一下舱外，看到了耀眼的象征毁灭的爆炸火球。2 号机也没让我失望，我看到了其飞行员投出的炸弹在我命中约 1 秒钟后也击中了目标。我心里兴奋得像一个小男孩儿一样，目不转睛地看着我放的"焰火"，直到火焰熄灭，化为滚滚浓烟。然而，我也意识到我们刚刚捅了一个大大的马蜂窝，必须尽快地逃离这个地狱般的地方。

我用拇指按下开关，回到"导弹优先"模式，雷达信息重新显示在左侧 MFD 上，HSD 信息显示在右侧的 MFD 上，我的 A/A（空对空模式）"帽子开关"也再次打开。我打开加力，顿感背后仿佛有人踢了我一脚，推力大增，进入爬升状态，同时将外挂配置开关从"CAT III"拨到"CAT I"位置。这个开关用于启用迎角和滚转率的预设限制，对不同外挂状态的"蝰蛇"的机体结构进行保护。在"CAT I"模式下，我的飞机摇身一变成为"无限机动"的战斗机（尽管受到飞行员自身和外挂目标指示吊舱的过载限制）。

下图：开加力喷着火舌进行机动飞行的时候，轻巧的"蝰蛇"有着极佳的推重比，使其可以在飞行员能承受且油量允许的时间内持续拉出 9 g 的转弯。在实战条件下，这个能力决定着生死！（美国空军供图）

我朝座机的机翼方向望去，看到 2 号机刚好处在其战术编队位置。我在雷达屏上看到 3 号和 4 号机在我俩前面，距离 15 英里，看上去两机似乎在目视距离和敌机交战了，而且处于进攻状态。除此之外，我没有发现其他敌情，而且预警机上的指挥人员也没提到有其他威胁。

"'蝰蛇' 1 号，向左急转！敌机在你 6 点钟方向，低，距离 2 英里。"我立即做了一个高 g 转弯并将身体和头向左转，试图目视发现向我们扑来的敌机。敌方飞行员操纵着座机拉起并滚转，试图切半径进入我的内圈。他驾驶的 F-16 在翼尖上挂载着亮橙色的导弹，表明他扮演的是敌机。"发现一架敌方 '蝰蛇'。"我继续向地面进行螺旋俯冲，观察敌机的动态，并交叉检查我的头盔显示器上显示的空速和高度，试图摆脱敌机的武器有效攻击区域（WEZ）。

强大的过载将头发和眉毛中的汗水甩进我的眼睛里，我试图通过眨眼的方式产生眼泪，把眼中的汗液冲走。我的僚机开火了："'蝰蛇' 2 号，FOX-2（2 型弹，发射 '响尾蛇' 等近距格斗导弹的呼号）……干掉敌机 '蝰蛇'，左转，090 航向脱离。"我继续转弯，直到我的机头指向 090 航向，也就是基地的方向，在开加力状态向前推杆时产生的负过载让我从座椅中"浮起"，加速脱离后方"敌机凌空爆炸的火球"。我向右肩方向瞥去，如我所愿，2 号机以一个流畅的机动，回到了战术编队位置。每个长机都希望有一架配合默契的僚机，能及时出现在长机期望的位置，2 号就是这样的僚机！当空速提升到适合战术机动时，我带队爬升，积累更多的机动能量，以备不时之需。

我查看了一下雷达屏幕，找到了前方 5 英里的一个可疑目标。我向预警机请求确认目标身份，但不巧的是这个家伙是在该区域中突然出现的，在敌方区域对其进行甄别的请求目前无法满足。这意味着我们必须上前进行目视确认（VID），然后再决定是否干掉它。3 号和 4 号机还在前方较远的空域进行作战，自然无法顾及此处的情况。

我用雷达对其进行锁定，并设定了截击路线，目不转睛地注视着雷达屏和 RWR 屏幕，提防着它发觉我们的动向并反咬一口。看上去它是冲着 3 号和 4 号机去的。殊不知"螳螂捕蝉，黄雀在后"。随着速度增加到跨音速段（马赫数 0.98），我可以感觉到一股冲击波像一堵墙一样从前向后穿过整个机身，使飞机对俯仰操纵的反应略加敏感。在我持续加速并超过音速时，这个"破障"过程大概持续了 1 秒钟。我看了一眼舱外，看到一个发黑的烟团被我们甩在身后。

滚转反向（我从来没遇到操纵反向的情况），我将机头压低 20 度并向右上方滚转。

"'蝰蛇'1 号，敌机一架，正前方，低，距离 5 英里，黑棕双色迷彩涂装！"我在无线电里呼叫道。"敌机一架。"2 号机也给出了回复。我将机上的 DMS（目标截获控制）开关拨到右边，并将目标吊舱的图像转到 MFD 上，看看能否辨认出来。不过我的运气没那么好，我只好在这个距离上向外目视搜寻了，不能把时间浪费在辨认目标吊舱图像上面。

搜寻这架敌机时，我发现别处有道反射的阳光照进了我的眼睛，然后就看到敌机的僚机在其侧翼大约 1 英里处飞行。我的僚机飞行员发出呼叫："'蝰蛇'2 号，敌机两架，并排飞行。"我回复道："'蝰蛇'1 号，敌机两架。"两架敌机仍然朝着 3 号和 4 号机飞去，对身后的杀机全然不知。我俩这对死神组合从两架敌机的后上方数千米处高速接近这对猎物。我们到达了两架敌机身后 8 点钟方向 1 英里的位置，我从头盔显示器中看到 2 号机已经锁定了两架敌机中离我们较近的一架。我切换到近距格斗模式，并向前拨动目标管理开关。把开关保持在前面的位置时，目标锁定的椭圆形光标出现在头盔显示器中，这样雷达天线就随着我的视线偏转了。我通过 TMS 按钮将椭圆形光标套在较远的那架敌机上面。与此同时，耳机里传来"Bitching Betty"（贝蒂女郎，机上的语音提示装置的外号，自动发出确认语音提示）发出的"锁定"提示，敌机上面的椭圆也变成了锁定光标。

为了准备在如电话亭般狭小的空间内进行近距格斗，我将速度降到音速以下。如果我还保持超音速状态，那么我的转弯半径会大得出奇，在格斗中毫无优势。我接近到目标上方，辨认出目标机型为 F-5，并在无线电中呼叫："'蝰蛇'1 号，敌机型号为'老虎'（F-5 战斗机的绰号）。"2 号机在我攻击第二架敌机时，发射了一枚导弹干脆利落地干掉了第一架敌机。

我之前只实际发射过一枚导弹。导弹的造价不菲，我们通常只在实战或者试射时才会发射。我获准向一架无人驾驶靶机发射一枚 AIM-9LM "响尾蛇"格斗导弹。当锁定目标时（耳机里会传来"咕噜咕噜"的提示音，表示红外锁定良好），我按下发射钮，但看上去什么都没有发生。有些飞行员经历过类似"时间凝固"的情况，时间仿佛慢了下来。我的经历也大致如此。我的手按住发射按钮，往舱外看了一眼，导弹仍然静静地待在滑轨上。就在我怀疑是不是出了什么问题的时候，导弹点火离开了翼尖滑轨，以我前所未见的速度消失在我的视野中。我听到了呼啸声并闻到了火箭推进剂的气味，但我被导弹飞离载机的速度震住了，以至于忘了做任何记录。航后总结时观看飞行记录显示，按下发射按钮到导弹射出并没有任何延迟，和当时的感觉有很大差异。

当我向"敌机"发射导弹时，敌方的"老虎"立刻做出反应，释放了大量红外诱饵弹并实施急转规避，惊险地化解了我的导弹攻击。我接下来从导弹模式切换到机炮模式，猛推油门杆打开加力，飞向"老虎"开始急转的位置，并向左滚转，向后拉操纵杆。剧烈的过载使眼前顿时出现黑视，直至到达 9 g 的上限。

好吧，此时已经超过目标指示吊舱的过载限制了，但我还是想告诉各位拉到 9 g 是一种什么样的经历。我事先已经做了一个预备深呼吸并在进入转弯前绷紧了腿部的肌肉。最好在高过载实际产生前就全身发力，达到 AGSM 动作的顶峰。当过载增加时，我把头顶在头靠上。人类头颅的质量为 10~12 磅之间，JHMCS 头盔系统的质量为 1.5 磅，所以在 9 g 的过载下，我的头部承受的质量会超过 110 磅！如果在高过载条件下我不把头顶在座椅靠背上，我的脖子恐怕就要断掉了……我在持续拉杆接近"老虎"并使它接近我的 HUD 时，一直用力使血液尽可能留在头部。从持续拉杆中略微放松一下，过载一下子掉到 6 g。我耐心等候，直到我看到机炮准星出现。我希望敌机和我的航向呈约 45 度角，这样敌机在准星上的长宽最接近，投影面积最大。此时，双方的距离已接近到 4000 英尺。在早期训练中存在一个普遍的问题，当学员学习使用机炮时，拉起将目标机圈在 HUD 中的时间太短。保持耐心和富于进攻性同时兼具是一件很困难的事情。在可控条件下等待和目标交会并进入合适的距离完成攻击需要极大的耐心。如果拉起时间过短，那么我就会打出一个非常短促的点射，并且炮弹很可能从"老虎"的前方越过，然后进攻位置就会变成普通的追击位置，或者更糟糕的是，攻守易势！

看着机炮准星的提示，我猛地拉杆，将"老虎"套入 HUD 上的机炮"漏斗线"，猛收油门杆至"慢车"位并用左手拇指按开了减速板以降低和目标的接近率。我持续拉杆，直到把敌机放到漏斗线的最右端。就在我扣下扳机的时候，"老虎"急转闪避，破坏了我的射击条件并大幅缩短了我俩之间的距离。我拉起飞机，敌机随即脱离 HUD 的范围。然后我绕着它做了一个桶滚以避免过分接近，当接近率再次得到控制时，我又拉起将其套入机炮"漏斗线"。

敌机刚才的急转动作明显消耗了过多的运动能量，现在敌机不能像刚才那样做出剧烈的动作了。这使我更容易打出合适的提前量，然后扣下扳机，取得一个有效的机炮射击轨迹并宣布击落。

机炮开火的情景令人生畏！至今为止，我还没有对空中目标打出机炮实弹，但我曾经对地面目标进行过无数次扫射通场。M61"火神"

机炮就安装在我的座椅左侧偏后的位置上。当其开火时，会发出巨大的声响并震撼着整个座舱，有时还会把内板后面的隔热材料震得在座舱中到处乱飞。我承认在服役生涯中第一次开炮时被吓到了，扫射通场的情景也是非常吓人的。然后机炮就变成沉稳的咆哮，每秒钟能泼洒出 100 发 20 毫米口径炮弹。更壮观的场景是夜间开火，可以看到炮弹拖着火光飞出炮口。从夜视镜里看去，仿佛一次打出了数以百计的空心火箭弹。

我和 2 号机继续从战区脱离，飞向友军区域，通过雷达确认前方空域没有敌情，可顺利通过。与此同时，耳机中传来 3 号和 4 号机的作战通报以及预警机发布的敌方最新动向通报。3 号和 4 号机成功消灭了它们的目标并向我们靠拢，在我们的后方提供掩护，并重新组成 4 机编队，撤离敌方空域。我在雷达屏幕上没有发现任何目标，预警机也确认没有其他飞机阻拦我们的去路。当我们进入友军区域时，我让编队慢下来并将机上武器系统退出战斗模式（FENCE-out），开启武器系统和自卫系统的保险，将目标指示吊舱置为待机并旋回镜头，航电设备切换到导航模式。每个战士都慢慢地收回自己的"獠牙"，踏上回家的路途。我配合预警机对周边空域情况进行了检查，然后返回基地（RTB）。

返回基地

我命令编队收紧，形成 4 机密集编队，空速降至 300 节，然后进行战斗损伤（BD）检查。战损检查是指编队飞机之间互相进行目视环绕检查，查找任何异常情况，不论是可见的损坏、蒙皮开裂，还是有未投掉的炸弹或者液体渗漏。任何非正常情况都是检查的内容。我又开始了油量检查，在任务的各时段我都会检查剩余油量。我命令编队组成 4 机梯队：3 架飞机在 1 英里的范围内并排编队飞行，僚机在侧翼（500 英尺横向间距，队形夹角为 30~70 度）跟随各自的长机飞行。

我们继续用雷达探测周边空情（并非搜索敌方目标）并收听无线电中的空中交通管制信息。现在，繁忙（也是充满乐趣的）部分已经过去了，我自豪地看着自己和编队的其他飞机。虽然现在的情形不像几分钟前那么忙乱，但我也不能忘记我仍在空中飞行且要时刻进行交叉检查。

降落

回到基地降落时，我有以下几种选择。如果气象条件复杂，我就会通过仪表进近，沿着雷达指示的航路进场。飞行队长用座机的雷达开辟航路，并根据雷达进近给出航向飞行。2号、3号和4号机分别间隔2英里跟在前机身后，使用各自的雷达来保持相对位置。我选择仪表进近的唯一理由就是气象原因或者训练要求。除此之外，我会选择从初始点位目视进近。

初始点位通常为地平面高度（AGL）1500英尺，由跑道中心线向外水平延伸3英里的位置到目视飞行规则（VFR）规定的起始航段。我们以300节的空速保持4机指尖队形飞行。当我们接近到能看清机场跑道的距离时，我们开始以5秒的时间间隔转弯解散编队以进行内场三边进近。

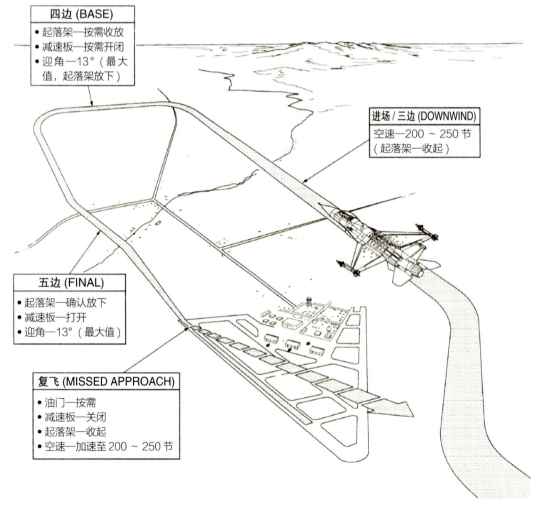

四边 (BASE)
- 起落架—按需收放
- 减速板—按需开闭
- 迎角—13°（最大值，起落架放下）

进场 / 三边 (DOWNWIND)
空速—200 ~ 250 节
（起落架—收起）

五边 (FINAL)
- 起落架—确认放下
- 减速板—打开
- 迎角—13°（最大值）

复飞 (MISSED APPROACH)
- 油门—按需
- 减速板—关闭
- 起落架—收起
- 空速—加速至 200 ~ 250 节

我在二边水平转弯时拉出了 3~4g 的过载，将油门收到 80% 额定转速并打开减速板。完成转向后，我查看了一下到跑道的距离，并将空速保持在 240~220 节的范围内，观察到仪表显示的液压压力良好。我放下了起落架，看到起落架指示灯点亮 3 个绿色光点（分别代表 3 个机轮），然后继续前往转弯点，并将空速调整到 200 节。到达点位后，我压低机头并压坡度转弯，开始沿着四边飞行，准备进行最后一次转弯。与此同时，我在无线电里向塔台呼叫："'蝰蛇' 1 号，四边起落架放下检查，动作停止。"我收到了准许降落的回复并继续转弯降低高度。

我在距离跑道头 1 英里的位置建立了参考点，拉出一条与水平面夹角为 2.5 度的下滑包线，并将这条参考线显示在 HUD 上，然后飞行路线标记（FPM）和跑道上的起始点也显示出来了。我以大约 160 节的空速（取决于剩余油量）、11 度的迎角飞向跑道。飞越起始点后，我将参考点切换到跑道上并慢慢地收油门，将迎角保持在 11~13 度，准备着陆。

306—308 页图：返回基地有 3 种可选方式：目视进近，使用雷达航向标记地面引导控制进近和战术空中导航进近。（美国空军供图）

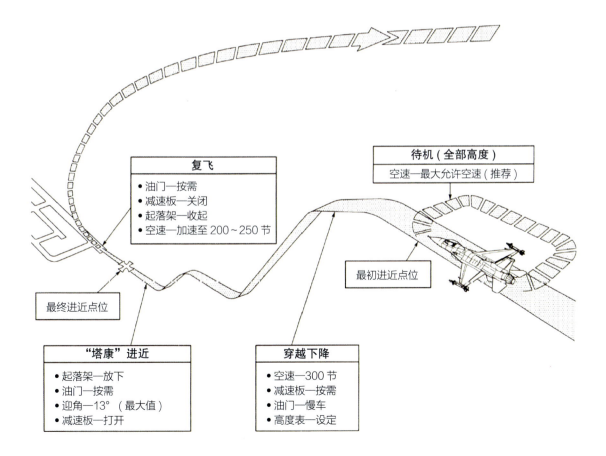

复飞
- 油门—按需
- 减速板—关闭
- 起落架—收起
- 空速—加速至 200~250 节

待机（全部高度）
空速—最大允许空速（推荐）

最初进近点位

最终进近点位

"塔康"进近
- 起落架—放下
- 油门—按需
- 迎角—13°（最大值）
- 减速板—打开

穿越下降
- 空速—300 节
- 减速板—按需
- 油门—慢车
- 高度表—设定

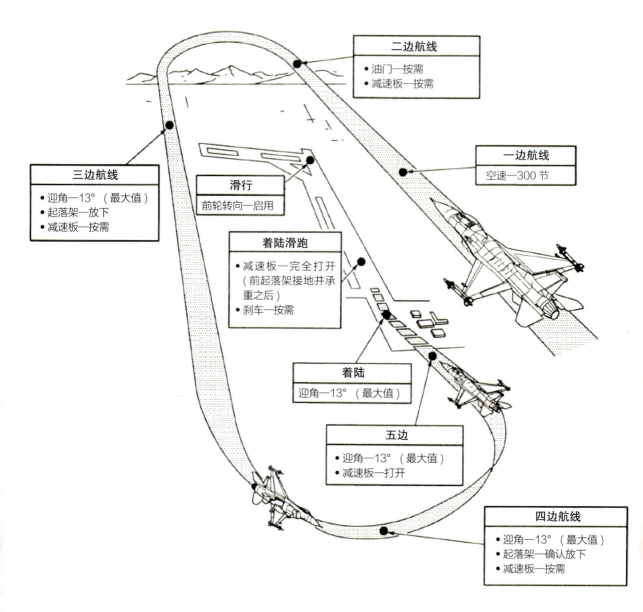

二边航线
- 油门—按需
- 减速板—按需

一边航线
空速—300 节

三边航线
- 迎角—13°（最大值）
- 起落架—放下
- 减速板—按需

滑行
前轮转向—启用

着陆滑跑
- 减速板—完全打开
  （前起落架接地并承重之后）
- 刹车—按需

着陆
迎角—13°（最大值）

五边
- 迎角—13°（最大值）
- 减速板—打开

四边航线
- 迎角—13°（最大值）
- 起落架—确认放下
- 减速板—按需

说明：
- 最后进近时的空速 /13° 迎角交叉检查
  - C PW220 134 PW229 135 GE100 / GE129 136 节 +4 节每 1000 磅燃油 / 外挂重量。进近迎角为 11° 时，空速增加 8 节。
  - D PW220 136 PW229 137 GE100 / GE129 138 节 +4 节每 1000 磅燃油 / 外挂重量。进近迎角为 11° 时，空速增加 8 节。
- 持续的基线空速是根据 T.O.1F-16CM-1-1 中的基本操作重量外加全部机炮弹药的重量确定的。实际最后进近空速在迎角为 11/13 度时会有 +5 节的差异，根据飞机配置不同而有所变化。

主机轮接地后，我将飞机保持 13 度的抬头姿态，利用迎面气流的阻力，在不使用机轮制动的前提下尽可能地减速。当空速达到 100 节时，前轮接地，我踩下了制动，将减速板开关后拉至全开位置，然后飞机的速度明显降了下来。减速到安全滑行速度后，我开启了前轮转向系统并滑行驶离跑道。不得不说，"蝰蛇"是我驾驶过的，相对容易操作的飞机。

我滑行至跑道尽头，负责关闭军械的机务人员会在那里检查我的飞机是否存在可疑危险，并且将保险销插入锁止箔条和诱饵弹投放器。然后我们将各自的飞机组成 4 机纵队，滑回停机坪。我的机械师指挥我滑入停机位，停稳后我准备执行关车程序。他接通机外通信面板，然后和他的"B 成员"一起对飞机进行检查，查看是否还有子系统需要压力供应，以及是否存在尚未加装保险的火工品。如检查完成时没有发现问题，他就会通知我准许关车。

我关闭了机上所有的航电设备，将油门杆拉至"关车"位。当发动机转速慢下来后，我的身心紧张程度也相应降低了。我打开座舱盖并解开安全带。机械师已经把登机梯搭好并登上来到我身边，我将头

下图与下页图：目视进近保持密集编队可看作机群回收的重要步骤。在地面上看，看到"蝰蛇"双机或 4 机编队掠过头顶，会感到非常壮观和震撼。这也是在降落期间为其他飞机腾出必要空间的重要手段，这样可以在有限的空域和时间内快速并安全地回收尽可能多的飞机。（史蒂夫·戴维斯供图）

F-16 着陆时的迎角为 11~13 度之间，落地后继续保持这个姿态，尽可能利用迎面空气阻力实现减速。照片中这架第 79 中队的 Block50 型战斗机的飞行员正在向大家展示这个过程。（美国空军供图）

盔包递给他，然后再爬下飞机。我围着座机目视检查，通过在机体表面用手摩擦或拍打来查找是否存在油液渗漏、鸟击损坏或其他物理损伤，就像在比赛结束后和自己的赛马拍打嬉戏一样。我再次对我刚刚驾驶过的这架战斗机表示敬意。我和机械师握手表达自己的谢意，感谢他将自己的"大宝贝儿"借给我飞，然后进屋登记我的飞行时数并准备航后总结。

航后总结

下图：一名"蝰蛇"的飞行员冒雨将可插拔式数据磁带插入空战机动和仪器吊舱中。这个吊舱记录着载机的导航、武器系统和目标跟踪数据，供飞行员在每个架次完成后分析和学习使用。（美国空军供图）

航后总结对一个好的战斗机飞行员来讲，就像面包上的黄油一样重要。每个人在此时都要谦虚谨慎，军阶、自负以及辩解统统都不重要。我们将回放磁带，验证我们的射击／炸弹投放情况，与大家一起沟通，查看我们的航电设备，检视编队的每个成员是否按照简报或任务计划飞行。我们也可以看到我们的战术执行效果是否像设想中的那

么有效，哪里存在改进或改变的空间。每个人都会坦陈自己在任务中犯过的错误并吸取教训。

此次任务中我处理得不太好的地方是我从对地攻击作战切换到对敌机作战的过程。我会不会漏掉了什么东西？我们是否可以做些什么以确保某些情况不会重演？没有人能做到完美无缺，但是我们可以一起钻研，朝着完美的方向努力。总结结束后，我们出了门，重新恢复原先的军阶和自我，奔向酒吧和我们的兄弟姐妹一起谈论飞行中的趣事。

虽然驾驶"蝰蛇"是一种绝对令人震撼甚至畏惧的经历，但即使用整个世界来交换，我也不愿意放弃那些和我一起飞行、工作和生活的人们。生活中有很多不尽如人意的事情，在 F-16 的座舱里我都会忘得干干净净。每个飞行员执行任务的习惯都不一样，但相对于将时间花费在驾驶"蝰蛇"飞行上，我常常更加珍视与这个大家庭共处的时间。

下图：不论是滑行返回停机位还是加固飞机掩体，武器系统和各传感器都要关闭。当机务人员完成一些快速检查后，不论油门杆在什么位置，都要拉回"关车"位，停止向发动机供油。（美国空军供图）

机务人员经受了冰冻、雨雪和风沙的洗礼，暴露在零下温度以及阳光暴晒的环境下，是空中力量幕后任劳任怨的无名英雄，无论是过去还是现在。这些男性和女性机务人员默默无闻地从事着这些神秘的工作。（美国空军供图）

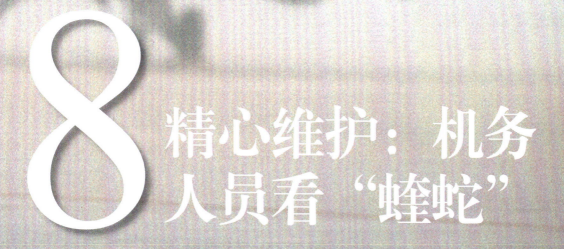

8 精心维护：机务人员看"蝰蛇"

乔希·史密斯是一名前 F-16 起飞线机务人员，现在成为了一名 F-16 的飞行员，在本章中他介绍了"蝰蛇"战机维护工作的点点滴滴。

在过去的 10 多年间，我在一线部队服役，后来成为空中国民警卫队的一员，维护过两种不同的机体。我毕业后直接进入南卡罗来纳州肖空军基地的第 55 飞机维护部队（AMU）工作，做了 4 年 F-16CJ Block50 战斗机的起飞线航电技术工程师。在那之后，我又在默里迪恩空军基地的密西西比空中国民警卫队第 186 空中加油机联队做了 4 年 KC-135R 无线电操作员和领航员，此后我到俄亥俄州空中国民警卫队第 180 战斗机联队做了两年 F-16 Block 42 战斗机的机务人员，最后我选择到明尼苏达州空中国民警卫队做了一名 F-16 战斗机的飞行员。不论在哪型机体或亚型上度过服役生涯，我都坚持一个观点：起飞线上发生的一切都令人着迷。

墨菲定律是起飞线上操作的基本规律。什么情况都有可能发生，躲不掉的！这是一个充满危险和变数的地方，但是发生的情况终究会决定我们作为空军的一员能否不折不扣地执行任务。那种日子令人感觉度日如年，身心俱疲。工作是持续进行的，夜以继日，贯穿了各种气象条件。为了能让飞机在转天的任务架次中放行，我们要做一切我们能做的工作。有时这意味着即使在午夜我们也会被召去工作，因为我们的人力资源非常有限，而飞机却时常出现我们不愿面对的状况。为了抢修飞机，我们必须拼命！其他时间我们还会单独驱车前往基地。在整个州遭受台风袭击时，我们得保障飞机顺利放飞，转场至安全地区或者将飞机拖到机堡里。还有个令人难以置信的事情是：实际在起飞线上手操作的技术人员主要是 18~22 岁的年轻人！

在 18 岁那年，我还在技校学习维修"蝰蛇"战斗机的技能。两年后，我成为航电相关专业（在涉及战斗机的其他众多领域，我也做得很棒）的专家，就像我的大多数朋友一样。在那段时间里，我是一级航空技师，在我的制服袖子上绣有两道条带。我们就是这样的专家，能够修复严重损坏的战机，并指出存在于这些高技术精密机器中的复杂问题之症结所在。

我们在一线接受过最优秀的技术军士（NCO）的培训，而这些军士最终会奉命调离；我们肩负使命，接过他们的担子。这是一项"想不淹死就得学会游泳"的工作，因为战斗机必须要上天执行任务，而

维护口盖示意图（典型配置）

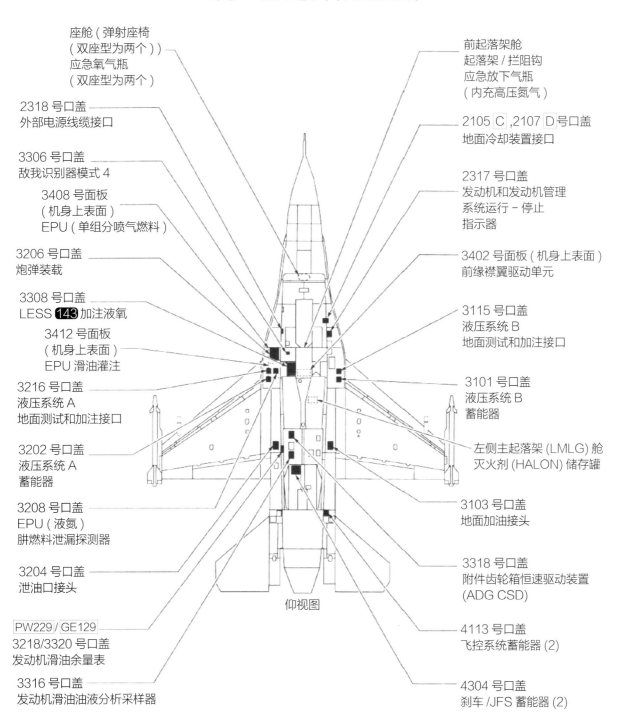

座舱（弹射座椅
（双座型为两个））
应急氧气瓶
（双座型为两个）

2318 号口盖
外部电源线缆接口

3306 号口盖
敌我识别器模式 4

3408 号面板
（机身上表面）
EPU（单组分喷气燃料）

3206 号口盖
炮弹装载

3308 号口盖
LESS **143** 加注液氧

3412 号面板
（机身上表面）
EPU 滑油灌注

3216 号口盖
液压系统 A
地面测试和加注接口

3202 号口盖
液压系统 A
蓄能器

3208 号口盖
EPU（液氮）
肼燃料泄漏探测器

3204 号口盖
泄油口接头

PW229 / GE129
3218/3320 号口盖
发动机滑油余量表

3316 号口盖
发动机滑油油液分析采样器

前起落架舱
起落架 / 拦阻钩
应急放下气瓶
（内充高压氮气）

2105 **C** ,2107 **D** 号口盖
地面冷却装置接口

2317 号口盖
发动机和发动机管理
系统运行 - 停止
指示器

3402 号面板（机身上表面）
前缘襟翼驱动单元

3115 号口盖
液压系统 B
地面测试和加注接口

3101 号口盖
液压系统 B
蓄能器

左侧主起落架 (LMLG) 舱
灭火剂 (HALON) 储存罐

3103 号口盖
地面加油接头

3318 号口盖
附件齿轮箱恒速驱动装置
(ADG CSD)

4113 号口盖
飞控系统蓄能器 (2)

4304 号口盖
刹车 /JFS 蓄能器 (2)

仰视图

上图：一名在第 51 航空维护中队服役的机械师正在翻阅电子技术规范（TO）。技术规范为"蝰蛇"的机务人员提供了参考和流程指导。他们将大量的纸质文档转换为电子格式在电脑上阅读，为日常的工作减轻了一些负担。（美国空军供图）

飞行员的安危往往在起飞线上就注定了。一些人很快得到了晋升，其他人则被迅速淘汰，被分配到起飞线做其他工作，给在机上工作的机务人员打下手。

放飞 / 跑道头检查 / 回收 / 肼燃料处理

　　机群放飞是一项精心组织的行动，这很好理解，我们所做的一切都是为了把这些金属机器送上天空。放飞主要分为 3 个阶段。首先，让这些飞机正常启动并做好滑出准备。这是一个标准和典型的流程，一名机械师担任"A 成员"，与飞行员保持密切联系，"B 成员"由一名航电组或军械组人员担任，负责消防工作，在发动机启动时密切注意 JFS 是否有火情，同时也会做一些辅助工作，拔除保险销和移除轮挡。这是一名航电组的成员首先要学习并负责的工作。高标准也意味着高危险，即使那些常在河边走的"老鸟"也不敢轻视。当发动机运转时，在进气口和尾喷口周围有一系列危险区。飞行控制面也在活动，而且，液压系统的压力足有 3100 磅力 / 平方英寸，周围同样存在危险区。还有一点，飞机在地面时，机翼平面的高度和普通人的视线高度一样，在飞机滑行时，也很容易撞到那些不注意观察周围情况的"马大哈"的脑袋。

　　放飞的第二阶段是"红球"（redball）部分。红球是指飞机在放飞中段出现的计划外（但并不属于意外）问题。实际上，当飞行员启动机载系统并进行检查时，若一个（或多个）系统报错或者干脆罢工，飞行员就会在无线电中呼叫代号"redball"，然后拖车就会载着相关技术人员（机械师、军械组或航电组人员、电气工程师或发动机专员）过来，由一名经验丰富的技术人员解决眼前这个问题。目标就是解决这个问题或者告知飞行员这个问题不会导致发动机停车，还能凑合着用，那样飞机就可以起飞执行任务而不必蹲冷板凳了。

　　不是所有的故障都会阻止飞机飞行，有时机上某个系统降级使用或者失能后，仍然可以完成任务。有时一些故障纯粹是飞行员误操作（错误的输入、错误的操作顺序等）引起的，有时仅仅是个小意外，只要重启系统（关机，然后重新打开）就可以解决，但偶尔也会发生实际的故障。如果我们遇到的是最后一种情况，而且机务人员了解该问题属于常见故障并确信通过更换一个普通部件就可以快速解决，那么他就会在停机位完成维修，有时这意味着要从停放在旁边的没有飞行任务的飞机上"挪用"所需部件给本机替换。如果问题更加复杂和棘手，那么就得启用停在一旁的备份机了，飞行员就得关车并转移到备份机上继续执行任务。"红球"是很常见的，有些飞机甚至每次放飞时都会出状况，这不过是这些"野兽"的习性罢了。

上图：起飞线是一个充满危险和变数的地方。图中一名机械师从一架假想敌"蝰蛇"的翼下钻过。F-16是一只活的、有呼吸的猛兽，对那些没有保持头脑清醒的家伙来讲，可导致严重人身伤害或死亡事故。（美国空军供图）

机务人员在加固飞机掩体（HAS）中进行工作是一件非常幸运的事情。防护装具可以保护机务人员免受大部分机具的伤害，只是无法隔绝高热和严寒。在不那么走运的时候，机务人员必须完全露天工作。（美国空军供图）

第169战斗机联队的人员正在为南卡罗来纳州空中国民警卫队（SCANG）的Block52"蝰蛇"机群做准备工作。一些幸运的F-16机务人员将会获得一次"刺激的骑行"（搭乘F-16飞行），作为对他们的认可和感谢，并可通过第一视角来感受他们工作的重要性。（美国空军供图）

最后一个阶段是移除轮挡，飞机滑出并抵达跑道头起飞位置。在这个时候，飞机基本上就可以成功执行飞行任务了。但也有不走运的时候，到跑道头才出现问题。飞机到达跑道头后，只会稍微停留一会儿，然后就起飞了，因此，如果出现了问题，且问题不能立刻解决，那么飞机只能被迫掉头滑回停机坪，并装上轮挡坐冷板凳了。

跑道头通常来讲是在放飞前对飞机进行的最后一次目视检查。典型的情况是，安排在白班的机务团队一般由各专业的技术人员组成，他们的整个白天是在跑道头度过的。跑道头也是拔除/重新插回武器挂架上的保险销的最终点位。跑道头检查的事项也就这么多了。

成功完成一个架次飞行的最后阶段就是回收飞机了。通常情况下，在机群距离基地 15~20 分钟的航程时会在中队专用频率中进行呼叫，在着陆前告知机务人员飞机的技术状态。这样，我们可以在出发前就做好有针对性的应对准备，在飞机滑回停机位并加上轮挡时，我们已在正确的位置上着手解决已知的问题了。在发动机关车前，与飞行员聊几分钟，获知具体发生的情况并进行一些尝试性的操作，是解决问题的一个重要环节。每架飞机典型的状态代码有 4 种：Code1、Code2、Code3 和 IFE（飞行中出现紧急情况）。

Code1 表示飞机状态良好：发动机关车，准备进行航后检查并补充燃料，为下一个架次做准备。Code2 表示某些系统处于低性能运行模式。再说一遍，这并不意味着飞机在解决故障前不能进行下一个架次的飞行，但我们还是会例行检修，在下次飞行前解决问题（时间允许的情况下）。Code3 表示飞机出现故障，在修复前无法进行后续架次的飞行。大多数是某个系统完全失效，需要深度维修。如果一架飞机在当天的首个架次挂着"Code3"返航，基本上就该拖出机位进行修理，并用备份机进行替补。下面就是 IFE 了，这种情况比较少见，但是飞行期间一旦发生异常情况都是非常严重的。有时是一个系统失效，飞行员根据条例就要挂 IFE，比如双路飞控失灵。其他时候会是更要命的事情：发动机停车、撞鸟、座舱盖密封失效（飞行员耳膜会因气压差暴增而破裂）、发动机起火、非指令性异常机动，等等。

如果飞机报的代码是 Code1~Code3，飞机降落后就会在跑道头稍事停留，并插上保险销（必要时），然后再滑回停机位并装好轮挡。与放飞时类似，A 成员和 B 成员各自就位待命。此处存在一些人身伤害因素，也就是高热的制动片和飞机产生的静电。A 成员一般情况下会指挥飞机滑入机位。让飞机事先在机位外停下来，留出足够的时间散热，使我们更容易对轮胎的情况进行检查，并查看是否存在外来异物导致的损伤（FOD）。B 成员检查制动片，确认其温度不是太高。如

对页图与下页图：放飞"蝰蛇"需要至少两名 F-16 的机务人员进行精细组织，每人都有固定负责的项目，严格按照正确的顺序和时点操作。在此期间，他们必须在极端恶劣的环境下工作：发动机喷出的废气、EPU 的火焰、活动的飞行控制面都是危险因素。（美国空军供图）

上图：机务人员有着明确的分工：航电组、军械组（照片中所示）、发动机组等。机械师这一职业要求更广的知识面，在飞机工程、动力总成和通用技能（APG）等方面的业务能力要比负责该项维护工作的男女技师的水平还高。放飞是由机械师主持的，但放飞团队的 B 成员位置往往由军械组人员担当。（美国空军供图）

果制动片状态良好，则继续指挥飞机滑入最终的机位，然后在飞机上接好地线放掉静电。下面我们再放上轮挡，并插上保险销（主起落架、EPU、外挂副油箱等需要插保险销的地方），在发动机关车前进行例行检查。灼热的制动片是个让人头皮发麻的东西，当飞机停住后，制动片会变得更热（没有迎面气流带走金属盘表面的热量）。此时制动片还会产生热辐射，如果温度过高，轮胎还会爆掉。此时轮胎胎压非常高，一旦爆胎，整个机轮总成就会被炸成碎片飞射出来，就像无数炮弹弹片一样扫过起飞线，摧毁一切挡住碎片去路的东西。

　　然后发动机准备关车，本架次飞行圆满完成。此时唯一存在的危险源就是肼燃料了。如果发动机在机械师用保险销锁止应急动力单元（使用肼燃料驱动）之前关车，那么 EPU 就会启动，任何处在飞机下风方向的人员都会暴露在剧毒的肼燃料废气之下。EPU 会发出洪亮的嚎叫声，就像涡轮发出的那种声音，而其启动时，这种声音尤为明显。这也是地面人员进行外部检查时判断 EPU 是否已启动的一个特征。如果 EPU 已启动，起飞线处的人员就得启用防化洗消预案，事后还要去医院检查。这可不是什么好玩儿的事情，你必须当场脱掉受到沾染的

衣物（避免污染进一步蔓延）。在我的记忆中，EPU 地面启动的情况很少发生，概率几乎为零。

　　如果在关车的过程中一切顺利，飞行员就可以离开飞机，机械师则会在别人接触到弹射座椅之前插好保险销，然后我们开始进行航后检修。机械师和发动机组的人员会钻入"管道"中（进行进气道和尾喷检查），飞行员会在飞行记录表格中写上所有异常情况，然后去做航后总结。油罐车开过来给飞机加油，然后开始当日下个架次飞行的整备。有的时候，如果当天的节奏比较慢，我们仅有一到两组维护工作；一个普通的飞行日会有 3 组，每组的飞机数量在 4~12 架。一旦我们的工作量达到峰值，就意味着不间断飞行，有时甚至每个航次会进行 5~7 组维护工作，每天结束时累计会执行 55~70 个独立的航次。那时所有的事情会变得忙碌且危险，因为同时有多架飞机在场内移动，而且我们为它们加油时，发动机也处于运行状态。

　　每个航次还有种可能的结果就是没有任何状态代码通报。机群开始通报并着陆，滑回机位并上好轮挡，然后发现有一两架飞机没有报告状态代码。众人迷惑了大概一分钟，然后所有高级别的成员集合在

上图："红球"这类故障会让飞机无法完成任务，有时可以通过"黑盒子"这类手段解决或者屏蔽。如果问题更多更严重的话，"蝰蛇"恐怕就得关车并被拖到机库里进行进一步的检查。图上这名发动机专业的机务人员打开了维护口盖，正在检修发动机的故障。（美国空军供图）

上图：返航中的"蝰蛇"机群会在抵达前约 15 分钟时通过中队专用频率将它们的"代码"状态传送过来。这些"前站"信息可以为机库和机务调度人员提供参考，为后续飞行日的飞行架次做好维护计划。在照片中，机械师和助理机械师正在对一架完成第 30 次 Code 1 飞行的 F-16 进行维护。（美国空军供图）

对页图：发烫的制动片会对负责回收飞机的地面人员造成实打实的伤害，而且还可能引起爆胎。检查胎压（照片中"雷鸟"表演队的机务人员正在做的事情），不仅是飞行员安全的保证，还是关乎每个在起飞线区域的工作人员安危的重要事项。（美国空军供图）

工作区中。所有飞机都在进行关车作业，维护人员开始用围栏把工作区封闭起来，此后便没有人员进出此区域了。A 团队进场工作了，拿起所有飞机的表格和车间记录本（用来登载交接班记录），一辆大巴车停在跟前，准备搭载机务人员去做采样分析测试。到这个时候，我们中的大部分人都发现了一个情况：有一架飞机没有返航！

极度消沉的情绪弥漫在团队中，为那名没有回来的飞行员祈福的思绪萦绕在大家的脑海中，还夹杂着疑虑：是不是昨晚维护飞机时有什么地方没有查到，而那个"隐患"会不会引发故障，导致飞机坠毁？长官将大家叫到一起，简要通报一下有一架飞机坠毁了，并让大家了解一下接下来的几天我们要做什么。问题报告人员以个人身份向我们简要讲解如何管控压力和情绪，所有的飞行活动会暂停几天。出事不久，坠机飞行员的家属就到达基地了。他的妻子以泪洗面，还不清楚她的爱人目前的状况，而他的孩子们尚处幼年，还不知道发生了什么。此时你无法帮到他们什么，但总会去想："如果我遇到这样的事会怎么样，会不会因为我的失误导致她失去丈夫，孩子们失去父亲？"这实在是一种折磨，而且这种情绪在往后的数日中一直在中队中弥漫着。我在职业生涯中经历过两次这样的事件，好在上帝保佑，所有坠机的飞行员都得以幸存，经过恢复性训练后重返蓝天。

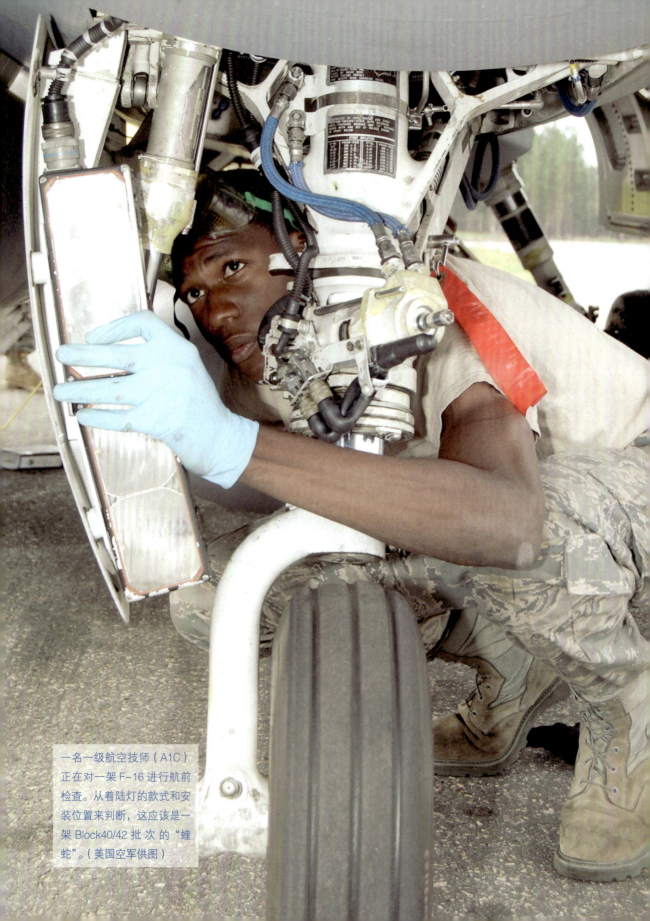

一名一级航空技师（A1C）正在对一架 F-16 进行航前检查。从着陆灯的款式和安装位置来判断，这应该是一架 Block40/42 批次的"蝰蛇"。（美国空军供图）

上图：F—16 机身表面大部分蒙皮面板都可在检查机体和组件时拆下来。这些面板都是用平头铆钉安装的（铆钉头与机身表面平齐），有利于改善飞机的阻力系数。相比之下，俄系同代战斗机机身表面蒙皮的平滑和工整程度明显要比F—16逊色很多。（美国空军供图）

当太阳升起时，夜班将会结束。为了保持 F-16 良好的适航状态，需要连续的专业工作，轮班作业。然而，需要应急出动时，工作就没有班次的界限了。这名"蝰蛇"的机械师在机翼上走动，检查前缘襟翼是否存在故障或损伤迹象。（美国空军供图）

航次间的工作 / 排除故障

　　一个飞机维护团队通常是 24/7 工作制，包括 3 个班次：白班、中班（傍晚）和夜班（午夜时分接班，工作至第二天白班过来接班）。一般情况下，全部飞行活动都集中在白天，夜航大约每周进行一次。白班机务人员会经历飞机放飞和回收以及与之相关的一系列工作，而通常两个航次的间隔仅为一个半至两小时，这点儿时间是不够修复一架突然出现故障的飞机的。机群放飞时几乎要用到团队中的所有人，因此大部分人忙于放飞或回收其他飞机时，只能留下很少的人伺候那些问题飞机。另一个常见任务是为下一组飞行任务做整备工作，包括将目标指示吊舱、AGM-88 HARM 目标指示系统或电子战吊舱从一架飞机上拆下来，装到另一架需要它们的飞机上去。除此之外，有飞行活动的班次还会被各航次后的检修和少量需要彻底修复的故障填得满满当当。

　　中班交接班时会接手白班未完成的工作，开始啃"硬骨头"。这些问题飞机通常没有飞行任务，因此我们可以从下午较早的时候开始到第二天早晨的这段时间修复这架飞机，让它能在第二天回到工作岗位上去。这个典型的班次需要最富经验的队员来执行。飞机被拆成几个部分，一些部件也更换了，配线也进行了更换并测试通过，而且所

下图：两架俄亥俄州空中国民警卫队第 180 战斗机联队的 Block42 型战斗机等待检修。注意飞机的后缘襟翼上套上了红色防护条。当机务人员走向机翼上处于视线高度的设备时，这些保护罩可以防止他们在不经意间碰伤头部。（美国空军供图）

有需要后续维护和操作检测的设备也都按规程完成。有时更换一些部件后，飞机的状态就会在几小时内亮绿灯，恢复正常，有的时候好几天都找不到故障在哪里。根据我的经验，我们大概有 80% 的概率能找到问题所在并在当晚修好飞机，但另外 20% 的时候翻遍了所有手册，工程师绞尽脑汁也无可奈何，我们只能跳出思维框框之外去寻找问题的解决方法。这是一门艺术，也是一个好的机务人员和一个优秀的机务人员的真正区别。

　　排除故障一般是从最容易的地方入手，应用最常规的解决方案，然后是根据技术条例中的逻辑错误树来进行分解，一个部件一个部件地替换，通过我们自己的方式再现故障场景。为了做到这点，你需要较强的理解能力，能判断出问题是什么，在飞行员返航归来后和他们聊天时，能从他们的话语中找到关键的线索。即便如此，机务人员还要跳进座舱运行那个有问题的子系统，试着再现问题，然后输入一些指令，更好地了解这个问题。有时你尝试修理飞机时做的第一件事以及其他时候你做任何操作时，都会按照书本上学到的东西去做，但是问题依旧存在。此时你真得回头搜索头脑中与系统运行理论相关的知识了，与其他机载系统联系起来，考虑不同系统之间会有何种相互作用。这就是高度复杂的现代战斗机上存在的一个主要问题：各子系统高度整合，需要相当的知识储备才能理解不同系统如何相互影响，而不是一个系统会导致另一个系统失效那么简单。有时系统中的线缆损坏导致故障，那么你就得翻出配线图查抄比对，合理推测哪里出问题并会产生什么影响，然后加电 / 地面辅源 / 输入信号来检测线路，找到问题点。与此同时，你在与时间赛跑，争分夺秒修复这架飞机，为其点亮绿灯，重返蓝天。

上图：一名军械专业人员透过一部 F-16 训练装置上的射电瞄准镜来校准 M61A1"火神"机炮的炮管，确保炮管安装到位。当他观察镜筒里的十字参考线时，另一名机务人员移动准直仪（位于前面），这样就能完成校准了。（美国空军供图）

一名第 510 飞机维护部队的航电专业人员在意大利阿维亚诺空军基地测试一架 F-16C Block40 的下部雷达告警接收机天线。随着 F-16 系列战斗机的不断升级改进，计算机化的程度也越来越高，不仅数量越来越多，而且复杂程度也随之增加，这些设备的测试都由航电专业工程师在起飞线完成。（美国空军供图）

夜班人员在午夜时分加入维修队伍，减轻了中班的工作负担。夜班人员常常会完成中班人员未能按时完成的维修工作，然后再对所有飞机进行整备，确保第二天早晨飞机能够出动。工作一般包括每天或每月用新的代码更新机上系统的密钥，具体情况取决于机载系统、负责的那架飞机的机械师，以及从中班分派去维修仍然存在故障的机务人员。夜班人数较少，受到的监管也较少，工作氛围有时会比较轻松。

飞机每次的阶段性定检都会花费很长的时间，需要做大量例行的维护和检查工作。这需要将飞机大卸八块并进行检查、维修。到达每个阶段的时点取决于飞行时数或日历日期。通常情况下，阶段性定检的飞机会离开一线 3~4 个星期，然后回归正常出勤。每个基地的定检团队由各部队抽调来的航电、军械、发动机专业机务人员和机械师组成，要在那里完成一次或两次定检，完全脱离每日出航的一线工作。他们在阶段性定检中的工作内容是例行的，所以一般情况下不会出现什么例外或需要排除故障的情况。

下图：一名机械师长在修理前缘襟翼时，将手搭在左侧外挂副油箱上休息，并趁机挑选合适的保险夹用于维修。（美国空军供图）

上图：在阿拉斯加"红旗"演习期间，一名机务人员正在为一架 F-16 做地面加油准备。阿拉斯加为演习提供了特别的环境设定，但是在寒冷的月份里，机务人员不得不忍受数周的零下温度。（美国空军供图）

左图：前机身油箱的空间刚好能让身材瘦小的机务人员蜷身钻入。在油箱中做检修，或者强调一点，在充满燃油气雾的油箱中作业，是一件非常危险的工作。吸入过量的油气会导致晕厥甚至死亡，因此该项作业常常由两名人员进行。（美国空军供图）

第 332 航空远征机务中队的两
名机械师在伊拉克巴拉德空军
基地检测一架正在进行阶段性
检查的 F-16 的前缘襟翼作动
筒。阶段性检查会对"蝰蛇"
进行更深入的拆解检查,比常
规的放飞回收期间的检查和维
护更加复杂。(美国空军供图)

AF
85 548

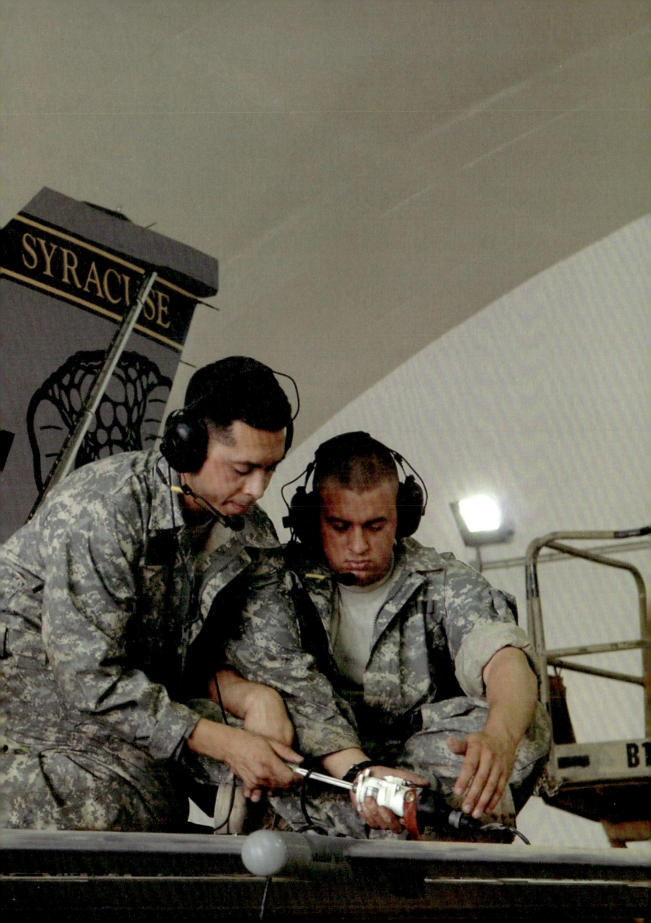

上图与对页图：当一架"蝰蛇"走到服役生涯的终点时，需要找到一个归宿。可能会作为地面教学机体使用（GF-16），或者如照片所示，送到 AMARC 进行封存，那里的承包商会做好在干燥沙漠地区将其长期储存的准备。图中这架不幸的飞机是一架 F-16A Block15R 型。它的最终结局不难猜到，但它更好的谢幕就是作为一架无人驾驶靶机来使用。（美国空军供图）

杂想

　　起飞线上最令人难忘的是战友情和兄弟情。一线的工作环境是非常艰苦的。工作时间相当长（一天工作 12 小时算少的），外场的天气会非常糟糕。有时外面实在太冷了，大家不得不轮流上机工作，每组队员只能在工位上坚持大约 15 分钟就冻得不行了，然后就赶紧跑进室内取暖（美国空军强制的规定），以免出现冻伤或者体温过低的情况。在天气炎热的时候，你的皮肤碰到机身的金属部分时，感觉仿佛被地狱之火烧到，皮肤立刻起水泡，保证你下次再也不敢这样做了。赶上下雨的时候，意味着你要在冰冷的大雨中站立至少 2 小时，等待着 GPS 在阴雨天找到卫星信号并开始工作。这仅仅是为了通过阶段一的检查。

　　起飞线上唯一一件让人关心的事情就是：战机必须要升空。这些大家一起加班加点攻坚克难的经历确实能聚拢人心。我无法告诉你有多少次这样的经历：我正在一架发生严重故障的飞机上奋战的时候，维护其他飞机的朋友在完成工作后本可以下班回家，但他们留了下来，并过来帮忙。不是他们认为我不能独立完成工作，只是因为我们是一个团队，有困难，大家一起扛。

上页图与本页图：保持飞机的整洁和漆面光鲜也是在"油漆间"工作的专业机务人员的重要职责。图中，一架驻肖空军基地的F-16C Block50正在由一名穿戴着防护服和安全护具的机务人员进行保洁作业。与此同时，一名喷漆工正在给一架新的Block50批次的"蝰蛇"的垂尾上遮盖喷涂"480FS"字样的标记。（美国空军供图）

我先前提到过的另一件疯狂的事情是那些年轻人承担的工作量，以及我们对他们的重托。我很清楚地记得，作为一个有两条袖带的军人，站在总队执行长官的位置上，飞行员和产品负责人试图让我在一架飞机的维护表格上签字放行，这架飞机存在故障，但仍在一线准备执行下午的航次。在发动机启动前，我们还有 20 分钟的时间，此时我是不会在表格上签字的。我认为那架飞机不具备适航条件，其他人的意见正好相反。也许他们是对的，也许不会出什么事，但不可抱有侥幸心理！我们不值得为了获得代表飞机全勤的金星和长官的嘉奖而冒着坠机的风险，更不值得拿飞行员的生命做赌注！有些官阶更高的家伙只盲目追求统计数据和指标，而忽略大局。此时航空技师和技术军士就得上前婉转地提醒他们。基本上我跟他们说到口干舌燥也只是被当作耳旁风。尽管没有明文规定我们这样做是正确的，但我的长官还是支持我，飞机在我们搞定故障之前始终没有离开过机位。补充一句，当时我只有 19 岁，大家可以回忆一下，自己在 19 岁时正在做什么。现在可以想想那些上大学的孩子们在他们 19 岁年纪轻轻的时候正在做什么。这些年轻的航空技师的专业水准是无可挑剔的！

下图与对页图：飞机维护中队中的一些岗位要求非常特殊的技能。照片中这名军械系统专家工程师正在检查一架 Block50 型"蝰蛇"上面的武器投放装置。（美国空军供图）

通常来讲，维护工作给人的感觉是不受重视的，而且人手也不足。我并不责怪他人对我们工作的不理解。这让那些没有"起飞线思维"的人理解起来实在太困难了。当基地遭遇暴风雪，其他部门暂时关闭时，我们照常进入工作状态。当龙卷风警报拉响时，我们还坚守在那儿。不论昼夜、日晒雨淋，机务人员都会坚守在工作岗位上。当你看到那些在体育场馆工作的小伙子，擦拭体育器械时所付出的劳动和你在工作中的付出是一样的时候，你会感到非常沮丧。你也会得知他每天的工作时间是 8 小时，有 1 小时的午饭时间，而且在当值时还有时间进行体育锻炼。你当然不能责备这个家伙，他已经做到了他应该做的事情，而且工作环境也给了他那些自由度，但是你在心理上总是感到委屈。在食堂工作的人们大致也是如此。还有件令人懊恼的事情，你连续工作 12 小时后，不巧错过了用餐，急匆匆地在关门前几分钟跑到食堂，但是他们不会再为你服务，因为他们到了下班回家的时间。他们严格按照固定的时间表来工作，而且他们也不会在那儿多待哪怕 1 分钟来照顾错过饭点儿的航空技师。财务部门和其他支援中队也是如此。一天结束的时候，就算没有体育馆或者食堂，出动任务也

下图：电子和环境系统工程师负责机内和外部的所有供能，以及环控供氧系统。在这张照片里，一名专业工程师正在安装一个新的环控系统水分离 – 凝结器。（美国空军供图）

能执行，但如果没有机务人员的话，恐怕就运转不了了，这就是我们的骄傲！

我们长时间地工作，在周末和午夜也要进场，忍受各种天气和转场部署的劳顿，所有的一切都是因为我们坚信自己肩负使命，没有我们，任务就无法开展。看着战机从天空返回基地时，翼下已没有出发时你为他们挂载的炸弹，是一件非常奇妙的事情。这不是每个在部队的人都能经历的：看到自己亲手维护的装备投入使用，并且摧毁了敌人的目标，圆满地完成了任务；当飞行员驾机返回，外挂武器投出后的机翼非常干净光顺，你引导他们进入机位，上好轮挡，然后关车。这套行云流水般的流程给人一种非常奇妙的感觉。飞行员们兴奋地走下飞机，互相击掌庆贺，全场沸腾，然后你打开电视机，观看录像，看到我们的战机将怒火扔到敌人头上，炸出团团火球。那些漫长的日子、长期的部署、不眠的夜晚、错过的纪念日／生日，在胜利的时刻统统被抛到脑后。为了那个短暂的瞬间，所有的付出和牺牲都是值得的！

APPENDICES

附　录

产品列表：按各批次标准制造的机体汇总

说明：以下数据正确记载到 2013 年夏季，并得到最权威的"蝰蛇"资料网站的热情协助。

起始财年	结束财年	国别	本地序列号起始	本地序列号结束	数量	备注
YF-16						
72-1567	72-1568	美国	01567	01568	2	
F-16A						
75-0745	75-0750	美国	75745	75750	6	1 架改装为F-16XL/A 1 架改装为F-16XL/B 1 架改装为NF-16A（ATFI 飞行测试平台） 1架用作F-16/101测试平台
F-16B						
75-0751	75-0752	美国	75751	75752	2	1 架用作F-16/79 测试平台
F-16A Block 1						
78-0001	78-0021	美国	78001	78021	21	
78-0116	78-0132	比利时	FA-01	FA-17	17	
78-0174	78-0176	丹麦	E-174	E-176	3	2 架升级为F-16AM
78-0212	78-0223	荷兰	J-212	J-223	12	
78-0272	78-0274	挪威	272	274	3	2 架升级为F-16AM
F-16B Block 1						
78-0077	78-0098	美国	78077	78098	22	
78-0162	78-0167	比利时	FB-01	FB-06	6	4 架升级为F-16BM
78-0204	78-0205	丹麦	ET-204	ET-205	2	1 架升级为F-16BM
78-0259	78-0264	荷兰	J-259	J-264	6	
78-0301	78-0302	挪威	301	302	2	1 架升级为F-16BM
F-16A Block 5						
78-0022	78-0076	美国	78022	78076	55	
78-0133	78-0140	比利时	FA-18	FA-25	8	
78-0177	78-0188	丹麦	E-177	E-188	12	7 架升级为F-16AM
78-0224	78-0237	荷兰	J-224	J-237	14	
78-0275	78-0284	挪威	275	284	10	7 架升级为F-16AM
78-0308	78-0325	以色列	100	138	18	本地序号非顺序排列
79-0288		美国	79288		1	
F-16B Block 5						
78-0099	78-0115	美国	78099	78115	17	
78-0168	78-0171	比利时	FB-07	FB-10	4	3 架升级为F-16BM
78-0206	78-0208	丹麦	ET-206	ET-208	3	3 架升级为F-16BM
78-0265	78-0266	荷兰	J-265	J-266	2	
78-0303	78-0304	挪威	303	304	2	1 架升级为F-16BM
78-0355	78-0362	以色列	001	017	8	本地序号非顺序排列
79-0410	79-0419	美国	79410	79419	10	
F-16A Block 10						
78-0141	78-0161	比利时	FA-26	FA-46	21	
78-0189	78-0203	丹麦	E-189	E-203	15	14 架升级为F-16AM
78-0238	78-0257	荷兰	J-238	J-257	20	5 架升级为F-16AM
78-0285	78-0299	挪威	285	299	15	11 架升级为F-16AM
78-0326	78-0354	以色列	219	264	29	本地序号非顺序排列
79-0289	79-0409	美国	79289	79409	121	
80-0474	80-0540	美国	80474	80540	67	
80-0649	80-0668	以色列	265	299	20	本地序号非顺序排列
80-3538	80-3546	比利时	FA-47	FA-55	9	
F-16B Block 10						
78-0172	78-0173	比利时	FB-11	FB-12	2	1 架升级为F-16BM
78-0209	78-0211	丹麦	ET-209	ET-211	3	1 架升级为F-16BM
78-0267	78-0271	荷兰	J-267	J-271	5	3 架升级为F-16BM
78-0305	78-0307	挪威	305	307	3	2 架升级为F-16BM
79-0420	79-0432	美国	79420	79432	13	
80-0623	80-0634	美国	80623	80634	12	

（续表）

起始财年	结束财年	国别	本地序列号起始	本地序列号结束	数量	备注
F-16A Block 15						
78-0258		荷兰	J-258		1	1 架升级为F-16AM
78-0300		挪威	300		1	
80-0541	80-0622	美国	80541	80622	82	60 架升级为F-16A ADF 1 架升级为F-16AM
80-0639	80-0643	埃及	9301	9305	5	
80-3547	80-3587	比利时	FA-56	FA-96	41	34 架升级为F-16AM
80-3596	80-3611	丹麦	E-596	E-611	16	16 架升级为F-16AM
80-3616	80-3648	荷兰	J-616	J-648	33	25 架升级为F-16AM
80-3658	80-3688	挪威	658	688	31	27 架升级为F-16AM
81-0643	81-0661	埃及	9306	9324	19	
81-0663	81-0811	美国	81663	81811	149	115 架升级为F-16A ADF
81-0864	81-0881	荷兰	J-864	J-881	18	16 架升级为F-16AM
81-0899	81-0926	巴基斯坦	82701	85728	28	本地序号非顺序排列 1 架升级为F-16AM
82-0900	82-1025	美国	82900	821025	126	59 架升级为F-16A ADF
82-1050	82-1052	委内瑞拉			3	本地序号随机
82-1056	82-1065	埃及	9325	9334	10	
83-1066	83-1117	美国	83066	83117	52	
83-1186	83-1188	委内瑞拉			3	本地序号随机
83-1192	83-1207	荷兰	J-192	J-207	16	14 架升级为F-16AM
84-1346	84-1357	委内瑞拉			12	本地序号随机
84-1358	84-1367	荷兰	J-358	J-367	10	7 架升级为F-16AM
85-0135	85-0140	荷兰	J-135	J-140	6	5 架升级为F-16AM
F-16B Block 15						
80-0635	80-0638	美国	80635	80638	4	2 架升级为F-16B ADF
80-0644	80-0648	埃及	9201	9205	5	
80-3588	80-3595	比利时	FB-13	FB-20	8	6 架升级为F-16BM
80-3612	80-3615	丹麦	ET-612	ET-615	4	4 架升级为F-16BM
80-3649	80-3657	荷兰	J-649	J-657	9	8 架升级为F-16BM
80-3689	80-3693	挪威	689	693	5	5 架升级为F-16BM
81-0662		埃及	9206		1	
81-0812	81-0822	美国	81812	81822	11	5 架升级为F-16B ADF
81-0882	81-0885	荷兰	J-882	J-885	4	3 架升级为F-16BM
81-0931	81-0938	巴基斯坦	82601	84608	8	本地序号非顺序排列 1 架升级为F-16BM
81-1504	81-1507	巴基斯坦	85609	86612	4	本地序号非顺序排列
82-1026	82-1042	美国	821026	821042	17	14 架升级为F-16B ADF
82-1043		埃及	9208		1	
82-1044	82-1049	美国	821044	821049	6	4 架升级为F-16B ADF
82-1053	82-1055	委内瑞拉			3	本地序号随机
83-1166	83-1173	美国	83166	83173	8	
83-1189	83-1191	委内瑞拉			3	本地序号随机
83-1208	83-1211	荷兰	J-208	J-211	4	4 架升级为F-16BM
84-1368	84-1369	荷兰	J-368	J-369	2	2 架升级为F-16BM
F-16A Block 15 OCU						
85-0141	85-0146	荷兰	J-141	J-146	6	6 架升级为F-16AM
86-0054	86-0063	荷兰	J-054	J-063	10	8 架升级为F-16AM
86-0073	86-0077	比利时	FA-97	FA-101	5	5 架升级为F-16AM
86-0378		泰国	10305		1	
87-0004	87-0008	丹麦	E-004	E-008	5	5 架升级为F-16AM
87-0046	87-0056	比利时	FA-102	FA-112	11	10 架升级为F-16AM
87-0397	87-0400	新加坡	880	883	4	
87-0508	87-0516	荷兰	J-508	J-516	9	9 架升级为F-16AM
87-0702	87-0708	泰国	10306	103012	7	
87-0710		荷兰	J-710		1	
87-0713	87-0720	印度尼西亚	TS-1605	TS-1612	8	
88-0001	88-0012	荷兰	J-001	J-012	12	10 架升级为F-16AM
88-0016	88-0018	丹麦	E-016	E-018	3	3 架升级为F-16AM
88-0038	88-0047	比利时	FA-113	FA-122	10	9 架升级为F-16AM
89-0001	89-0011	比利时	FA-123	FA-133	11	11 架升级为F-16AM
89-0013	89-0021	荷兰	J-013	J-021	9	9 架升级为F-16AM

（续表）

起始财年	结束财年	国别	本地序列号起始	本地序列号结束	数量	备注
90-0025	90-0027	比利时	FA-134	FA-136	3	3架升级为F-16AM
90-0942	90-0947	巴基斯坦	91729	92734	6	本地序号非顺序排列
90-7020	90-7031	泰国	40307	40318	12	
91-0062	91-0067	泰国	10313	10318	6	
92-0404	92-0410	巴基斯坦	92735	93741	7	本地序号非顺序排列
93-0465	93-0481	葡萄牙	15101	15117	17	16架升级为F-16AM
F-16B Block 15 OCU						
86-0064	86-0065	荷兰	J-064	J-065	2	2架升级为F-16BM
86-0197	86-0199	丹麦	ET-197	ET-199	3	3架升级为F-16BM
86-0379	86-0381	泰国	10301	10303	3	
87-0001		比利时	FB-21		1	1架升级为F-16BM
87-0022		丹麦	ET-022		1	1架升级为F-16BM
87-0066	87-0068	荷兰	J-066	J-068	3	3架升级为F-16BM
87-0401	87-0404	新加坡	885	888	4	
87-0711	87-0712	挪威	711	712	2	1架升级为F-16BM
87-0721	87-0724	印度尼西亚	TS-1601	TS-1604	4	
88-0048	88-0049	比利时	FB-22	FB-23	2	2架升级为F-16BM
89-0012		比利时	FB-24		1	1架升级为F-16BM
90-0948	90-0952	巴基斯坦	91613	92617	5	本地序号非顺序排列
90-7032	90-7037	泰国	40301	40306	6	
92-0452	92-0461	巴基斯坦	92618	95627	10	本地序号非顺序排列
93-0482	93-0484	葡萄牙	15118	15120	3	3架升级为F-16BM
F-16C Block 25						
83-1118	83-1165	美国	83118	83165	48	
84-1212	84-1318	美国	84212	84318	107	
84-1374	84-1395	美国	84374	84395	22	
85-1399		美国	85399		1	
85-1401		美国	85401		1	
85-1403	85-1407	美国	85403	85407	5	
85-1409		美国	85409		1	
85-1411		美国	85411		1	
85-1413		美国	85413		1	
85-1415	85-1421	美国	85415	85421	7	
85-1423		美国	85423		1	
85-1425		美国	85425		1	
85-1427		美国	85427		1	
85-1429	85-1431	美国	85429	85431	3	
85-1433		美国	85433		1	
85-1435		美国	85435		1	
85-1437		美国	85437		1	
85-1439		美国	85439		1	
85-1441		美国	85441		1	
85-1443		美国	85443		1	
85-1445		美国	85445		1	
85-1447		美国	85447		1	
F-16D Block 25						
83-1174	83-1185	美国	83174	83185	12	
84-1319	84-1331	美国	84319	84331	13	
84-1396	84-1397	美国	84396	84397	2	
85-1506	85-1508	美国	85506	85508	3	
85-1510		美国	85510		1	
85-1512		美国	85512		1	
85-1514	85-1516	美国	85514	85516	3	
F-16C Block 30						
85-1398		美国	85398		1	
85-1400		美国	85400		1	
85-1402		美国	85402		1	
85-1408		美国	85408		1	
85-1410		美国	85410		1	
85-1412		美国	85412		1	
85-1414		美国	85414		1	
85-1422		美国	85422		1	
85-1424		美国	85424		1	

（续表）

起始财年	结束财年	国别	本地序列号起始	本地序列号结束	数量	备注
85-1426		美国	85426		1	
85-1428		美国	85428		1	
85-1432		美国	85432		1	
85-1433		美国	85433		1	
85-1436		美国	85436		1	
85-1438		美国	85438		1	
85-1440		美国	85440		1	
85-1442		美国	85442		1	
85-1444		美国	85444		1	
85-1446		美国	85446		1	
85-1448	85-1505	美国	85448	85505	58	
85-1513		美国	85513		1	
85-1517		美国	85517		1	
85-1544	85-1570	美国	85544	85570	27	
86-0066	86-0072	土耳其	86-0066	86-0072	7	
86-0207	86-0209	美国	86207	86209	3	
86-0216		美国	86216		1	
86-0219		美国	86219		1	
86-0221	86-0235	美国	86221	86235	15	
86-0237		美国	86237		1	
86-0242	86-0249	美国	86242	86249	8	
86-0254	86-0255	美国	86254	86255	2	
86-0258	86-0268	美国	86258	86268	11	
86-0270		美国	86270		1	
86-0274	86-0278	美国	86274	86278	5	
86-0282		美国	86282		1	
86-0284		美国	86284		1	
86-0286	86-0290	美国	86286	86290	5	
86-0293	86-0295	美国	86293	86295	3	
86-0297	86-0298	美国	86297	86298	2	
86-0300	86-0371	美国	86300	86371	72	
86-1598	86-1612	以色列	301	337	15	本地序号非顺序排列
87-0009	87-0021	土耳其	87-0009	87-0021	13	
87-0217	87-0266	美国	87217	87266	50	
87-0268		美国	87268		1	
87-0270	87-0292	美国	87270	87292	23	
87-0294		美国	87294		1	
87-0296		美国	87296		1	
87-0298		美国	87298		1	
87-0300		美国	87300		1	
87-0302		美国	87302		1	
87-0304		美国	87304		1	
87-0306		美国	87306		1	
87-0308		美国	87308		1	
87-0310		美国	87310		1	
87-0312		美国	87312		1	
87-0314		美国	87314		1	
87-0316		美国	87316		1	
87-0318		美国	87318		1	
87-0320		美国	87320		1	
87-0322		美国	87322		1	
87-0324		美国	87324		1	
87-0326		美国	87326		1	
87-0328		美国	87328		1	
87-0330		美国	87330		1	
87-0332		美国	87332		1	
87-0334	87-0349	美国	87334	87349	16	
87-1661	87-1693	以色列	340	376	33	本地序号非顺序排列
88-0019	88-0032	土耳其	88-0019	88-0032	14	
88-0110	88-0143	希腊	110	143	34	
88-0397	88-0411	美国	88397	88411	15	
88-1709	88-1711	以色列	329	359	3	本地序号非顺序排列

（续表）

起始财年	结束财年	国别	本地序列号起始	本地序列号结束	数量	备注
F-16D Block 30						
85-1509		美国	85509		1	
85-1511		美国	85511		1	
85-1571	85-1573	美国	85571	85573	3	
86-0043	86-0047	美国	86043	86047	5	
86-0049	86-0053	美国	86049	86053	5	
86-0191	86-0196	土耳其	86-0191	86-0196	6	
87-0002	87-0003	土耳其	87-0002	87-0003	2	
87-0363	87-0368	美国	87363	87368	6	
87-0370	87-0380	美国	87370	87380	11	
87-0382	87-0390	美国	87382	87390	9	
87-1694	87-1708	以色列	020	061	15	本地序号非顺序排列
88-0013		土耳其	88-0013		1	
88-0144	88-0149	希腊	144	149	6	
88-0150	88-0152	美国	88150	88152	3	
88-1712	88-1720	以色列	063	088	9	本地序号非顺序排列
F-16N Block 30						
85-1369	85-1378	美国	163268	163277	10	
86-1684	86-1695	美国	163566	163577	10	
TF-16N Block 30						
85-1379	85-1382	美国	163278	163281	4	
F-16C Block 32						
84-1332	84-1339	埃及	9501	9508	8	
85-1518	85-1543	埃及	9509	9534	26	
85-1574	85-1583	韩国	85-574	85-583	10	
86-0210	86-0215	美国	86210	86215	6	
86-0217	86-0218	美国	86217	86218	2	
86-0220		美国	86220		1	
86-0236		美国	86236		1	
86-0238	86-0241	美国	86238	86241	4	
86-0250	86-0253	美国	86250	86253	4	
86-0256	86-0257	美国	86256	86257	4	
86-0269		美国	86269		1	
86-0271	86-0273	美国	86271	86273	3	
86-0279	86-0281	美国	86279	86281	3	
86-0283		美国	86283		1	
86-0285		美国	86285		1	
86-0291	86-0292	美国	86291	86292	2	
86-0296		美国	86296		1	
86-0299		美国	86299		1	
86-1586	86-1597	韩国	86-586	86-597	12	
87-0267		美国	87267		1	
87-0269		美国	87269		1	
87-0293		美国	87293		1	
87-0295		美国	87295		1	
87-0297		美国	87297		1	
87-0299		美国	87299		1	
87-0301		美国	87301		1	
87-0303		美国	87303		1	
87-0305		美国	87305		1	
87-0307		美国	87307		1	
87-0309		美国	87309		1	
87-0311		美国	87311		1	
87-0313		美国	87313		1	
87-0315		美国	87315		1	
87-0317		美国	87317		1	
87-0319		美国	87319		1	
87-0321		美国	87321		1	
87-0323		美国	87323		1	
87-0325		美国	87325		1	
87-0327		美国	87327		1	
87-0329		美国	87329		1	
87-0331		美国	87331		1	

（续表）

起始财年	结束财年	国别	本地序列号起始	本地序列号结束	数量	备注
87-0333		美国	87333		1	
87-1653	87-1660	韩国	87-653	87-660	8	
F-16D Block 32						
84-1340	84-1345	埃及	9401	9406	6	
84-1370	84-1373	韩国	84-370	84-373	4	
85-1584	85-1585	韩国	85-584	85-585	2	
86-0039	86-0042	美国	86039	86042	3	
87-0369		美国	87369		1	
87-0381		美国	87381		1	
90-0938	90-0941	韩国	90-938	90-941	4	
NF-16 Block 30						
86-0048		美国	86048		1	
F-16C Block 40						
87-0350	87-0355	美国	87350	87355	6	
87-0357		美国	87357		1	
87-0359		美国	87359		1	
88-0033	88-0037	土耳其	88-0033	88-0037	5	
88-0413		美国	88413		1	
88-0415	88-0416	美国	88415	88416	2	
88-0418	88-0419	美国	88418	88419	2	
88-0421	88-0422	美国	88421	88422	2	
88-0424	88-0426	美国	88424	88426	3	
88-0428	88-0433	美国	88428	88433	6	
88-0435	88-0441	美国	88435	88441	7	
88-0443	88-0444	美国	88443	88444	2	
88-0446	88-0447	美国	88446	88447	2	
88-0449	88-0450	美国	88449	88450	2	
88-0452	88-0454	美国	88452	88454	3	
88-0457		美国	88457		1	
88-0459	88-0460	美国	88459	88460	2	
88-0462	88-0463	美国	88462	88463	2	
88-0465	88-0468	美国	88465	88468	4	
88-0470	88-0471	美国	88470	88471	2	
88-0473	88-0474	美国	88473	88474	2	
88-0476	88-0477	美国	88476	88477	2	
88-0479	88-0480	美国	88479	88480	2	
88-0482	88-0483	美国	88482	88483	2	
88-0485	88-0486	美国	88485	88486	2	
88-0488	88-0489	美国	88488	88489	2	
88-0491	88-0492	美国	88491	88492	2	
88-0494	88-0495	美国	88494	88495	2	
88-0497	88-0498	美国	88497	88498	2	
88-0500	88-0501	美国	88500	88501	2	
88-0503	88-0504	美国	88503	88504	2	
88-0506	88-0507	美国	88506	88507	2	
88-0509	88-0510	美国	88509	88510	2	
88-0512	88-0513	美国	88512	88513	2	
88-0515	88-0516	美国	88515	88516	2	
88-0518	88-0519	美国	88518	88519	2	
88-0521	88-0523	美国	88521	88523	3	
88-0525	88-0526	美国	88525	88526	2	
88-0528	88-0529	美国	88528	88529	2	
88-0531	88-0533	美国	88531	88533	3	
88-0535	88-0538	美国	88535	88538	4	
88-0540	88-0541	美国	88540	88541	2	
88-0543	88-0544	美国	88543	88544	2	
88-0546	88-0547	美国	88546	88547	2	
88-0549	88-0550	美国	88549	88550	2	
89-0022	89-0041	土耳其	89-0022	89-0041	20	
89-0277		以色列	502		1	
89-0278	89-0279	埃及	9901	9902	2	
89-2000	89-2001	美国	89000	89001	2	
89-2003		美国	89003		1	

（续表）

起始财年	结束财年	国别	本地序列号起始	本地序列号结束	数量	备注
89-2005	89-2006	美国	89005	89006	2	
89-2008	89-2009	美国	89008	89009	2	
89-2011		美国	89011		1	
89-2013	89-2016	美国	89013	89016	2	
89-2018		美国	89018		1	
89-2020	89-2021	美国	89020	89021	2	
89-2023	89-2024	美国	89023	89024	2	
89-2026	89-2027	美国	89026	89027	2	
89-2029	89-2030	美国	89029	89030	2	
89-2032	89-2033	美国	89032	89033	2	
89-2035	89-2036	美国	89035	89036	2	
89-2038	89-2039	美国	89038	89039	2	
89-2040	89-2044	美国	89040	89044	2	
89-2046	89-2047	美国	89046	89047	2	
89-2049	89-2050	美国	89049	89050	2	
89-2052		美国	89052		1	
89-2054	89-2055	美国	89054	89055	2	
89-2057	89-2058	美国	89057	89058	2	
89-2060	89-2069	美国	89060	89069	2	
89-2071	89-2072	美国	89071	89072	2	
89-2074	89-2075	美国	89074	89075	2	
89-2077	89-2078	美国	89077	89078	2	
89-2080	89-2081	美国	89081	89081	2	
89-2083	89-2084	美国	89084	89084	2	
89-2086	89-2087	美国	89087	89087	2	
89-2090		美国	89090		1	
89-2092	89-2093	美国	89092	89093	2	
89-2095	89-2096	美国	89095	89096	2	
89-2099		美国	89099		1	
89-2101	89-2102	美国	89101	89102	2	
89-2104	89-2105	美国	89104	89105	2	
89-2108		美国	89108		1	
89-2110	89-2111	美国	89110	89111	2	
89-2113		美国	89113		1	
89-2115	89-2116	美国	89115	89116	2	
89-2118	89-2119	美国	89118	89119	2	
89-2121	89-2122	美国	89121	89122	2	
89-2124	89-2125	美国	89124	89125	2	
89-2127		美国	89127		1	
89-2130	89-2131	美国	89130	89131	2	
89-2134	89-2134	美国	89134	89134	2	
89-2136	89-2137	美国	89136	89137	2	
89-2139	89-2140	美国	89139	89140	2	
89-2143	89-2144	美国	89143	89144	2	
89-2146	89-2147	美国	89146	89147	2	
89-2149	89-2150	美国	89149	89150	2	
89-2152	89-2153	美国	89152	89153	2	
90-0001	90-0021	土耳其	90-0001	90-0021	21	
90-0028	90-0035	巴林	101	115	8	本地序号非顺序排列
90-0703		美国	90703		1	
90-0709	90-0711	美国	90709	90711	3	
90-0714		美国	90714		1	
90-0717	90-0718	美国	90717	90718	2	
90-0723	90-0725	美国	90723	90725	3	
90-0733	90-0736	美国	90733	90736	4	
90-0742	90-0745	美国	90742	90745	4	
90-0753		美国	90753		1	
90-0756		美国	90756		1	
90-0763		美国	90763		1	
90-0771	90-0776	美国	90771	90776	6	
90-0850	90-0874	以色列	503	547	25	本地序号非顺序排列
90-0899	90-0930	埃及	9903	9934	32	
90-0953		埃及	9935		1	

（续表）

起始财年	结束财年	国别	本地序列号起始	本地序列号结束	数量	备注
91-0001	91-0021	土耳其	91-0001	91-0021	21	
91-0486	91-0489	以色列	551	558	4	本地序号非顺序排列
92-0001	92-0021	土耳其	92-0001	92-0021	21	
93-0001	93-0014	土耳其	93-0001	93-0014	14	
93-0485	93-0512	埃及	9951	9978	28	
93-0525	93-0530	埃及	9979	9984	6	
96-0086	96-0106	埃及	9711	9731	21	
98-2012	98-2021	巴林	201	210	10	
99-0105	99-0116	埃及	9732	9743	12	
F-16D Block 40						
87-0391	87-0393	美国	87391	87393	3	
88-0014	88-0015	土耳其	88-0014	88-0015	2	
88-0166		美国	88166		1	
88-0168		美国	88168		1	
88-0170	88-0171	美国	88170	88171	2	
88-0173	88-0174	美国	88173	88174	2	
89-0042	89-0045	土耳其	89-0042	89-0045	4	
89-2166		美国	89166		1	
89-2168	89-2169	美国	89168	89169	2	
89-2171	89-2174	美国	89171	89174	4	
89-2176		美国	89176		1	
89-2178		美国	89178		1	
90-0022	90-0024	土耳其	90-0022	90-0024	3	
90-0036	90-0039	巴林	150	156	4	本地序号非顺序排列
90-0777		美国	90777		1	
90-0779	90-0780	美国	90779	90780	2	
90-0782		美国	90782		1	
90-0784		美国	90784		1	
90-0791	90-0792	美国	90791	90792	2	
90-0794	90-0800	美国	90794	90800	7	
90-0875	90-0898	以色列	601	667	24	本地序号非顺序排列
90-0931	90-0937	埃及	9801	9807	7	
90-0954	90-0958	埃及	9808	9812	5	
91-0022	91-0024	土耳其	91-0022	91-0024	3	
91-0490	91-0495	以色列	673	687	6	本地序号非顺序排列
92-0022	92-0024	土耳其	92-0022	92-0024	3	
93-0513	93-0524	埃及	9851	9862	12	
99-0117	99-0128	埃及	9863	9874	12	
F-16C Block 42						
87-0356		美国	87356		1	
87-0358		美国	87358		1	
87-0360	87-0362	美国	87360	87362	3	
88-0412		美国	88412		1	
88-0414		美国	88414		1	
88-0417		美国	88417		1	
88-0420		美国	88420		1	
88-0423		美国	88423		1	
88-0427		美国	88427		1	
88-0434		美国	88434		1	
88-0442		美国	88442		1	
88-0445		美国	88445		1	
88-0448		美国	88448		1	
88-0451		美国	88451		1	
88-0455	88-0456	美国	88455	88456	2	
88-0458		美国	88458		1	
88-0461		美国	88461		1	
88-0464		美国	88464		1	
88-0469		美国	88469		1	
88-0472		美国	88472		1	
88-0475		美国	88475		1	
88-0478		美国	88478		1	
88-0481		美国	88481		1	
88-0484		美国	88484		1	

（续表）

起始财年	结束财年	国别	本地序列号起始	本地序列号结束	数量	备注
88-0487		美国	88487		1	
88-0490		美国	88490		1	
88-0493		美国	88493		1	
88-0496		美国	88496		1	
88-0499		美国	88499		1	
88-0502		美国	88502		1	
88-0505		美国	88505		1	
88-0508		美国	88508		1	
88-0511		美国	88511		1	
88-0514		美国	88514		1	
88-0517		美国	88517		1	
88-0520		美国	88520		1	
88-0524		美国	88524		1	
88-0527		美国	88527		1	
88-0530		美国	88530		1	
88-0534		美国	88534		1	
88-0539		美国	88539		1	
88-0542		美国	88542		1	
88-0545		美国	88545		1	
88-0548		美国	88548		1	
89-2002		美国	89002		1	
89-2004		美国	89004		1	
89-2007		美国	89007		1	
89-2010		美国	89010		1	
89-2012		美国	89012		1	
89-2017		美国	89017		1	
89-2019		美国	89019		1	
89-2022		美国	89022		1	
89-2025		美国	89025		1	
89-2028		美国	89028		1	
89-2031		美国	89031		1	
89-2034		美国	89034		1	
89-2037		美国	89037		1	
89-2040		美国	89040		1	
89-2045		美国	89045		1	
89-2048		美国	89048		1	
89-2051		美国	89051		1	
89-2053		美国	89053		1	
89-2056		美国	89056		1	
89-2059		美国	89059		1	
89-2070		美国	89070		1	
89-2073		美国	89073		1	
89-2076		美国	89076		1	
89-2079		美国	89079		1	
89-2082		美国	89082		1	
89-2085		美国	89085		1	
89-2088	89-2089	美国	89088	89089	2	
89-2091		美国	89091		1	
89-2094		美国	89094		1	
89-2097	89-2098	美国	89097	89098	2	
89-2100		美国	89100		1	
89-2103		美国	89103		1	
89-2106	89-2107	美国	89106	89107	2	
89-2109		美国	89109		1	
89-2112		美国	89112		1	
89-2114		美国	89114		1	
89-2117		美国	89117		1	
89-2120		美国	89120		1	
89-2123		美国	89123		1	
89-2126		美国	89126		1	
89-2128	89-2129	美国	89128	89129	2	
89-2132		美国	89132		1	
89-2135		美国	89135		1	

（续表）

起始财年	结束财年	国别	本地序列号起始	本地序列号结束	数量	备注
89-2138		美国	89138		1	
89-2141	89-2142	美国	89141	89142	2	
89-2145		美国	89145		1	
89-2148		美国	89148		1	
89-2151		美国	89151		1	
89-2154		美国	89154		1	
90-0700	90-0702	美国	90700	90702	3	
90-0704	90-0708	美国	90704	90708	5	
90-0712	90-0713	美国	90712	90713	2	
90-0715	90-0716	美国	90715	90716	2	
90-0719	90-0722	美国	90719	90722	4	
90-0726	90-0732	美国	90726	90732	7	
90-0737	90-0741	美国	90737	90741	5	
90-0746	90-0752	美国	90746	90752	7	
90-0754	90-0755	美国	90754	90755	2	
90-0757	90-0762	美国	90757	90762	6	
90-0764	90-0770	美国	90764	90770	8	
F-16D Block 42						
87-0394	87-0396	美国	87394	87396	3	
88-0153	88-0165	美国	88153	88165	13	
88-0167		美国	88167		1	
88-0169		美国	88169		1	
88-0172		美国	88172		1	
88-0175		美国	88175		1	
89-2155	89-2165	美国	89155	89165	11	
89-2167		美国	89167		1	
89-2170		美国	89170		1	
89-2175		美国	89175		1	
89-2177		美国	89177		1	
89-2179		美国	89179		1	
90-0778		美国	90778		1	
90-0781		美国	90781		1	
90-0783		美国	90783		1	
90-0785	90-0790	美国	90785	90790	6	
90-0793		美国	90793		1	
F-16C Block 50						
90-0801	90-0808	美国	90801	90808	8	
90-0810	90-0833	美国	90810	90833	24	
91-0336	91-0361	美国	91336	91361	26	
91-0363	91-0369	美国	91363	91369	7	
91-0371	91-0373	美国	91371	91373	3	
91-0375	91-0385	美国	91375	91385	11	
91-0387	91-0391	美国	91387	91391	5	
91-0402	91-0403	美国	91402	91403	2	
91-0405	91-0412	美国	91405	91412	8	
91-0414	91-0423	美国	91414	91423	10	
92-3883	92-3884	美国	92883	92884	2	
92-3886	92-3887	美国	92886	92887	2	
92-3891	92-3895	美国	92891	92895	5	
92-3897		美国	92897		1	
92-3900	92-3901	美国	92900	92901	2	
92-3904		美国	92904		1	
92-3906	92-3907	美国	92906	92907	2	
92-3910		美国	92910		1	
92-3912	92-3913	美国	92912	92913	2	
92-3915		美国	92915		1	
92-3918	92-3921	美国	92918	92921	4	
92-3923		美国	92923		1	
93-0532		美国	93532		1	
93-0534		美国	93534		1	
93-0536		美国	93536		1	
93-0538		美国	93538		1	
93-0540		美国	93540		1	

（续表）

起始财年	结束财年	国别	本地序列号起始	本地序列号结束	数量	备注
93-0542		美国	93542		1	
93-0544		美国	93544		1	
93-0546		美国	93546		1	
93-0548		美国	93548		1	
93-0550		美国	93550		1	
93-0552		美国	93552		1	
93-0554		美国	93554		1	
93-0657	93-0690	土耳其	93-0657	93-0690	34	
93-1045	93-1076	希腊	045	076	32	
94-0038	94-0049	美国	94038	94049	12	
94-0071	94-0096	土耳其	94-0071	94-0096	26	
96-0080	96-0085	美国	96080	96085	6	
97-0106	97-0111	美国	97106	97111	6	
98-0003	98-0005	美国	98003	98005	3	
99-0082		美国	99082		1	
00-0218	00-0227	美国	218	227	10	
01-7050	01-7053	美国	01050	01053	4	
02-2115	02-2122	阿曼	810	818	8	
02-6030	02-6035	智利	851	856	6	
07-1001	07-1014	土耳其	07-1001	07-1014	14	
xx-xxxx	xx-xxxx	阿曼			10	
F-16D Block 50						
90-0834	90-0838	美国	90834	90838	5	
90-0840	90-0849	美国	90840	90849	10	
91-0462	91-0465	美国	91462	91465	4	
91-0468	91-0469	美国	91468	91469	2	
91-0471	91-0472	美国	91471	91472	2	
91-0474		美国	91474		1	
91-0476	91-0477	美国	91476	91477	2	
91-0480	91-0481	美国	91480	91481	2	
93-0691	93-0696	土耳其	93-0691	93-0696	6	
93-1077	93-1084	希腊	077	084	8	
94-0105	94-0110	土耳其	94-0105	94-0110	6	
94-1557	94-1564	土耳其	94-1557	94-1564	8	
02-2123	02-2126	阿曼	801	804	4	
02-6036	02-6039	智利	857	860	4	
07-1015	07-1030	土耳其	07-1015	07-1030	16	
xx-xxxx	xx-xxxx	阿曼			2	
F-16C Block 52						
90-0809		美国	90809		1	
91-0362		美国	91362		1	
91-0370		美国	91370		1	
91-0374		美国	91374		1	
91-0386		美国	91386		1	
91-0392	91-0393	美国	91392	91393	2	
91-0401		美国	91401		1	
91-0404		美国	91404		1	
91-0413		美国	91413		1	
92-3880	92-3882	美国	92880	92882	3	
92-3885		美国	92885		1	
92-3888	92-3890	美国	92888	92890	3	
92-3896		美国	92896		1	
92-3898	92-3899	美国	92898	92899	2	
92-3902	92-3903	美国	92902	92903	2	
92-3905		美国	92905		1	
92-3908	92-3909	美国	92908	92909	2	
92-3911		美国	92911		1	
92-3914		美国	92914		1	
92-3916	92-3917	美国	92916	92917	2	
92-3922		美国	92922		1	
92-4001	92-4028	韩国	92-001	92-028	28	
93-0531		美国	93531		1	
93-0533		美国	93533		1	

（续表）

起始财年	结束财年	国别	本地序列号起始	本地序列号结束	数量	备注
93-0535		美国	93535		1	
93-0537		美国	93537		1	
93-0539		美国	93539		1	
93-0541		美国	93541		1	
93-0543		美国	93543		1	
93-0545		美国	93545		1	
93-0547		美国	93547		1	
93-0549		美国	93549		1	
93-0551		美国	93551		1	
93-0553		美国	93553		1	
93-4049	93-4100	韩国	93-049	93-100	52	
94-0267	94-0273	新加坡	608	614	7	本地序号非顺序排列
96-5025	96-5028	新加坡	612	615	4	本地序号非顺序排列
97-0112	97-0121	新加坡	620	646	10	本地序号非顺序排列
99-1500	99-1533	希腊	500	533	34	
01-0510	01-0524	韩国	01-510	01-524	15	
01-8530	01-8535	希腊	534	539	6	
03-0040	03-0075	波兰	4040	4075	36	
06-0001	06-0020	希腊	001	020	20	
07-0001	07-0012	巴基斯坦	10901	10912	12	
08-8001	08-8016	摩洛哥	08-8001	08-8016	16	
10-1001	10-1016	埃及	9751	9766	16	
xx-xxxx	xx-xxxx	伊拉克			12	
xx-xxxx	xx-xxxx	伊拉克			12	
F-16D Block 52						
90-0839		美国	90839		1	
91-0466	91-0467	美国	91455	91467	2	
91-0470		美国	91470		1	
91-0473		美国	91473		1	
91-0475		美国	91475		1	
91-0478	91-0479	美国	91478	91479	2	
92-3924	92-3927	美国	92924	92927	4	
92-4029	92-4048	韩国	92-029	92-048	20	
93-4101	93-4120	韩国	93-101	93-120	20	
94-0274	94-0283	新加坡	623	691	10	本地序号非顺序排列
96-5029	96-5036	新加坡	632	694	8	本地序号非顺序排列
97-0122	97-0123	新加坡	639	640	2	本地序号非顺序排列
99-1534	99-1549	希腊	600	615	16	
99-9400	99-9451	以色列	803	898	52	本地序号非顺序排列
00-1001	00-1050	以色列	401	499	50	本地序号非顺序排列
01-0525	01-0529	韩国	01-525	01-529	5	
01-6010	01-6029	新加坡	661	680	20	
01-8536	01-8539	希腊	616	619	4	
03-0076	03-0087	波兰	4076	4087	12	
06-2110	06-2119	希腊	021	030	10	
07-0013	07-0018	巴基斯坦	10801	10806	6	
08-8017	08-8024	摩洛哥	08-8017	08-8024	8	
10-1017	10-1020	埃及	9821	9824	4	
xx-xxxx	xx-xxxx	伊拉克			6	
xx-xxxx	xx-xxxx	伊拉克			6	
F-16E Block 60						
00-6001	00-6055	阿联酋	3026	3080	55	
00-6081		阿联酋	3081		1	
F-16F Block 60						
00-6056	00-6080	阿联酋	3001	3025	25	

缩写释义

A/A	空对空		BD	战斗损伤
AAM	空对空导弹		BFM	基本空战机动
AB	空军基地；加力燃烧室		BOS	备用供氧
ACF	空战战斗机		BVR	超视距
ACMI	空战机动数据		C2	指挥和控制
ADC	大气数据转换器		CADC	中央大气数据计算机
ADF	防空战斗机		CAP	战斗空中巡逻
ADG	附件齿轮箱（机匣）		CAPs	关键行动程序
AEF	航空远征军		CAPES	作战航电设备编程扩展组件
AEG	航空远征团		CAS	近距空中支援
AESA	主动相控阵		CCIP	通用配置执行计划
AEW	航空远征联队		CDU	中央显示单元
AFB	空军基地		CENC	尾喷管收敛控制
AFC	加力燃烧室燃油控制		CFT	保形油箱
AFE	可互换战斗机发动机；空勤人员飞行装备		CIVV	压气机进气可调静子叶片
A/G	空对地		CMS	电子对抗开关
AGL	地平线以上		CNI	通信、导航和敌我识别
AGSM	抗过载动作		CSD	恒速驱动
AGTR	空对地转换距离		CUPID	作战系统升级执行细节
AIFF	先进敌我识别装置		DACT	异型机空战对抗训练
ALICS	航电发射器界面计算机		DATF	可部署空中任务部队
AMRAAM	先进中距空对空导弹		DBU	数据备份单元
AMSTEL	中期寿命升级后的结构延寿		DEAD	防空摧毁
AMU	飞机维护部队		DEC	数字电子控制
AMUX	模拟多路转接器		DED	数据输入显示器
ANG	空中国民警卫队		DEEC	数字电子发动机控制
AoA	攻角（迎角），机翼平面与迎面气流的夹角		DMS	显示管理开关
AoS	侧滑角		DTC	数据传输磁带
ARI	副翼方向舵联动		DTE	数据传输设备
ARM	空中加油机联队		ECCM	电子对抗装置
ASPIS	先进自卫整合组件		ECM	电子对抗
ASPJ	空中自卫干扰机		ECS	环境控制系统
AWACS	空中预警指挥机		EFS	远征战斗机中队
BAI	战场空中遮断		EM	能量机动

EOR	跑道头	IKP	整合键盘面板
EOS	应急供氧	ILS	仪表着陆系统
EPAF	欧洲伙伴空军	INS	惯性导航系统
EPU	应急动力单元	INU	内置导航组件
EWMS	电子战管理系统	IOC	初始作战能力
FLCC	飞行控制计算机	IPE	性能改善发动机
FLCS	飞行控制系统	IR	红外
FLIR	红外前视	ISAF	国际安全救援部队
FOD	外来物损伤	JDAM	联合直接攻击弹药
FMS	对外军售	JFS	喷气燃油启动机
fpm	英尺每分钟	JHMCS	联合头盔瞄准系统
FPM	飞行地标	JSOW	联合防区外武器
FS	战斗机中队	kN	千牛
FTIT	涡轮前温度	LANTIRN	低空导航和红外夜视目标指示吊舱
FW	战斗机联队	LDGP	低阻力通用
F-X	未知型号战斗机（非"试验战斗机"）	LFE	大部队演训
G	过载计量单位	LG	起落架
GBU	滑翔炸弹组件	LWF	轻型战斗机
GD	通用动力	MANPADS	便携式防空系统
GE	或 GEC，通用电气公司	MEC	主发动机控制
GLOC	过载导致意识丧失	MEZ	导弹作战区域
GPS	全球定位系统	MFC	主燃油控制
HARM	高速反辐射导弹	MFD	多功能显示器
HOG	实际操作增益	MFPG	多国战斗机项目组
HOTAS	手不离杆操作	MIL	军用推力，不开加力时的最大推力
HSD	水平态势显示器	MLG	主起落架
HSI	水平态势提示器	MLU	中期寿命升级项目
HTS	HARM 目标指示系统	MMC	模块化任务计算机
HUD	抬头显示器（平视显示仪）	MPO	人工俯仰越权
IADS	整合防空系统	MSIP	多阶段改进计划
IAF	以色列空军	MSL	海平面高度
IBS	整合广播系统	MWS	主武器系统
ICP	整合控制面板	NAS	海军航空站
IDM	改进数据调制解调器	NATO	北大西洋公约组织
IEWS	整合电子战系统	NAV	导航
IFE	空中特情	NFOV	窄视场
IFF	敌我识别	NFZ	禁飞区
IFTS	内置前视红外和目标指示系统	NLG	前起落架
IGV	进气导风扇	n mile	海里

NOTAM	航行通告	SAM	地对空导弹
NSAWC	海军打击和空中作战中心	SCANG	南卡罗来纳州空中国民警卫队
NTISR	非传统信息监察和侦察	SCU	系统性能升级
NVG	夜视镜	SDB	小直径炸弹
NWS	前轮转向	SEAD	防空压制
OAF	"联盟力量"行动	SEC	备用发动机控制
OBOGS	机载制氧系统	SFW	感应引爆武器
OCU	作战能力升级	SIP	结构改进计划
ODF	"禁飞区"行动	SLEP	延寿计划
ODS	"沙漠风暴"行动	SMS	外挂管理系统
OEF	"持久自由"行动	Sqn	中队
OFP	作战飞行计划	STAR	结构增强路线图
OIF	"自由伊拉克"行动	TACAN	战术空中导航系统("塔康")
ONA	"崇高铁砧"行动	TBM	战区弹道导弹
ONE	"崇高之鹰"行动	TGP	目标指示吊舱
ONW	"北方守望"行动	TMS	目标管理开关
OSW	"南方守望"行动	TOLD	起降数据
PMG	永磁发电机	TRs	训练条例
POL	炼油厂	TST	时间敏感性任务；测试
PRI	主发动机控制	UFC	前上控制面板
PSA	气动传感器总成	UHF	超高频
RAM	雷达吸波材料	USAF	美国空军
RCVV	后压气机可调静子叶片	VFR	目视格斗规则
RDR	雷达	VHF	甚高频
RFP	征求方案	VID	目视识别
RLG	激光陀螺惯性导航系统	VSV	压气机可调式静子叶片
rpm	每分钟转数	VVI	垂直速度表
RWR	雷达告警接收机，发音 "raw"	WCMD	风修正弹药布撒器
SABCA	比利时飞机工业公司	WEZ	武器作用区域
SADL	态势感知数据链		

中英文对照表

（按照在正文中出现的先后顺序排序）

人名

约翰·博伊德少校（John Boyd）

托马斯·克里斯蒂（Thomas Christie）

哈利·J. 希拉克（Harry J. Hillaker）

吉恩·"主人"·席勒上尉（Gene "Owner"
Sherer）

迈克·"鲁勃"·坎菲尔德少校（Major Mike
'Lobo' Canfield）

乔希·史密斯（Josh Smith）

地名

史基浦（Schiphol）

犹他州（Utah）

奥尔堡（Aalborg）

扎赫勒（Zahle）

贝卡谷地（Bekaa Valley）

贝鲁特（Beirut）

加沙（Gaza）

埃斯基谢希尔（Eskisehir）

专有名词

F-4 "鬼怪 II"（F-4 Phantom）

A-7E "海盗 II"（A-7E Corsair II）

F-104 "星战士"（F-104 Starfighter）

通用动力公司（General Dynamics）

诺斯罗普公司（Northrop）

麦克唐纳·道格拉斯（McDonnell Douglas）

F-15 "鹰"式战斗机（F-15 Eagle）

F/A-18 "大黄蜂"战斗机（F/A-18 Hornet）

爱德华兹空军基地（Edwards AFB）

达索·布雷盖公司（Dassault-Breguet）

萨博公司（Saab）

JAS-37 "维京"战斗机（JAS-37 Viggen）

AIM-9 "响尾蛇"空对空导弹（AIM-9
Sidewinder）

萨布卡公司（SABCA）

哥斯利工厂（Gosselies）

福克工厂（Fokker）

沃斯堡工厂（Fort Worth）

索纳卡公司（SONACA）

珀尔·伍德森公司（Per Udsen）

罗福斯公司（Raufoss）

威斯汀豪斯（Westinghouse）

希尔空军基地（Hill Air Force Base）

"蝰蛇"（Viper）

内利斯空军基地（Nellis AFB）

克拉马斯瀑布城（Klamath Falls）

金斯利国际机场（Kingsley Field）

休斯公司（Hughes）

"沙漠隼"（Desert Falcon）

阿维亚诺空军基地（Aviano AB）

埃格林基地（Eglin AFB）

斯潘达勒姆空军基地（Spangdahlem）

F-100F "超级佩刀"战斗机（F-100F Super
Sabre）

F-105G "雷公"战斗机（F-105G Thunderchief）

辛格·克佛特（Singer-Kearfott）

达尔默·威科特（Dalmo Victor）

GEC 马可尼航电系统（GEC Marconi Avionics）

斯佩里中央大气数据计算机（Sperry central air data computer）

"铺路爪"（Pave Claw）

泰克尔（Tracor）

"企鹅" Mk3 反舰导弹（Penguin Mk3 anti-shipping missile）

廷德尔空军基地（Tyndall AFB）

AIM-7 "麻雀"（AIM-7 Sparrow）

雷声公司（Raytheon）

哈恩基地（Hahnbased）

法伦海军航空站（NAS Fallon）

米拉玛海军航空站（NAS Miramar）

基维斯特海军航空站（NAS Key West）

奥西安纳海军航空站（NAS Oceana）

海军战斗机武器学校（Top Gun）

AGM-65 "小牛" 空对地导弹（AGM-65 Maverick）

"斯潘" 基地（Spang）

三泽基地（Misawa）

班迪克斯 - 金（Bendix-King）

特尔玛电子公司（Terma）

F-35 "闪电 II" 型战斗机（F-35 Lightning II）

米尔登霍尔空军基地（RAF Mildenhall）

F-16I "风暴" 多用途战斗机（F-16I Sufa）

古德里奇集团（Goodrich）

奥希拉克（Osirak）

拉蒙基地（Ramon）

埃尔比特公司（Elbit）

卢克空军基地（Luke AFB）

阿维亚诺基地（Aviano）

施潘达勒姆基地（Spangdahlem）

KC-10 "扩张者" 加油机（KC-10 Extender）

马纳斯空军基地（Manas AB）

马特拉 "魔术 2" 型近距导弹（MATRA Magic 2s）

"怪蛇 V" 格斗导弹（Python V）

M61A1 "火神"（M61A1 Vulcan）

F-22A "猛禽" 战斗机（F-22A Raptors）

T-37 "啾啾鸟" 教练机（T-37 Tweet）

"篱笆检查"（Fence Check）

"雷鸟" 表演队（Thunderbirds maintainer）

单位换算表

本书中用到的英制／美制单位与公制单位的换算关系如下：

1 英寸 = 2.54 厘米

1 英尺 = 12 英寸 = 0.3048 米

1 码 = 3 英尺 = 0.9144 米

1 英里 = 1760 码 = 1.6093 千米

1 平方英尺 = 0.0929 平方米

1 加仑（美制）= 3.7854 升

1 加仑（英制）= 4.5461 升

1 磅 = 0.4536 千克

1 节 = 1.852 千米／小时

1 平方英尺 = 0.09290304 平方米

1 磅力 = 0.004445 千牛 = 4.445 牛

1 磅力／平方英寸 = 0.00689 兆帕 = 6.894757 千帕

1 马赫 = 1225 千米／小时

1 海里 = 1.852 千米

图书在版编目（CIP）数据

通用动力F-16"战隼"战斗机 / （英）史蒂夫·戴维斯著；郭宇译. —上海：上海三联书店，2025.3
ISBN 978-7-5426-8750-0

Ⅰ. E926.31

中国国家版本馆CIP数据核字第2025VW6772号

General Dynamics F-16 Fighting Falcon
Copyright © Haynes Publishing 2014.
Copyright of the Chinese translation © 2022 by Beijing West Wind Culture and Media Co., Ltd.
Published by Shanghai Joint Publishing Company.
ALL RIGHTS RESERVED
版权登记号：09-2024-0685 号

通用动力F-16"战隼"战斗机

著　　者 / [英] 史蒂夫·戴维斯

译　　者 / 郭　宇
责任编辑 / 李　英
装帧设计 / 千橡文化
监　　制 / 姚　军
责任校对 / 王凌霄

出版发行 / 上海三联书店
　　　　　（200041）中国上海市静安区威海路 755 号 30 楼
邮　　箱 / sdxsanlian@sina.com
联系电话 / 编辑部：021-22895517
　　　　　发行部：021-22895559
印　　刷 / 北京雅图新世纪印刷科技有限公司

版　　次 / 2025 年 3 月第 1 版
印　　次 / 2025 年 3 月第 1 次印刷
开　　本 / 787×1092　1/16
字　　数 / 415 千字
印　　张 / 24
书　　号 / ISBN 978-7-5426-8750-0/E·33
定　　价 / 186.00 元

敬启读者，如发现本书有印装质量问题，请与印刷厂联系 15600624238